U0229429

中华传统都市文化丛书

总主编　杨晓霭

饮食文化与城市风情

饮食

陈云度　著

兰州大学出版社
LANZHOU UNIVERSITY PRESS

图书在版编目（ＣＩＰ）数据

饮食文化与城市风情：饮食 / 陈云度著. -- 兰州：
兰州大学出版社，2015.5（2019.9重印）
（中华传统都市文化丛书 / 杨晓霭主编）
ISBN 978-7-311-04744-3

Ⅰ. ①饮… Ⅱ. ①陈… Ⅲ. ①饮食－文化－研究－中
国 Ⅳ. ①TS971

中国版本图书馆CIP数据核字(2015)第106407号

策划编辑　梁建萍
责任编辑　王淑燕
封面设计　郇　海

书　　名	**饮食文化与城市风情:饮食**
作　　者	陈云度　著
出版发行	兰州大学出版社　（地址:兰州市天水南路222号　730000）
电　　话	0931-8912613(总编办公室)　0931-8617156(营销中心)
	0931-8914298(读者服务部)
网　　址	http://press.lzu.edu.cn
电子信箱	press@lzu.edu.cn
印　　刷	三河市金元印装有限公司
开　　本	710 mm×1020 mm　1/16
印　　张	11.75
字　　数	193千
版　　次	2015年7月第1版
印　　次	2019年9月第3次印刷
书　　号	ISBN 978-7-311-04744-3
定　　价	29.00元

（图书若有破损、缺页、掉页可随时与本社联系）

总 序
——都市文化的魅力

杨晓霭

　　关于城市、都市的定义，人们从政治、经济、军事、社会、地理、历史等不同角度所做的解释已有三十多种。从城市社会学的历史视角考察，城市与都市在概念上的区别就是，都市是人类城市历史发展的高级空间形态。在世界城市化发展进程已有两百多年历史的今天，建设国际化大都市俨然成为人们最为甜美的梦。这正是本丛书命名为"都市文化"的初衷。

　　什么是都市文化，专家们各执己见。问问日复一日生活在都市中的人们，恐怕谁也很难说得清楚。但是人们用了一个非常形象的比喻来形容，说现代都市就像一口"煮开了的大锅"——沸腾？炽烈？流光溢彩？光怪陆离？恐惧？向往？好奇？神秘？也许有永远说不明白的滋味，有永远难以描摹的情境！无论怎样，只要看到"城市""都市"这样的字眼，从农耕文明中生长、成长起来的人们，一定会有诸多的感叹、赞许。这种感叹、赞许，渗透在人类的血脉中，流淌于民族历史的长河里。

一、远古的歌唱

　　关于"都""城""市"，翻开词典，看到的解释，与人们想象的一样异彩纷呈。摘抄几条，以资参考。都[dū]:(1)古称建有宗庙的城邑。之所以把建有宗庙的城邑称为"都"，是因为它地位的尊贵。(2)国都，京都。(3)大城市，著名城市。城[chéng]:(1)都邑四周的墙垣。一般分两重，里面的叫城，外面的叫郭。城字单用时，多包含城与郭。城、郭对举时只指城。(2)城池，城市。(3)犹"国"。古代王朝领地、诸侯封地、卿大夫采邑，都以有城垣的都邑为中心，皆可称城。(4)唐要塞设守之处。(5)筑城。(6)守卫城池。市[shì]:(1)临时或定期集中一地进行的贸易活动。(2)指城市中划定的贸易之所或商业区。(3)泛指城中店铺较多的街道或临街的地方。(4)集镇，城镇。(5)现代行政区划单位。(6)泛指城市。(7)比喻人或物类会聚而成的场面。(8)指聚集。(9)做买卖,贸易。(10)引申指为某种目的而进行交易。(11)购买。(12)卖,卖出。把"都""城""市"三个字的意义结合起来,归纳一下,便会看到中心内容在"尊贵""显要""贸易""喧闹",由这些特点所构成的城市文化、都市文化,与乡、野、村、鄙,形成鲜明对照。而且对都、城、市之向往,源远流长,浸润人心。在中国最早的诗歌总集《诗经》中,我们就聆听到了这样的歌唱:

> 文王有声,遹骏有声。遹求厥宁,遹观厥成。文王烝哉!
> 文王受命,有此武功。既伐于崇,作邑于丰。文王烝哉!
> 筑城伊淢,作丰伊匹。匪棘其欲,遹追来孝。王后烝哉!
> 王公伊濯,维丰之垣。四方攸同,王后维翰。王后烝哉!
> 丰水东注,维禹之绩。四方攸同,皇王维辟。皇王烝哉!
> 镐京辟雍,自西自东,自南自北,无思不服。皇王烝哉!
> 考卜维王,宅是镐京。维龟正之,武王成之。武王烝哉!
> 丰水有芑,武王岂不仕?诒厥孙谋,以燕翼子。武王烝哉!

这首诗中,文王指周王朝的奠基者姬昌。崇为古国名,是商的盟国,在今陕西省西安市沣水西。丰为地名,在今陕西省西安市沣水以西。伊,意为修筑。淢通"洫",指护城河。匹,高亨《诗经今注》中说:"匹,疑作皃,形近而误。皃是貌的古字。貌借为庙。"辟指天子,君主。镐京为西周国都,故址在今陕西省西安市西南沣水东岸。周武王既灭商,自酆徙都于此,谓之宗周,又称西都。芑通"杞",指杞柳,是一种落叶乔木,枝条细长柔韧,可编织箱筐等器物,也称红皮柳。翼子的意思是,翼助子孙。全诗的大意是:

> 文王有声望,美名永传扬。他为天下求安宁,他让国家安泰盛昌。文王真是我们的好君王!
>
> 文王遵照上天指令,讨伐四方建立武功。举兵攻克崇国,建立都城丰邑。文王真是我们的好君王!
>
> 筑起高高的城墙,挖出深深的城池,丰邑都城里宗庙高耸巍巍望。不改祖宗好传统,追效祖先树榜样。文王真是我们的好君王!
>
> 各地公爵四处侯王,犹如丰邑的垣墙。四面八方来归附,辅佐君王成大业。文王真是我们的好君王!
>
> 丰水向东浩浩荡荡,治水大禹是榜样。四面八方来归附,武王君主承先王!武王真是我们的好君王!
>
> 镐京里建成辟雍,礼乐推行,教化宣德。从西方向东方,从南面往

北面,没有人不服从我周邦。武王真是我们的好君王!

占卜测问求吉祥,定都镐京好地方。依靠神龟正方位,武王筑城堪颂扬。武王真是我们的好君王!

丰水边上杞柳成行,武王难道不问不察?心怀仁义留谋略,安助子孙享慈爱。武王真是我们的好君王!

研究《诗经》的专家一致认为,这首《文王有声》歌颂的是西周的创业主文王和建立者武王,清人方玉润肯定地说:"此诗专以迁都定鼎为言。"(《诗经原始》)文、武二王完成统一大业的丰功伟绩,在周人看来,最值得颂扬的圣明之处就是"作邑于丰"和"宅是镐京"。远在三千多年前的上古,先民们尚处于半游牧、半农耕的生活时期,居无定所,他们总是在耗尽了当地的资源之后,再迁移到其他地方。比如夏部族不断迁徙,被称作"大邑"的地方换了十七处;继夏而起的商,五次迁"都",频遭乱离征伐之苦。因此,能否建"都"定"都",享受稳定安逸的生活,成了人民的殷切期望。商朝时"盘庚迁殷","百姓由宁","诸侯来朝",传位八代十二王,历时273年,成为历史佳话。正是在长期定居的条件下,兼具象形、会意、形声造字特点的甲骨文出现。文字的发明和使用,使"迁殷"的商代生民率先"有典有册",引领"中国"跨入文明社会的门槛。而西周首都镐京的确立,被看成是中国远古王朝进入鼎盛时期的标志。"维新"的周人,在因袭殷商文化的同时,力求创新,"制礼作乐",奠定了中华文化的基础。周平王的迁都洛邑,更是揭开了春秋战国的帷幕,气象恢宏的"百家争鸣",孔子、老子、庄子等诸子学说的创立,使华夏文化快速跃进以至成熟质变,迈步走向人类文明的"轴心时代"。

一个都城的建设,凝聚着智慧,充满着憧憬。《周礼·冬官·考工记》曰:"匠人建国,水地以悬,置槷以悬,眡以景。为规识日出之景与日入之景,昼参诸日中之景,夜考之极星,以正朝夕。匠人营国,方九里,旁三门,国中九经、九纬,经涂九轨。左祖右社,面朝后市,市朝一夫。"(《周礼注疏》,十三经注疏本,中华书局,1986年影印本,第927页)意思是说,匠人建造都城,用立柱悬水法测量地平,用悬绳的方法设置垂直的木柱,用来观察日影、辨别方向。以所树木柱为圆心画圆,记下日出时木柱在圆上的投影与日落时木柱在圆上的投影,这样来确定东西方向。白天参考正中午时的日影,夜里参考北极星,以确定正南北和正东西的方向。匠人营建都城,九里见方,都城的四边每边三门。都城中有九条南北大道、九条东西大道,每条大道可容九辆车并行。王宫门外左边是宗庙,右边是社稷坛;帝王正殿的前面是接见官吏、发号施令的地方——朝廷,后面是集合众人的市朝。每"市"和每"朝"各

有百步见方。如此周密的都城体系建构,不能不令人心生敬仰。考古学家指出:"三代虽都在立国前后屡次迁都,其最早的都城却一直保持着祭仪上的崇高地位。如果把那最早的都城比喻作恒星太阳,则后来迁徙往来的都城便好像是行星或卫星那样围绕着恒星运行。再换个说法,三代各代都有一个永恒不变的'圣都',也各有若干迁徙行走的'俗都'。'圣都'是先朝宗庙的永恒基地,而'俗都'虽也是举行日常祭仪所在,却主要是王的政治、经济、军事的领导中心。"(张光直:《考古学专题六讲》,文物出版社,1986年版,第110页)由三代都城精心构设的"规范""规格",不难想象上古时代人们对"城"的重视,以及对其赋予的精神寄托和文化意蕴。"西周、春秋时代,天子的王畿和诸侯的封国,都实行'国''野'对立的乡遂制度。'乡'是指国都及近郊地区的居民组织,或称为'郊'。'遂'是指'乡'以外农业地区的居民组织,或称为'鄙'或'野'。居住于乡的居民叫'国人',具有自由民性质,有参与政治、教育和选拔的权利,有服兵役和劳役的责任。当时军队编制是和'乡'的居民编制相结合的。居于'遂'的居民叫'庶人'或'野人',就是井田上服役的农业生产者。"(杨宽:《中国古代都城制度史研究》,上海人民出版社,2003年版,第40页)国畿高贵,遂野鄙陋,划然分明。也许就是从人们精心构设"都""城"的时候开始,"城"与"乡"便有了巨大的差异,"城里人"和"乡里人"就注定要有不同的命运。于是,缩小城乡差别,成为中国人永久的梦想。

二、理想的挥洒

对都市的向往,挥动生花妙笔而纵情赞美的,莫过于汉、晋的辞赋家。翻开文学发展史,《论都赋》《西都赋》《东都赋》《西京赋》《东京赋》《南都赋》《蜀都赋》《吴都赋》《魏都赋》……一篇篇铺张扬厉的都城大赋,震撼人心,炫人耳目。总会让人情不自禁地要披卷沉思,生发疑问:这些远在两千年前的文人骚客,为什么要如此呕心沥血?其实答案很简单,人们太喜欢都市了。

"都"居"天下之中",这是就国都、都城而言。即使不是国都之"都城""都市",又何尝不在人们的理想之"中"。都城的繁华、富庶、豪奢、享乐,哪一样不动人心魄、摄人心魂?而要寄予这份"享受",又怎能绕得开城市?请看班固《西都赋》的描摹:

> 建金城而万雉,呀周池而成渊。披三条之广路,立十二之通门。内则街衢洞达,闾阎且千,九市开场,货别隧分。人不得顾,车不得旋,阗城溢郭,旁流百廛。红尘四合,烟云相连。于是既庶且富,娱乐无疆。都人士女,殊异乎五方。游士拟于公侯,列肆侈于姬姜。

意思是说，"皇汉"经营的西都长安，城墙坚固得如铜铁所铸，高大得达到了万雉。绕城一周的护城河，挖成了万丈深渊。开辟的大道，从三面城门延伸出来，东西三条，南北三条，宽阔畅达。建立的十二门，与十二地支相应，展现出昼夜十二时的畅通无阻。城内大街小巷，四通八达，住户人家几乎近千。大道两旁，"九市"连环，商店林立，铺面开放。各种各样的货物，分门别类，排列在由通道隔开的各种销售场所。购物的人潮涌动，进到市场，行走其间，人人难以回头观看，车辆更是不能回转。长长的人流，填塞城内，一直拖到城外，还分散到各种店铺作坊，处处比肩。扬起的红尘，在四方升腾，如烟云一般弥漫。整个都城，丰饶富裕，欢娱无边。都市中的男男女女，与东南西北中各地的人完全不同。游人的服饰车乘可与公侯比美，商号店家的奢华超过了姬姓姜姓的贵族。

与班固西都、东都两赋的聘辞相比，西晋左思赋"三都"（《魏都赋》《吴都赋》《蜀都赋》），产生了"洛阳纸贵"的都城效应。"三都赋"在当时的传播，有皇甫谧"称善"，"张载为注《魏都》，刘逵注《吴》《蜀》而序"，"陈留卫权又为思赋作《略解》而序"，"司空张华见而叹"，陆机"绝叹伏，以为不能加也，遂辍笔"不再赋"三都"。唐太宗李世民及其重臣房玄龄等撰《晋书》，于文苑列传立左思传，共830余字，用640余字赞叹左思"三都赋"及《齐都赋》之"辞藻壮丽"。"不好交游，惟以闲居为事"的左思，名扬京城，让有高誉的皇甫谧"称善"，让"太康之杰"的陆机"叹服""辍笔"，让居于司空高位的张华感叹，让全洛阳的豪贵之家竞相传写，这一切与其说是感叹左思的才华，不如说是人们对"魏都之卓荦"、吴都"琴筑并奏，笙竽俱唱"，蜀都"出则连骑，归从百两"的向往与艳羡。都市的富贵荣华、欢娱闲荡，太具有吸引力了！可以想象，当"大手笔"们极尽描摹之能事，炫耀都城美丽、都市欢乐图景的时候，澎湃的激情中洋溢着对都市生活多么深情的憧憬。自古以来，都城便与"繁华""豪奢"联系在一起，城市生活成了"快活""享乐"的代名词。北宋都市生活繁华，浪迹汴京街巷坊曲的柳三变，"忍把浮名，换了浅斟低唱"，一度"奉旨填词"，其词至今尚存210余阕。"针线闲拈伴伊坐"，固然使芳心女儿神往陶醉；"杨柳岸晓风残月"，无时不令人心旌摇曳；而让金主"遂起投鞭渡江之志"的还是那"钱塘自古繁华"：

总 序
都市文化的魅力

　　东南形胜，三吴都会，钱塘自古繁华。烟柳画桥，风帘翠幕，参差十万人家。云树绕堤沙，怒涛卷霜雪，天堑无涯。市列珠玑，户盈罗绮，竞豪奢。

　　重湖叠巘清嘉，有三秋桂子，十里荷花。羌管弄晴，菱歌泛夜，嬉嬉钓叟莲娃。千骑拥高牙，乘醉听箫鼓，吟赏烟霞。异日图将好景，归去凤池夸。

柳永挥毫歌颂"三吴都会"的钱塘杭州：东南形胜，湖山清嘉，城市繁荣，市民殷富，官民安逸。"夸"得词中人物精神抖擞，"夸"得词人自己兴高采烈。北宋末叶在东京居住的孟元老，南渡之后，常忆东京繁盛，绍兴年间撰成《东京梦华录》，其间的描摹，与柳永的歌唱，南北映照。孟元老追述都城东京开封府的城市风貌，城池、河道、宫阙、衙署、寺观、桥巷、瓦舍、勾栏，以及朝廷典礼、岁时节令、风土习俗、物产时好、街巷夜市，面面俱到。序中的描摹，令人越发想要观赏那盛名不衰的《清明上河图》。

太平日久，人物繁阜。垂髫之童，但习鼓舞；斑白之老，不识干戈。时节相次，各有观赏。灯宵月夕，雪际花时，乞巧登高，教池游苑。举目则青楼画阁，绣户珠帘。雕车竞驻于天街，宝马争驰于御路。金翠耀目，罗绮飘香。新声巧笑于柳陌花衢，按管调弦于茶坊酒肆。八荒争凑，万国咸通。集四海之珍奇，皆归市易；会寰区之异味，悉在庖厨。花光满路，何限春游？箫鼓喧空，几家夜宴？伎巧则惊人耳目，侈奢则长人精神。瞻天表则元夕教池，拜郊孟享。频观公主下降，皇子纳妃。修造则创建明堂，冶铸则立成鼎鼐。观妓籍则府曹衙罢，内省宴回；看变化则举子唱名，武人换授。仆数十年烂赏叠游，莫知厌足。

"侈奢则长人精神"，一语道破了"市列珠玑，户盈罗绮，竞豪奢"之底气，"烂赏叠游，莫知厌足"之纵情。市场上陈列着珠玉珍宝，家橱里装满了绫罗绸缎，当大家都比着赛着要"炫富"时，每个人该是何等的精神焕发，又是何等的意气洋洋？幻化自古繁华之钱塘，想象太平日久之汴都，试看今日之天下，何处不胜"汴都"，到处都似"钱塘"。纵班固文赡，柳永曲宏，霓虹灯下的曼妙，何以写得明白，唱得清楚？

三、"城""乡"的激荡

(一)乡里人的城市感觉

乡里人进城，感觉当然十分丰富。对这份"感觉"的回忆，令人蓦然回首。我有过一个短暂而幸福的童年。留在记忆深处的片断里，最不能抹去、时时涌现脑海的，就是穿着一身新衣，打扮得光鲜靓丽，牵着姐姐的手，"到街上去"。每到这个时候，总会听到这样的问："到哪里去？""到街上去。""啊，衣裳怎么那么好看呢！颜色亮得很啊！"答话的总是姐姐，看衣服的总是我。我总会用最喜悦的眼光看问话的人，用最自豪的动作扭扭捏捏地扯一扯自己的衣角,再低下头看看鞋袜。接着还会听到一句夸奖:"哟,鞋穿得怎么那么合适呢,是最时兴的啊!"于是"到街上去"就和崭新的衣服、新款的鞋袜连在一起。这也是我这个乡里人最早对"城市"的感觉。牵着姐姐的手到街上,四处"逛"来"逛"去,走得昏头昏脑,于是真正到了"街上"的情形反而没有多少欢乐或痛苦了。和母亲"到街上",是去看戏。看戏对母亲不是一件愉快的事。母亲看戏是为了服从"家长"的安排,而她最担心的还是城里人会说我们是"乡棒"。留给母亲的还有一点"不高兴",就是母亲去看戏总要抱着我,是个"负担"。当我被抱着看戏的时候,戏是什么不知道,看的只是妈妈的脸。看她长长的睫毛、大大的眼睛、棱棱的鼻子、白皙的皮肤。再长大一点,就是看戏园子。朦胧的感觉只是人多啊人真多啊,接着是挤呀挤,在只能看见人的衣服、人挪动着腿的昏暗中,也随着大流迈动自己的脚。如此而已!真正成人了,似乎才懂得了母亲的感受。

曾读过日本人小川和佑著的《东京学》,有一节题作:"东京人都很聪明却心肠很坏……"。而且这个小标题,犹有意味地还加上了一个省略号。为什么会有这个结论,作者分析说:"如果为东京人辩护,这并不是说唯独东京人聪明而心肠坏,那是因为过去只知道在闭锁式共同体内生活的乡下到东京来的人,一味地只在他们归属的共同体之逻辑里思维和行动的缘故。这时候,对方当然企图以过密空间之逻辑将之击败。"(小川和佑:《东京学》,廖为智译,台北一方出版,2002年版)这个反省是深刻的。乡里人进城,回到乡里,最为激烈的反映,恐怕就是说,城里人很坏,那个地方太挤了。我曾经在大都市耳闻目睹过城里人对乡里人的态度,尤其是当车轮滚滚、人流涌动的"高峰"时段。这时候,所有的人,或跑了一天正饿着,或忙了一天正累着。住在城里的想要回家歇息,进城来的人想要找个地方落脚。于是,谁看见谁都不顺眼。恶狠狠地瞪一眼,粗声粗气地骂几句。"城"与"乡"的差别,在这个时候就表现得最明显了。但是,无论怎样的不愉快,过城里人的生活,是乡村人永远的梦;过城里人的生活,可谓是许多乡里人追求生活的终极目标。

20世纪80年代伊始,小说家高晓声发表了中篇小说《陈奂生上城》,把刚刚摘掉"漏斗户主"帽子的陈奂生置于县招待所高级房间里,也即将一个农民安置到高档次的物质文明环境中,以此观照,陈奂生最渴望的是希望提高自己在人们心目中的地位,总想着能"碰到一件大家都不曾经历的事情"。而此事终于在他上城时碰上了:因偶感风寒而坐上了县委书记的汽车,住上了招待所五元钱一夜的高级房间。在心痛和"报复"之余,"忽然心

里一亮"，觉得今后"总算有点自豪的东西可以讲讲了"，"精神陡增，顿时好像高大了许多"。高晓声惟妙惟肖的描写，一针见血，揭示的正是"乡里人"进城的最大愿望，即"希望提高自己在人们心目中的地位"。中国乡村人的生活，真的是太"土"了。著名诗人臧克家有一首最为经典的小诗，题作《三代》，诗云："孩子，在土里洗澡；爸爸，在土里流汗；爷爷，在土里葬埋。"仅用二十一个字，浓缩了乡里人一生与"土"相连的沉重命运。比起头朝黄土背朝天的乡里人的"土"，城里人被乡里人仰望着称为"洋"；比起日复一日，年复一年，忙忙碌碌，永无休闲的乡里人，城里人最为乡里人羡慕的就是"乐"。为了变得"洋气"，为了不那么苦，有一点"乐"，乡里人花几代人的本钱，挣扎着"进城"。

（二）城里人的城市记忆

我曾从陇中的"川里"到了陇南的"山里"，又从陇南的"山里"到了省城的"市里"，在不断变换的旅途中，算一算，大大小小走过了近百个城市，而且还有幸出国，到了欧洲、非洲的一些城市。除生活了三十多年的省城，还曾在北京住了一年，在扬州住了两年，在上海"流动"五个年头，在土耳其的港口城市伊斯坦布尔住了一年半，在祖国宝岛台湾的台中市住了四个月零一周。每一座城市都以其独特的"风格"展示着无穷的魅力，也给我留下了许多难以忘怀的记忆。当我试着想用城里人的感觉来抒写诸多记忆的时候，竟然奇迹般地发现，城里人的城市记忆，也如同乡里人进城一样的复杂。于是，只好抄一些"真正"的城里人所写的城市生活和城市记忆。张爱玲出生在上海公共租界的一幢仿西式豪宅中，逝世于美国加州洛杉矶西木区罗彻斯特大道的公寓，是真正的城里人。她在《公寓生活记趣》中写城市生活，说她喜欢听市声：

> 我喜欢听市声。比我较有诗意的人在枕上听松涛，听海啸，我是非得听见电车响才睡得着觉的。在香港山上，只有冬季里，北风彻夜吹着常青树，还有一点电车的韵味。长年住在闹市里的人大约非得出了城之后才知道他离不了一些什么。城里人的思想，背景是条纹布的幔子，淡淡的白条子便是行驶着的电车——平行的，匀净的，声响的河流，汩汩流入下意识里去。

"市声"的确是城市独有的"风景"，也是城里人最易生发感叹的"记忆"。胡朴安编集《清文观止》，收录了一篇清顺治、康熙年间沙张白的《市声说》。沙张白笔下的"市声"，那就不仅仅是"喜欢"不"喜欢"了。他从鸟声、兽声、人声写到叫卖声、权势声，最终发出自己深深的"叹声"。城市啊，也是百般滋味在心头。

比起市声，最最不能抹去的城市记忆，恐怕就是"街"。一条条多姿多彩的"街"，是一道道流动的风景线，负载着形形色色的风情，讲述着一个个动人的故事，呈现着各种各样的文化。潘毅、余丽文编的《书写城市——香港的身份与文化》，收录了也斯的《都市文化·香港文学·文化评论》一文，文章对都市做了这样的概括："都市是一个包容性的空间。里面不止一种人、一种生活方式、一种价值标准，而是有许多不同的人、生活方式和价值标准。就像一个一个橱窗、复合的商场、毗邻的大厦，不是由一个中心辐射出来，而是彼此并排，互相连接。""都市的发展，影响了我们对时空的观念，对速度和距离的估计，也改变了我们的美感经验。崭新的物质陆续进入我们的视野，物我的关系不断调整，重新影响了我们对外界的认知方法。"读着这些评论的时候，我的脑海里如同上演着一幕幕城市的黑白电影，迅雷般的变迁，灿烂夺目，如梦如幻。

都市是一种历史现象，它是社会经济发展到一定阶段的产物，又是人类文化发展的象征。研究者按都市的主要社会功能，将都市分为工业都市、商业都市、工商业都市、港口都市、文化都市、军事都市、宗教都市和综合多功能都市等等。易中天《读城记》里，叙说了他所认识的政治都城、经济都市、享受都市、休闲都市的特点。诚然，每一个城市都有自己的个性，都有自己的风格，但与都市密切关联着的"繁荣""文明""豪华""享乐"，对任何人都充满诱惑。"都市生活的好处，正在于它可以提供许多可能。"相对于古代都市文化，现代形态的都市文化，通过强有力的政权、雄厚的经济实力、便利的交通运输、快捷的信息网络、强大的传媒系统，以及形形色色的先进设施，对乡镇施加着重大的影响，也产生着无穷的、永恒的魅力。

四、都市文明的馨香

自古以来，乡里人、城里人，在中国文化里就是两个畛域分明的"世界"，因此，缩小城乡差别，决然成为新中国成立后坚定的国策，也俨然成为国家建设的严峻课题。改革开放的东风吹醒催开了一朵娇艳的奇葩，江苏省淮阴市的一个小村庄——华西村，赫然成为"村庄里的都市"，巍然屹立于21世纪的曙光中。"榜样的力量是无穷的。"让中国千千万万个村庄发展成为"村庄里的都市"，这是人民的美好愿望。千千万万个农民，潮水般涌入城市，要成为"城里人"。千千万万个城市，迎接了一批又一批"乡亲"。两股潮水汇聚，潮起潮落，激情澎湃！如何融入城市，建设城市？怎样接纳"乡亲"，共同建设文明？回顾历史，这种汇聚，悠久而漫长，已然成为传统。文化是民族的血脉，是人民的精神家园。文化发展为了人民，文化发展依靠人民。如何有力地弘扬中华传统文化，提高人民文化素养，推动全民精神文化建设，是关乎民族进步的千秋大业。虽然有关文化的书籍层出不穷，但根据一个阶层、一个群体的文化特点，有针对性地进行文化素质培养，从而有目的地融合"雅""俗"文化，较快地提高社区文明层次，在当代中国文化建设中仍然具有十分重要的意义。

自改革开放以来，随着城乡人的频繁往来，大数量的人群流动，尤其如"农民工""打工妹"等大批农民潮水般地进入城市，全国城乡差别大大缩小。面对这样的现实，如何让城里人做好榜样，如何让农村人迅速融入城市生活，在文化层面上给他们提供必要的借鉴，已是刻不容缓的任务，文化工作者责无旁贷。这也正是"中华传统都市文化丛书"编辑出版的必要性和时效性。随着网络的全球化覆盖，世界已进入"地球村"时代，传统意义上的"城市"，已经不是都市文明建设的理想状态，在大都市社会中逐渐形成并不断扩散的新型思维方式、生活方式与价值观念，不仅直接冲毁了中小城市、城镇与乡村固有的传统社会结构与精神文化生态，同时也在全球范围内对当代文化的生产、传播与消费产生着举足轻重的影响。可以说，城市文化与都市文化的区别正在于都市文化所具有的国际化、先进性、影响力。为此，"中华传统都市文化丛书"构设了以下的内容：

传统信仰与城市生活：城隍
服饰变化与城市形象：服饰
饮食文化与城市风情：饮食
高楼林立与城市空间：建筑
交通变迁与城市发展：交通
传统礼仪与城市修养：礼仪
语言规范与城市品位：雅言
歌舞文艺与城市娱乐：歌舞

全丛书各册字数约25万，形式活泼，语言浅显，在重视知识性的同时，重视可读性、感染力。书中述写围绕当代城市生活展开，上溯历史，面向当代，各册均以"史"为纲，写出传统，联系现实，目的在于树立文明，为都市文化建设提供借鉴。如梦如幻的都市文化，太丰富，太吸引人了！这里撷取的仅仅是花团锦簇的都市文明中的几片小小花瓣，期盼这几片小小花瓣洋溢着的缕缕馨香浸润人们的心田。

我们经常在问什么是文明，人何以有修养？偶然从同事处借到一本何兆武先生的《上学记》，小引中的一段话，令人茅塞顿开。撰写者文靖说："我常常想，人怎样才能像何先生那样有修养，'修养'这个词，其实翻过来说就是'文明'。按照一种说法，文明就是人越来越懂得遵照一种规则生活，因为这种规则，人对自我和欲望有所节制，对他人和社会有所尊重。但是，仅仅是懂得规矩是不够的，他又必须有超越此上的精神和乐趣，使他表现出一种不落俗套的气质。《上学记》里面有一段话我很同意，他说：'一个人的精神生活，不仅仅是逻辑的、理智的，不仅仅是科学的，还有另外一个天地，同样给人以精神和思想上的满足。'可是，这种精神生活需要从小开始，让它成为心底的基石，而不是到了成年以后，再经由一阵风似的恶补，贴在脸面上挂作招牌。"顺着文靖的感叹说下来，关于精神生活需要从小开始的观点，我很同意，精神修养真的是要在心底扎根，然后萌芽、成长，慢慢滋润，才能成为一种不落俗套的气质。我们期盼着……

2015年元旦

总　序

都市文化的魅力

前　言

中国饮食文化有着灿烂辉煌的历史，相传上古有伏羲氏，教民结网，从事渔猎畜牧，中国人自此开始了食肉的历史；神农氏通尝百草，教人耕种，采集中草药医治百病；燧人氏发明了钻木取火，古人开始尝到了熟食的美味，熟食从而成了划时代的发明；而直到陶唐氏发明了制陶术，教人利用陶器煮食，有了用以饮食的器具，中国人离文明才又进了一步。换言之，中国人饮食文化的阶段分期便可以"食肉、食谷、熟食、陶器煮食"为具体标志。孔子曾说："食不厌精，脍不厌细""饮食男女，人之大欲存焉"，而亚圣孟子也曾在《孟子·告子上》中写道："食色，性也。"可见，中国的饮食文化也在先哲思想中受到了重视。但从理论上高抬"吃"的地位，则是我们常说的"民以食为天"（出自《汉书·郦食其传》）。而《尚书》与《礼记》中所述的"八政"（古代国家施政的八个方面），也皆把"食"列为首位。

从五谷杂粮到野菜树叶，从飞禽走兽到鼠蛇虫卵……中国人的食物种类令人惊叹。国人对"吃"的兴趣和重视由来已久，久而久之，则形成一种传统。日常语言中有大量和吃有关的俗语，如"吃苦""吃醋""吃香的喝辣的""吃不了兜着走"等等。小到语言运用，大到交际沟通，"吃"的文化艺术渗透在方方面面，层层交织成国人几千年来的社会生活。中国饮食从古至今不断传承衍变，从南到北，从东到西，地域之差，风格迥异，民族之别，各领风骚。饮食行业从产生到发展，长盛不衰，历久弥新，并逐步形成了一种"吃"的文化。同时，"食在中国"成为一条公认的"真理"。作为中国文化的一个重要组成部分，中国饮食文化在世界范围内被广泛地传播和认可。

吃，不仅是一种基本生存手段，同时也是重要的交际手段。在我国，亲戚朋友之间来往，最基本的感情表达方式便是"吃"，一起吃饭成为一种约定俗成的增进感情的方式。在重大的节日中，"吃"更是家庭成员间凝聚情感，联系血脉的纽带。团圆之余，也品尝到了各种节日的特色美食。一年中的节日吃食是最有特色的：过年吃饺子；立春吃春饼；元宵节北方吃元宵，南方吃汤圆；端午节吃粽子；中元节吃西瓜；中秋节吃月饼和应季的瓜果；腊八时

前　言

QIANYAN

喝腊八粥;冬至那天传说北方人怕冻掉耳朵要吃饺子,西南地区的人则要喝羊肉汤;到了腊月二十三小年那天,北方人祭灶,为灶王爷准备了糖瓜,南方人一定要吃年糕……可以说,每一个节日都有固定的特色食物,构成了中华民族丰富多元的饮食文化、地域风情与民族特色。

我们的老祖先甚至认为神与祖先也是要吃饭的。因此,祭祀时少不了肉食瓜果,供神和祖先享用。总之,天上人间,春夏秋冬,南方北方,无不体现着中国特色的"食"文化。

我国历史上的饮食著作汗牛充栋:《礼记·内则》记录了北方贵族的食单,《楚辞》中《招魂》《大招》里描述了当时南方的多种食品和菜肴。饮食典籍更是数不胜数,随便列列就有《食经》《四时御食经》《太官食经》《淮南五食经》《安平公食学》《食珍录》《膳夫经》《茶经》《酒经》《食宪鸿秘》《易牙遗意》《粥谱》《调鼎集》《老饕赋》《菜羹赋》等。南宋诗人陆游以作爱国诗歌著名,而我们很少知道他咏名菜的诗竟多达百篇,其《洞庭春色》中有"人间定无可意,怎换得、玉脍丝莼"的句子,"玉脍"指的就是被隋炀帝誉为"东南佳味"的"金齑玉脍"。"脍"是切得很薄的鱼片,"齑"就是切碎了的腌菜或酱菜。"金齑玉脍"就是以鲈鱼为食材,拌以切细了的色泽金黄的花叶菜。"丝莼"则是用莼花丝做成的莼羹,也是吴地名菜。大文豪苏轼,尽管仕途不顺,但在谪居时却研究出了在今天依然备受人们追捧的东坡肉。他在《食猪肉》里写道:"净洗铛,少着水,柴头罨烟焰不起。待它自熟莫催它,火候足时它自美。"这也许就是最初烧制"东坡肉"的方法吧。此外还有"东坡羹""东坡豆腐""东坡玉糁羹"等名菜,也和他的文学作品一样流传至今。到了清代,文人李笠翁、袁枚等均有饮食专著传世。《随园食单》是袁枚一生美食实践的产物,它以文言随笔的形式,细腻地描摹了乾隆年间江浙地区的饮食状况与烹饪技术,用大量的篇幅详细记述了我国14世纪至18世纪流行的326种南北菜肴和饭点,也介绍了当时的美酒名茶,是我国清代一部非常重要的饮食名著。明清时期的著名作家蒲松龄、吴敬梓、曹雪芹等在他们的作品里,也无数次生动描绘了当时的饮食种类和烹饪技艺,让读者在欣赏文学作品的同时也对书中的佳肴念念不忘。

中国饮食文化的形成发展离不开独特的地理环境,南北气候不同,环境不同,从而形成了南北方饮食的差异。南米北面是我国饮食的主要区域差异之一:南方盛产稻谷,主食以米为主,米粉、糕团、粽子、汤圆等风味食品都用米制成;北方盛产小麦,主食以面为首,一面百吃,有蒸煮煎炸,烤烙炒拌等多种加工方法。除此之外,南甜北咸反映了环境对饮食口味的影响:南方湿度大，人体水分蒸发量相对较少，并不需要补充过多盐分，因此，南人爱用甜食。北方干燥，人体水分蒸发量大，需要补充较多的盐分，故北方人喜食咸味。举例而言，南方人爱吃甜豆花，而北方人并不知甜豆花为何物，因为他们早已习惯吃豆腐脑放咸菜。从整体上看南北饮食，则是南细北粗。南方重质，北方重量。在饮食器具的选择上，南方趋向精致华美，北方普遍粗犷朴实。中国还有八大菜系，分别为：广东菜、湖南菜、福建菜、四川菜、江苏菜、浙江菜、山东菜和安徽菜，不同菜系代表了不同地域独特的饮食文化与风格。八大菜系虽风味不同，但共同构成了中国饮食纷繁多样，灿烂辉煌的格局。

在我国，烹饪很早就注重品味情趣，不仅对饭菜点心的色、香、味有严格的要求，而且对它们的命名、品尝的方式、进餐时的节奏、进餐时娱乐的穿插等都有一定的要求，甚至连中国菜肴的名称都可以说是出神入化、雅俗共赏。菜肴名称既有根据主、辅、调料及烹调方法的写实命名，也有根据历史故事、神话传说、名人经历、菜肴特征来命名的，如"全家福""将军过桥""狮子头""叫化鸡""龙凤呈祥""招财进宝"等等。

中国的烹饪不仅技术精湛，而且有讲究菜肴美感的传统，非常注意食物的色、香、味、形、器的协调一致。对菜肴美感的表现是多方面的，无论萝卜白菜，都可以雕出各种造型，从而达到色、香、味、形、美的和谐统一，给人一种精神和物质高度统一的特殊享受。商朝著名宰相伊尹，将饮食的"色、香、味、形"与治国之道相融合，有了历史上著名的"治大国若烹小鲜"之说。儒家文化的奠基人孔子在《论语》中就有关于饮食"二不厌、三适度、十不食"的论述。中华茶文化的创始人陆羽，认为茶道在中华饮食文化中的地位几乎与酒等量齐观，他遍访名茶产区，对茶叶种类细心研究，甚至制定了泡茶所用水的不同等级。有"中华食文化之圣"美誉的袁枚，历时五十年写成《随园食单》，是中华饮食史上的重要之作，也被称为中华饮食文化"食经"。

平日里，中国人在饮食上还注重养生，中国饮食主张以蔬菜素食为主，辅以营养药膳以进补，并且讲究"色、香、味"俱全。饮食上的五味调和，有着不同于其他国家的独特之处。而自古以来我国的烹饪技术就与医疗保健有着密切的联系，几千年前有"医食同源"和"药膳同功"的说法，我们的老祖先善于利用食物的药用价值，做成各种美味佳肴，以达到对某些疾病预防乃至治疗的目的。

在饮食发展的过程中逐渐渗透进去的种种因素，一直影响着中国的饮食文化，如此形成了中国饮食文化固有的特色。饮食给人们带来物质上和精神上的双重享受,人们在满足了口腹之欲的同时也使精神得到了充足的享受。幅员辽阔的中国,五十六个民族的不同文化融合在饮食上,变幻出饮食文化的无穷魅力。泱泱华夏,上下五千年,中国作为世界闻名古国,在饮食上有太多的文化值得我们去探索。中国在经历了繁荣与苦难,落后与振兴之后,我们的文化越来越多地被世界所了解。时代变迁,历史的巨流在滚滚向前,饮食文化作为中华文化的一部分,也经历着传统与现代的碰撞,西方与东方的交融。在今天,饮食文化是中国现代都市文化的重要组成部分,老百姓的日常生活中,"食"占了很大的比重,开门七件事,"柴米油盐酱醋茶",样样都与饮食有关。我们的生活离不开饮食,我们的文化更是少不了饮食,古人饮食注重情调,今人更是如此。饮食发展到今天,早已不是满足口腹之欲那么简单,在我们的文化里,"吃出情调"才是饮食文化的真谛。下面让我们沿着古今饮食文化之路,看看国人是如何"吃出情调"的。

目　录

目　录

MULU

麦香阵阵话面食

　　农业是古代文明产生的基础,世界上最为辉煌的古代文明都是建立在农业基础之上的。我国地处东亚大陆,具有辽阔的沃野与丰富的水源,这一切为农业提供了适宜的自然条件,因而成为世界上最古老的农业发源地之一。中国史前农业有不同于史前西亚、北非和印度的特点,黄河流域与长江中下游两个中心地区又有各自不同的特点,形成了丰富多彩的中国史前农耕文明,这首先体现在谷物的种类上。

　　由《诗经》可知当时人们日常食用的粮食主要以黍、稷、麦、菽、稻等"五谷"为主。在秦岭淮河以北,以黄河流域为中心的北方地区,主要谷物品种是粟(俗称小米),称为种粟农业。因为粟是北方种植的主要谷物,所以北方一些地区将谷作为粟的专称。粟是由野生植物狗尾草培育而来,适于在干旱的黄土地带生长。据考古发现,中国史前时期粟的出土地点近30处,而黄河中游的仰韶文化遗址中出土粟的地点最多。出土粟最早的遗址是距今7000年以上的河北武安磁山文化遗址。

　　中国面食的演进与发展史必须先从面食的原料——小麦开始。

一、小麦青青大麦黄

　　我国最早的医学典籍《黄帝内经》中有一句话这样讲:"五谷为养,五果为助,五畜为益,五菜为充。"意即谷物是人们赖以生存的根本,而水果、肉类、蔬菜等则是作为主食的辅助。这里的"五"并不是指五种,而是泛指。这句话体现了中国人的饮食结构,谷果畜菜也是中华饮食文化的物质基础,是三四千年前的黄河流域作为中国农业的发源地产出的供我国先民食用的最基本的食物。

图1　小麦

　　《左传·襄公十四年》记载:"我诸戎饮食衣服不与华同",这说明华夏民族在饮食上是有别于其他民族的。根据考古发掘和文献记载,先秦人民主要食用五谷。由《诗经》即可知当时人们日常食用的粮食主要以五谷为主,如《王风·黍离》:"彼黍离离,彼稷之苗""彼黍离离,彼稷之实";《邶风·载驰》:"我行其野,芃芃其麦";又《魏风·硕鼠》:"硕鼠硕鼠,无食我黍";《豳风·七月》:"黍稷重穋,禾麻菽麦""十月获稻"。黍、稷、麦、菽、稻均有提及,可谓是"五谷"俱全。

　　《周礼·天官·膳夫》:"凡王之馈食用六谷",郑玄注"六谷"为稌(稻)、黍、稷、粱、麦、苽。是说凡馈送王的饮食,其中的"饭"用这六谷做成。《周礼·天官·疾医》云:"以五味、五谷、五药养其病,以五气、五声、五色视其死生。"此处的"五谷",郑玄注为麻、黍、稷、麦、豆,用来治疗患者的疾病。《孟子·告子篇》也有:"五谷者,种之美者也"的说法。粟,北方称"小米",也叫谷子,色金黄。稷与粟相似,色泽金黄,唯一与粟不同的是黏性较大。稷的种类很多,黏性较大的叫黍子,黏性不大的叫穄子。稷是我国北方人民最早培育成功的粮食作物,也是我国北方人民的主粮,所以在汉代许慎所著的《说文解字》中被称为"五谷之长"。黍,比粟高大,黍脱粒后也是黄色的圆形颗粒,民间俗称"黄米",质量优良的黍叫作粱,在古代是仅次于稷的主粮,在人们的饮食中占了很大的比重。稻,是我国南方人民首先栽培成功的粮食作物,以后逐渐传入朝鲜半岛、日本和东南亚,时至今日,稻仍是南方居民的主粮。相比之下,小麦的种植与食用较晚。甲骨文中的"麦"字说明至少在商代我国已有小麦,但在那时并没有广泛栽种,直到春秋战国以后才在北方普遍种植和食用。菽,是豆类总称,富含蛋白质,它为摄食动物蛋白较少的中国人提供了人体必需的蛋白质,在秦汉以前,大豆是主要的粮食,但直接食用不易消化。石磨发明以后,人们把大豆磨成豆浆来食用。汉代发明了豆腐,使植物蛋白的利用大大提高,蛋白吸收率可达92%~96%,尽管中国人在摄食动物蛋白上不及西方人,但是中国人喜食豆类,豆类食物在中国人的饮食结构中起到了很重要的作用。粟和稻是中国史前农耕文化的主要谷物品种,而高粱是在魏晋时才传入中国的。玉米,也叫"苞米""苞谷""珍珠米"等,原产地在美洲,在16世纪的明朝才传入中国,甘薯也在明朝时从美洲传入,花生则从南洋群岛引入。至于马铃薯,清代前期才从南洋传入,所以又叫"洋芋"。

　　华北仰韶文化、龙山文化(大汶口文化)出土的若干人骨,经过碳十三食谱分析表明,粟类谷物是当时居民的主要食物。这些发现表明,粟的种植最早起源于我国黄河流域,仰韶文化诸氏族部落是种植粟类作物的发明者和推广者。但时至今日,小麦却成为中国人的主食之一,形成了与水稻"平分天下"的局面。一方水土养育一方人,尤其是在中国北方更是以面为主食,面食制作工艺非常精湛。北方人做面常加时令蔬菜,佐以生葱、生蒜、香菜等调味,味重油多,配料及汤相对较咸,主要是驱寒,饭量大的也可配馒头、烧饼。或许热量较高的面食造就了北方人的高大威猛和粗犷豪放。而南方反之,对米饭的专一或许是某种程度上造成了南方人的小巧细腻。南方人以米饭作主食,面条为小吃,习惯以小碗盛放,但不放葱姜、香菜,喜欢放酱油、榨菜、菜油或猪油,在吃面这件事上,南北方形成了鲜明的对比。

　　近年来,有日本研究者认为中国西汉以前,古书中提到的"麦"全是大麦,其理由是古代的文献没有大麦和小麦的明确资料。此外,他们还推断中国的小麦制粉与面食制作技术是从西汉以后才传入的,但由我国小麦栽培与地域来看,小麦应是由野生种经人工培育而成的,因为有野生小麦分布的地方就有可能是小麦的原产地。同时我国的小麦种植较集中于黄河流域,况且栽培小麦的历史又最久,在人工培育与择种之下小麦的变种甚多,因此可以说我国不仅是栽培小麦的起源地之一,也是小麦最大变种中心。安徽省博物馆在亳县钓鱼台遗址中发现了大量炭化的小麦籽粒,湖南长沙发掘的西汉马王堆墓葬中出现的小麦实物证明,中国的小麦源出于中国。至于外地传入的说法,则有张骞出史西域时期传入中国的说法,但证据相当薄弱，而早在远古的文化遗存中，已不止一处发现了石磨盘、石碾棒和木制的杵臼工具。距今约1.3万年前的山西下川文化有石磨盘出土，这表明一万多年前的山西已经有碾碎谷物的食物加工方式，长治武乡县石门乡出土约8000年前的器物中也有石磨盘。证明这里是我国最早首创石磨工具地区之一。据文献记载，到春秋中期，冬小麦的种植范围只限于晋、郑、陈等中原诸侯国，黄河西岸的秦国，滨海的齐、鲁仍然种植春小麦。大面积种植小麦始于战国晚期。这些证据更证明了无论是小麦，还是制作工具，都是中国的本土产物，是我国先民智慧与劳动的结晶。

二、"汤饼一杯银线乱"

"汤饼一杯银线乱"是宋代著名诗人黄庭坚在其《过土山寨诗》中写到的，其实所谓"汤饼"就是水煮的面食，相当于我们今天的"面条"，诗人进一步描写为"银线乱"，形象地呈现了宋代面条的形状与颜色，可见宋代时已将用水煮的面食称为"汤饼"。而在更早时先民们已将用笼蒸的面食称为"蒸饼"，表面撒胡麻（芝麻）叫"胡饼"。汉代《释名》称"饼，并也，溲麺使合并也。"当时将所有面食统称为"饼"，直至明清仍旧使用这一名字。小麦皮硬，制成粉有黏性，不适于粒食；大麦皮较软可直接粒食，制成粉后黏性小，不易于加工。因此，面类制品的发展应从小麦开始。我国北方以种植小麦为主，因此，将颗粒状的食物磨成面粉便由麦子开始。将麦子磨成面粉约始于春秋战国时期，秦汉时已很普遍，有了面粉之后，面类制品也应运而生了。

远在3000多年前的殷商时代，古人就已能制作出一些简单的面食，到了西周，制作工艺也有了较快发展，出现了专业制作面食的厨师。春秋战国时期，农业生产有了新的发展，小麦种植面积不断扩大，尤其贵族阶级更是注重饮食，小麦种植区域的扩大和食用者的增加，推动了面食的发展。孔子提出了"食不厌精，脍不厌细"的观点，秦汉统一政权的建立使各地饮食相互融合，加上产制技术的提高，为面食制作提供了更多的条件。到了西汉，文献中所载的饼、饵、麦、饭、甘、豆、羹可知当时食品种类的多样化。其中的"饼""饵"是指扁圆形的面点食品，包括蒸饼、胡饼。汉代"馊面"就是发酵面，说明当时已有发酵面食的制作技术。蒸饼类似今天的馒头，汤饼是水煮的面片，馅饼是牛羊脂制的油炸食品，索饼类似面条，而髓饼则是加入动物骨髓、油脂和面制作的炉饼。这个时期还出现了"平底釜"，类似于今天的平底锅，面点种类也随之增加，此外还出现了"蒸笼"。

图2　苏州汤面

　　唐宋是我国面点的发展期。这一时期国家富强,而且与外国交流频繁,因此面食品种也更加丰富起来。不仅有水调面、发酵面和其他面团制品,面食的辅料也增加为油脂、糖、盐、乳、蛋等;调制上则有蒸、煮、烤、炸、煎、烙等熟制方法;馅心方面,因动植物原料均可使用于调馅,其口味有甜、咸、酸、辣、鲜等,且分为生馅、熟馅,风味各具特色。此时期面食成形富于变化,如面条可以切成条,也可拉拽成宽长条。"拨鱼"则是用汤匙拨入沸水锅中以成"鱼"形;油酥面点则用模子把面饼压成形后油炸;馒头可以捏成形或用剪刀剪出花样,称为剪花馒头。这一切在今天的北方地区依然能够见到。

　　元代以后,具有标志性的是,回族清真面食形成了独特的风格。明清时期,我国的面食已达到相当高的水准。中式面食大都已定形,各种面食的风味、流派也已形成,加上中外文化的交流与发展,西式面点开始传入中国,不仅有酒楼茶肆生产点心,而且有相当规模的作坊生产精美面食,如北京的肉丁馒头,四川的九圆包子,山西的刀削面,山东的抻面,两广的茶市点心及北京的宫廷点心等等。同时还出现了以面点为主的"喜庆筵席",可见当时面食产品的种类、规模、风味都达到了极致。

　　我国面食的主要种类有:

　　面条　主要用面粉制作。在面出现之前,饭、粥是中国人最常见的主

（页面右侧竖排）麦香阵阵话面食

MAIXIANG ZHENZHEN HUA MIANSHI

（页脚）

005

食，但当面出现后，面条地位随即跟米食平起平坐。北方人以面食为主粮；南方人主食侧重吃米饭，但面食亦成为南方重要的小吃。面条是一种非常古老的食物，它起源于中国，有着源远流长的历史。在中国东汉年间已存记载，至今约2000年。而我国最早的实物面条是在黄河上游青海省民和县的地质考察中发现的，在一处河滩沉积物地下3米处有一只倒扣的碗。碗中装有黄色的面条状物质，最长的有50厘米。研究人员通过分析该物质的成分，发现这碗面条距今已有约4000年的历史，这使面条的历史大大提前了。在中国，最初所有面食统称为饼，其中在汤中煮熟的叫"汤饼"。

　　不同的朝代均有对面条的记载。从东汉到魏晋南北朝，再到后期唐宋元明清都有相关的史料纪录。但起初对面条之名称却不统一，除水溲面、煮饼、汤饼外，亦有称水引饼、不托、馎饦等。"面条"一词直到宋代才正式通用。"面条"为长条形，花样却多不胜数，冷淘、温淘、素面、煎面……皆属"面条"。制面方法之多也令人叹为观止，擀、削、拨、抿、擦、压、搓、漏、拉等。面条既属经济饱肚的主食，还可作登大雅之堂的美食。据历史记载，很多达官贵人均喜吃面，并常以面食招待贵宾。《荆楚岁时记》中："六月伏日进汤饼，名为避恶。"恶，疾病和污秽也。伏天苍蝇细菌多，饮食不洁，易患肠道疾病，而"汤饼"用水煮沸，趁热吃，这可能是古代伏天受污染最少的食品，大大减少了疾病的发生。病人抵抗力差，要吃最洁净安全的食品，这也就是为什么千百年来，侍候病人的饭食，多用面条。今人考证，汤饼实际是一种面片汤，将和好的面团托在手里撕成面片，下锅煮成。如果将"撕"改成"刀削"，就成了至今仍在山西一带广为流传的刀削面。后来制面工艺改为先揉搓到像筷子那样粗细，一尺一断，在盘中盛水浸。"宜以手临铛上，揆令薄如韭叶，逐沸煮"（《齐民要术》），这时面的样子类似宽面条。到晋时，又成细条状。"细如蜀茧之绪，靡如鲁缟之线"。面条的形状最后被定格为长条。北魏贾思勰《齐民要术》中记载有"水引饼"，是一种一尺一断，薄如"韭叶"的水煮食品。中国全盛时期的唐朝，当时的宫廷要求冬天要做"汤饼"；夏天则做"冷淘"（即现今之冷面或过水凉面）。宋朝饮食市场上的面条品种达10种之多，丰富多彩，有插肉面、浇头面等。元代出现了可以长期保存的"挂面"；明代又出现了技艺高超的"抻面"。这些制面技艺的出现都为面条的发展做出了重大的贡献。清代最有意义的是"五香面"和"八珍面"的出现，而且在乾隆年间又出现了方便面的前身：那就是油炸之后可以长时间保存的"伊府面"。河南的伊府面，简称"伊面"，既可以汤煮，亦可作干炒，由清乾隆进士伊秉绶的家厨所创。伊府面在中国南北方皆有制作，尤以闽、赣最出色。伊府面之特色在于它不用水和面,改用鸡蛋液;面条经沸水煮后用冷水冲凉、烘干,再用油炸,令其变成半成品。伊府面因制法独特,可适合不同煮法,所以常常作为面中上品及筵席上的特色面点。另一闻名中外的面食是四川的担担面。传说担担面诞生于18世纪的四川,是一种挑着担子沿街叫卖的面。当时的中国,内忧外患,民生困苦,相传有一位名叫陈包包的小贩为求生计,挑起担子沿街卖面。起初担担面只在小街小巷摆卖,面质粗糙,是劳苦大众用来果腹的廉价小吃。它的做法非常简单快捷,仅用滚水煮熟后,拌以辣椒油、豉油,再加少许榨菜以及些许肉末即可,味道辛辣鲜香,为大众所喜爱。担担面发展到后期才进入了大饭店、宾馆,与其他小吃一起登上了大雅之堂。香港极受欢迎的云吞面,面底是生面。生面早时产于广东,以鸡蛋或鸭蛋和面,鸡蛋令面身变得爽口,鸭蛋则令生面增添蛋香。好的生面称为银丝幼面,面要幼细,煮后呈黄色,还要吃起来爽口弹牙,不能太硬也不能太软,而且最重要的是,生面煮后不可带碱水味。南方虽然以大米为主食,但也有很多和北方一样的面食,比如吃面条,南方人喜欢清爽地吃:一碗清汤面里撒几片香葱,南方人美其名曰"阳春面"。

中华面食在清朝发展已相当成熟稳定,甚至各个地区均有其独特风味,中国五大名面已经形成。加上中外文化的交流与发展,更令中华面条、面食之文化于全世界大放异彩。

烧饼 是中国特有的一种面饼,也是中国各地常见的传统小吃。主要原料为面粉、油、芝麻、葱油、盐。以发酵面团揉入油酥擀制成饼后撒上芝麻,成形后放入烤炉烤制而成,其中还可包入咸或甜的馅料。胡饼大约是在汉代班超通西域时传来的,可惜至今尚未找到直接的文字记载。最早一条记载"胡饼"的文字是《太平御览》八六引《续汉书》:"灵帝好胡饼"。其次是《三辅决录》:"赵岐避难至北海,于市中贩胡饼"的记载。可见汉代已有"胡饼"《晋书》中也有王羲之"独坦腹东床,啮胡饼,神色自若"的记载,可知至迟在晋代已传入"胡饼"了。胡饼就是最早的烧饼,在唐代十分盛行。司马光《资治通鉴》记载:"日向中,上犹未食,杨国忠自市胡饼以献。"胡三省注说:"胡饼今之蒸饼",高似孔说:"胡饼言以胡麻著之也"。安史之乱时,唐玄宗与杨贵妃出逃至咸阳集贤宫,无所果腹,任宰相的杨国忠去市场买来了胡饼呈献。当时长安做胡饼出名的首推辅兴坊。唐代大诗人白居易还曾赋诗一首称:"胡麻饼样学京都,面脆油香新出炉。寄于饥馋杨大使,尝香得似辅兴无。"胡麻饼的做法是取清粉、芝麻、五香粉、盐、面、清油、碱面、糖等为原、辅料,和面发酵,加酥油入味,揪剂成型,刷糖色,粘芝麻,入炉烤制,出炉后便如白居易说的"面脆油香"了。此做法与现代烧饼差不多。到了唐代,吃胡饼已经成了一种最时髦的享受。《旧唐书》记载:"贵人御馔,尽供胡食"。所谓"胡食"的种类,慧琳《一切经音义》第三十七卷记载:"此油饼本是胡食,中国效之,微有改变,所以近代亦有此名,诸儒随意制字,未知孰是。胡食者,即毕罗、烧饼、胡饼、搭纳等"。《清异录》记述说,汤悦在驿舍遇见一位士人,招待他吃饭。其中有一种"炉饼",各有五种,仔细品味,五种馅味各不相同,于是请教士人,说这是"五福饼",可知"胡饼"有时也有馅。而且唐代长安十分盛行此饼,当时日本僧人圆仁在《求法巡礼行记》中写道:"开成六年正月六日立春,命赐胡饼寺粥,时行胡饼,俗家皆然"。在此之前,北魏贾思勰《齐民要术》中即有烧饼做法,与唐代做法相去不远。

馒头 当夏商时代的人们掌握了发酵技术之后,先是将其用于造酒,周代又用来制酱,直到汉代以后,发酵技术才被用于面食制作。北魏贾思勰的《齐民要术》上记载了利用易于发酵的米汤作为引子来发面。作者不仅介绍了酸浆的做法,还说明了不同季节的不同用量。此外,《齐民要术》还记载了以粥做引,用酒发酵,把酒投入粥中,待酒发酵后再用来发面,以此来制作发面食品的方法。现在在我国北方地区通行的是用食用碱碳,也就是碳酸钙中和发酵面团的做法。这种方法大约产生于宋元之间,初时曾分为"大酵"和"小酵"。"大酵"是用酒曲作引子的传统发酵法,"小酵"就是用碱发酵。发面技术一开始被用来制作蒸饼。蒸饼和今天的馒头类似,是北方人的日常食物。东汉末年到魏晋南北朝时期,蒸饼还是富贵人家的食品,当时贵族所食蒸饼是以干枣、胡桃为馅的开花馒头,在今天的北方农村依然还能看到。当蒸饼掺入其他食物后就发展成了包子。最早的包子不叫包子,而叫"馒头"。传说是始于三国时期诸葛亮南征孟获,当时的少数民族首领要拿人首祭神,而诸葛亮改为用面包裹牛羊猪肉,有记载说它本名为"蛮头"后转讹为"馒头"。现在在有些北方地区还将祭祀用的有馅的面点称之为馒头,把人吃的叫作馍。

馄饨和饺子 是继面条之后出现的两个久有历史的传统面食品种,是东方美食的代表。两者的区别主要有以下几点:首先,馅皮不同。在制作方法上,馄饨皮是面饼擀制后切成的梯形小片,饺子皮是将面饼揉压后擀制成中间厚、四周薄的圆片。总体而言,饺子皮比馄饨皮厚一些。其次,两者的形状不同。馄饨是元宝形,饺子则通常是蚌蛤形。就馅料而言,饺子的馅料也比馄饨更广泛一些。再次,馄饨多在骨汤、肉汤中煮熟,而饺子多在清水中煮熟。最后,在食用方法上,饺子和馄饨也不同。馄饨多以佐料配原汤食用,而饺子是在清水中煮熟后沥干水分,蘸佐料食用。

饺子在其漫长的发展过程中名目繁多,古时有"牢丸""扁食""饺饵""粉角"等名称。三国时期称作"月牙馄饨",南北朝时期称"馄饨"。

唐代称饺子为"偃月形馄饨",宋代称"角子",元代为"扁食"或"匾食",清朝则称为"饺子"。饺子起源于东汉时期,据说为医圣张仲景首创。当时饺子是药用,张仲景用面皮包上一些祛寒的药材用来治

图3 饺子

病,以避免病人耳上生冻疮。三国时期,饺子已经成为一种食品,被称为"月牙馄饨"。魏张揖所著《广雅》一书中,就提到这种食品,那时已有形如月牙称为"馄饨"的食品,和饺子形状基本类似。据推测,在南北朝时期,那时的饺子煮熟后,不是捞出来单独吃,而是和汤一起盛在碗里混着吃,所以当时的人们把饺子叫"馄饨"。大约到了唐代,饺子已经变得和如今的饺子几乎一样,而且是捞出来放在盘子里单个吃。宋代称饺子为"角儿",它是后世"饺子"一词的词源。饺子在宋代的时候传入蒙古,蒙古语中饺子的读音类似于"扁食",饺子经过改良也由原来的馅小皮薄变成了馅大皮厚。随着元朝势力的不断扩张,饺子这一食品也传到了世界各地,出现了俄罗斯饺子、哈萨克斯坦饺子、朝鲜饺子等多个变种。明代的书籍也证实了这点。明朝万历年间沈榜的《宛署杂记》中记载:"元旦拜年,作匾食"。刘若愚《酌中志》载:"初一日正旦节,吃水果点心,即匾食也。"可见,明代北方地区过年吃扁食已经取代了原来过年吃的圆子、年糕等食物。

馄饨是饼的一种,差别为其中夹内馅,经蒸煮后食用;若以汤水煮熟,也称"汤饼",西汉扬雄所作《方言》中提到"饼谓之饨"即是。古代中国人认为这是一种密封的包子,没有七窍,所以称为"混沌",依据中国造字的规则,后来才称为"馄饨"。在这时候馄饨与水饺并无区别。据说道教认为元始天尊象征混沌未分,道气未显的第一大世纪,故民间有吃馄饨的习俗。《燕京岁时记》云:"夫馄饨之形有如鸡卵,颇似天地混沌之象,故于冬至日食之"。实际上"馄饨"与"混沌"谐音,故民间将吃馄饨引申为打破混沌、开辟天地。后世

不再解释其原义,只流传所谓"冬至馄饨夏至面"的谚语,把它单纯看作是节令饮食而已。另外,相传汉朝时,北方匈奴经常骚扰边疆,百姓不得安宁。当时匈奴部落中有浑氏和屯氏两个首领,十分凶残,百姓对其恨之入骨,于是用肉馅包成角儿。取"浑"与"屯"之音,呼作"馄饨",恨以食之,祈求平息战乱,过上太平日子。因最初制成馄饨是在冬至这一天,所以在冬

图4 馄饨

至这天,家家户户吃馄饨。我国许多地方有冬至吃馄饨的风俗。千百年来水饺并无明显改变,但馄饨却在南方发扬光大,有了独立的风格。至唐朝起正式区分了馄饨与水饺的称呼。南宋时,当时临安(今杭州)人也有每逢冬至这一天吃馄饨的风俗。据南宋文人周密说,临安人在冬至吃馄饨是为了祭祀祖先,可见到了南宋时期,我国开始盛行冬至食馄饨祭祖的风俗。

烧卖 是一种汉族特色面制食品,为大众所喜爱。品种繁多,在江苏、浙江、广东一带,人们把它叫作烧卖;而在北京、内蒙古等地则将它称为烧麦、稍麦、稍美。北方稍麦与南方烧卖不同,它以羊肉大葱为主。据说烧卖起源于包子,它与包子的主要区别除了使用未发酵面制皮外,还在于顶部不封口,作石榴状。最早的史料记载出现在14世纪高丽(今朝鲜)出版的汉语教科书《朴事通》上,我国《金瓶梅词话》中也有"桃花烧卖"的记述。清朝乾隆年间有"烧麦馄饨列满盘"的说法。《清平山堂话本·快嘴李翠莲记》中列举了大肉烧卖、地菜烧卖、冻菜烧卖、羊肉烧卖、鸡皮烧卖、野鸡烧卖、金钩烧卖、素茭烧麦、芝麻烧麦、梅花烧麦、莲蓬烧麦等各种烧麦。清代无名氏编撰的菜谱《调鼎集》里便收集有"荤馅烧卖""豆沙烧卖""油糖烧卖"等,其中油糖烧卖是用板油丁、胡桃仁和白糖做馅制成的,可见我国南北方烧麦品种之多、口味之繁。

三、中华面食在山西

提到北方面食,不得不提山西。山西属于我国北方黄土高原的多山内陆省份,特点是山多川少,地势起伏较大。境内五大盆地、六大山脉、八大河流间布。各类地形起伏悬殊、犬牙参差,形成独特的自然风貌。从气候特征

来看,山西属于温带大陆性季风气候,夏季温暖多雨,冬季寒冷干燥,春温高于秋温,秋雨多于春雨。既能种植喜热的棉花、花生、油菜,也能种植喜温的玉米、高粱、谷子,还能种植喜凉的春小麦、莜麦、胡麻、马铃薯等作物。就是这样一方水土,养育了祖祖辈辈的三晋儿女。山西因气候、土壤结构的不同,创造出千姿百态的地方风味小吃,并且每一个地方都有自己独特的美食作为地方性的符号与标志,如栲栳栳、刀削面、揪片、凉粉、碗托、焖面、荞面鱼鱼、太谷饼等。

复杂多变的地形气候也造就了山西复杂多样的面食食俗。山西面食历史悠久,距今约1.3万年前的下川文化遗址中有石磨盘出土,这表明一万多年前的山西已经有碾碎谷物的食物加工方式。原始的熟制食物方法有一种为"加物于燧石之上",或把烧红的石块投入有食物的水中,一直到水沸腾,食物煮熟为止,这就是所谓的"石烹法"。现在流行在晋南农村的"石子饼"仍然在沿用这种古老的制作方法,可以说是山西面食的鼻祖。今天在晋南方言中把面条从锅中捞出来这一过程称为"潷出",而在唐代一些食疗菜谱中频频出现"潷出"这个词汇,更进一步可以推测山西人喜食面食的习惯在唐代以前就已经形成了。贫瘠的黄土高原山地,十年九旱的气候特征,使山西人民在适应自然、改造自然的过程中面对身体机能的需要,创造出适合自身生存发展的饮食之道。"面菜合一"就是这种创造的结果,它几乎成为山西面食的主流形式。究其原因,主要是古代因各种限制导致蔬菜品种较少。因此,在山西普通人家的食俗中,如晋北的"块垒"、晋中"拨拉子"、晋东南的"和子饭"等,都是面菜合一或汤饭合一的形式。尽管如今大棚蔬菜种植和南菜北运使得情况大为改变,但是人们固守的习俗与传统却一直延续着。

作为中国的面食大省,山西的各类面食约有400种。初步估计,其中较常见的有:煮制品70多种、蒸制品120多种、烤制品40多种、烙制品30多种、煎制品15种、焖炒类55种、汤饭类20种。除小麦粉之外,又有莜麦、荞麦、高粱、小米、红薯、马铃薯等。土豆粉、高粱面、豆面、荞面、莜面可以做成数十种面食,再加上胡麻油、花生、葵花籽、黄花菜、紫皮蒜、长山药等众多的优质调和料,使山西面食在果腹之外,更具营养均衡的特点,成为今天健康饮食观念的代表。其中仅小麦粉就可通过搓、捏、压、擦、切、抿、拌、卷、搅、剔、碾、摊、擀、拽、扯、甩、拉、削、转、盘、拖、戳、滚、拔、铲等30余种操作技法被加工,制作工具有河漏床、抿面床、拨鱼床、拨面刀、削面刀、剪刀、称盘、瓷盘、擀面杖、石板、石头子等等,经过蒸、煮、炒、炸、烩、烙、煎、烤、调、焖而呈

现出饭、粥、糊、羹、团、粉、饼、饺、包、条、卷等样态。山西面点色彩丰富,口味酸、甜、咸、辣、麻、鲜不一而足。

山西面食当首推刀削面,它与抻面、拨鱼、刀拨面并称"山西四大面食"。以下将对山西面食逐一介绍。

刀削面 在煮制面食中,山西的刀削面名扬海内外,是山西人民日常喜食的面食,风味独特。刀削面全凭刀削,飞刀之下面条如流星落地,鱼跳龙门,削出的面条又细、又薄、又长。用刀削出的面叶,中厚边薄,棱锋分明,形似柳叶;入口外滑内筋,软而不黏,越嚼越香,深受面食者喜爱。作为享有盛誉的中华五大面食名品之一。即使在汇集了大江南北风味菜系的北京,山西刀削面依然占有一席之地,大街小巷仍可以看到山西刀削面馆。

刀削面是山西最有代表性的面条,堪称天下一绝,已有数百年的历史。传说元朝建立后,为防止汉人造反起义,便将家家户户的金属器物全部没收,并规定十户人家只能用一把厨刀,切菜做饭轮流使用,每次用后须交回保管。一天中午,一位老婆婆将棒子面、高粱面和成面团,让老汉取刀,结果刀被别人取走,老汉只好返回。在出门时,脚被一块薄铁皮碰了一下,他顺手捡起来揣在怀里。回家后,锅开得直响,全家人等刀切面条吃。可是刀没取回来,老汉又急得团团转,忽然想起怀里的铁皮,就取出来说:"就用这个铁皮切面吧!"老婆一看铁皮薄而软,嘟囔说:"这样软的东西怎能切面条?"老汉说切不动就"砍","砍"字提醒了老婆。她把面团放在一块木板上,左手端起,右手持铁片站在开水锅边砍面,一片片面片落入锅内,煮熟后捞到碗里,浇上卤汁让老汉先吃,老汉连连称赞,以后就不再去取厨刀切面了。这样一传十,十传百,传遍了晋中大地。至今晋中的平遥、介休及吕梁汾阳、孝义等县,不论男女都会削面。后来凤阳出了朱元璋统一全国,建立明朝,这种"砍面"流传于市井小摊贩间,再经过多次改革演变成为今天的刀削面。

刀削面柔中有硬、软中有韧,浇卤,或炒或凉拌均有独特风味,若略加山西老陈醋,则食之更妙。刀削面的传统操作方法是一手托面,一手拿刀,直接削到开水锅里。刀削面行家总结的制面要诀是:"刀不离面,面不离刀,胳膊直硬手端平,手眼一条线,一棱赶一棱,平刀时扁条,弯刀是三棱。"有顺口溜称赞为:"一叶落锅一叶飘,一叶离面又出刀,银鱼落水翻白浪,柳叶乘风下树梢。"刀削面对和面的技术要求较严,水、面的比例,要求准确,一般是一斤面三两水,打成面穗,再揉成面团,然后用湿布蒙住,饧半小时后再揉,直到揉匀、揉软、揉光。如果揉面功夫不到,削时容易粘刀、断条。刀削面之妙妙在刀功。一般使用特制的弧形削刀，在操作时左手托住揉好的面团，右手持刀，手腕要灵，出力要平，用力要匀，对着汤锅，一刀赶一刀。这样削出的面叶儿，一叶连一叶，恰似流星赶月，在空中划出一道弧形白线落入汤锅，汤滚面翻，又像银鱼戏水，煞是好看。高明的厨师，每分钟能削二百刀左右，每个面叶的长度，恰好都是六寸。吃面前，能够参观厨师削面，无异于欣赏一次艺术表演。面盛好后，还要浇上各种特制的卤子，山西人也称之为"臊子"，还有卤鸡蛋、丸子、豆腐干儿、炸豆腐作为配菜，倘若再捏上几撮香菜，备一碟酸腌菜，则是地地道道的山西刀削面。

拨鱼 拨鱼是山西面食之一，又称"剔尖"。面头尖，中间粗，呈小鱼肚形状，口感柔软、筋滑、爽口。相传在唐贞观年间，李世民的叔妹世姑在山西介休的绵山诵经修行，并且时常采药为附近乡民看病。一天，世姑为一患病老妪边配药边做饭，因为自幼生在皇宫，做饭技术不高，和面时软了加面，硬了又加水，最后还是将面和得稀软。她急中生智，用一根尖头筷子试着往开水锅中拨，竟然拨成粗细均匀的一根根面条，送给那老妪吃。老妪吃得上口，就问世姑这叫什么，世姑因心慌着急误以为老妪在问自己的名字，因为此时世姑已身入空门，不愿说出真名又不愿欺骗老人，就说出乳名"八姑"来，老妪误听为"拨股"，于是就有了拨股之称。

把和好的很软的面放在盘中，一手端面盘，一手用铁制筷子或富弹性的木竹筷子一根一根往下拨入锅内。这种面柔软绵滑，易于消化，待煮好后配上荤素浇头或打卤即可食用。山西榆次剔尖较为有名，剔尖剔出的过程也是面盘转换方向的过程，熟练的厨师会右手不断剔尖，而托面盘的左手也会不断小幅度转动，所以被称为"转盘剔尖"。太原一带的剔尖因取绿色蔬菜汁和面，所剔面食又称为"翡翠剔尖"。

抻面 包括甩面、扯面、拉面。为山西四大面食之一。人们在寿诞生辰、聚友团圆时，常常要吃这种面，以示长寿和喜庆。其特点是柔软、筋韧、光滑，不同地方做法吃法少有差异，以致产生多种名称，但都属于抻面一类。

扯面是山西南部运城地区的家常面食，因全国最大的关帝庙在关羽的故乡——运城解州，所以又叫关公扯面。又因形似腰带，所以也叫"裤腰带面"。据说，在当地饺子和扯面是用来待客的。扯面因为是拉扯而成便有了牵牵连连的意思。亲戚来了，尤其是女婿上门，一般都吃扯面。男女双方谈对象，男方第一次上门，女方如果同意就吃扯面，表示愿意建立关系；如果不同意，就很随便了，对方一看就明白是什么意思了。扯面的做法是将面和好揉匀，饧10分钟后再揉。切成约每个30克的剂子并搓成圆柱形，饧10分钟后擀成2厘米宽、20厘米长的面片,刷油再饧40分钟,包上保鲜膜防止变干。饧好面后,双手各执一端,上下抖动,轻轻抻拉,扯抻动作都较快。抻,是为了拉展面片。扯,是为了撕开面片。然后再撒上干面粉使面抖散,扯出的面条才互不粘连。水沸即可下面,中间点一次水,两开过后,下锅煮滚3~5分钟后带汤捞起,调和卤料拌匀即可。根据个人的喜好,可粗可细,可厚可薄。

"一根面",属于拉面的一种,是流行于太原的一种地方性面食。一根面,顾名思义,是从头到尾为一根长的面条。制作工艺并不复杂,但是拉抻的动作需要专业技术。制作一根面需要将面分两次抻长,第一次搓长尚且容易,搓长"一根面"条后需要自内向外盘成圈,浸放在油盆内。面条有油是为了抻拉时滑溜不粘手,基本保证拉出的面条粗细相当。第二次拉长甩入沸水锅中就需要相当功底,需左手送出面条,右手迅速拉出,甩入沸水锅中。一根面从头到尾可长达数十米,制作者可根据需要,在适当的时候掐断面条,使成一人份或多人份。水煮沸3~5分钟后捞起,加卤子等调和拌匀即可食用。

刀拨面 "刀拨面"是山西一绝。拨面用的刀是特制的,长约40~60厘米,两端都有柄,刀刃是平的,成直线,不能带"鼓肚"。每把刀重2.5公斤左右,大刀两端把手形似"牛角"。拨面时,双手把握向下切,两手要用力一致,即向前拨出成千根面,达到讲究的粗细一致。拨面需连贯运刀,使面条从刀下不断被切拨跃出,刀案碰撞发出"砰砰"声,如骏马奔腾,故称为"刀拨面"。用这种刀拨出的面十分整齐,粗细一致,断面成小三棱形,条长半米有余。20世纪50年代就有厨师创下每分钟拨面199刀,面条995根,面重8.8公斤的记录。拨面条条散离,不粘连;切拨速度之快,似闪电,令围观者眼花缭乱,无不赞扬。

"刀拨面"制作方法是将白面和水按2:1和成面团,饧10分钟后放在案板上,将面团用擀杖擀成宽度比刀口宽度稍窄的长条面皮,洒上淀粉后一层层叠起来,一般可叠6~7层,约5厘米厚。将专用小案板放在沸水锅边,将叠好的面条放在案上,双手紧握刀柄。刀身横在面片上,由远而近倒着下刀,用力一切一拨,直接拨入沸腾的锅里,煮熟后捞出,过温开水,炒食、浇卤、凉拌皆可。呈三棱形的面条,入口筋滑,美味可口。

揪片 又称掐疙瘩,也是晋中民间传出的一种家常面。当地人讲究婚嫁时男女双方在启程前必吃此面,名谓"岁数掐疙瘩",寓意和和美美,平平安安。结婚时的年龄为多少就吃多少片。这里的"片"是指半成品而言的,即用一小瓢面和好后擀成圆形,切开对折,然后根据岁数先切成大片,再将大片用手分别揪入沸水锅中,捞出后约半碗。

河漏面　北方面食三绝之一,其叫法多种,如河捞、疙豆、河漏子等,是北方古老的大众面食之一。在山西、陕西、山东等地均有其踪迹。制作简单,吃法多样,但制作时必须要有特制的河漏床——中间有圆洞,下方有孔,上方有与圆洞直径相差略小的可伸入洞中挤压的木柱圆形头。把和好的面投入特制的河漏床中,迫使面从下方均匀的孔内下到锅里。待面压到一定长度,用筷子从下方把面条截断,煮熟后配上各种浇头或打卤食用。

剪刀面　剪刀面和剔尖、拨鱼等一样都属于家常面食,但不同的是剪刀面没有特定专业的工具,所需仅仅为一把裁缝剪刀而已。剪刀面制作技术要求不高,成品形状相近,便于制作。制作时先将面坨揉成圆锥形,左手持面坨,右手持剪刀沿圆锥侧面剪下面条。边转动面坨边剪面,当面坨一周都被剪过后,重新揉面使其表面光滑后再剪。面条成一定数量后下沸水锅煮,初沸后加小半碗冷水,再沸后约两分钟捞起装碗。依个人口味调卤拌食。

槐花拨拉子　拨拉子是山西北部、中部一带流行的面食之一,以各种蔬菜拌干面粉制成。“拨拉”是拨拉均匀的意思。蔬菜因时选料,槐花是四月间槐树所开之花,此时常被用来做“拨拉子”的材料。先撒小麦面粉100克在案板上,将洗干净的槐花约400克沥干后倒在案板上与小麦面粉拌和。再撒100克干面粉在槐花上,以手拌和,轻轻拌匀。然后放入笼屉蒸10分钟即可。倒在碗中,卤食即可。然而槐花毕竟是少数,一般多以土豆、豆角等蔬菜代替,做法相同。

石子饼　石子饼以山西永济最为出名。将擀好的面饼放在烧热的石子堆上,再铲热石子把面饼全部掩埋,利用石子温度烤熟面饼,做法别具特色。先将小石子洗干净放置烤炉上烧到烫热的程度,再把面饼置石子堆上,随即铲热石子把面饼完全覆盖。3～5分钟后,面饼烤至两面微黄成熟,即可出炉食用。饼做好后,以饼面凹凸不平、呈黄色、有面香为佳。民间的石子饼饼面比较厚,大约有0.5厘米,所以饼面凹凸不会透到反面去,咬嚼起来面块经得起咀嚼,面香微甜,似平淡而久长。而且因为石子可以较长时间保持热量,烤熟的石子饼没有烟煤气,所以充溢着纯粹的面香。

面塑　山西面食的声誉众所周知,在国内外常会看到或听到有以山西面食为主的面食节,每到一处都会引参观者啧啧称道。山西面食作为一种文化在世界上传承和延伸,在这样的文化传承中,勤劳的山西人民用另外一种制作面食的方式——面塑,表达了他们内心的精神世界和对生活的美好愿望。面食与面塑有着难以分割的联系,面塑艺术在创新发展的过程中,或多或少会获得山西面食广告的品牌效应。山西面塑艺术通过不同形式的展览会、旅游推介会、旅游景区展示或手工艺品博览会,把面塑艺术推向市场,让大众逐渐认识山西面塑艺术。2003年,在山西国际面食节上有一个展示面塑的窗口,它以动物、植物为创作题材,充分展示面食与面塑的亲密关系,也充分体现了山西面食的悠久历史与艺术价值。

面塑——民间俗称"面人""面羊""花馍"等。各地叫法不一,形态各有特点。它们大都出自农村家庭妇女之手,以面粉为原料,经过揉面、造型、笼蒸、点色而成,大都造型夸张、简练、质朴,民间和地方特色鲜明,之后延续到城市,发展成为非食用、防腐、防干裂、易存放的艺术品。同时,艺人们还用他们灵巧的双手捏制出精细的、生动的、有故事情节、有文化内涵的纯观赏性的面塑艺术品。山西面塑主要为忻州面塑、霍州面塑和绛州面塑,这三个地方的面塑最有特色。

忻州面塑是流传于该地域的民间传统艺术品,它深藏于民间,扎根于民间,成为当地的工艺品之一。在忻州一带,春节期间要敬神蒸供,节前把和好的面团捏制成"佛手"、莲花、菊花、石榴、桃子、马蹄等各种形状的供物,通称为"花馍"。忻州花馍中间往往装饰以本地特产——大红枣,既美观,又营养,还具有地方特色,很受大众欢迎。当地还有一种大型供品为"枣山"。这种枣山以面卷红枣拼成等腰三角形,角顶往往塑一层如意形图案,上面再加上三至五个面塑的"小元宝",同时还塑上一个供咬"铜钱"的"钱龙"。枣山蒸出后可以颜色点染,成为一种鲜艳的民间艺术品。

霍州面塑被当地人称为"羊羔儿馍"。古时"羊"即"祥",寓意"吉祥"。一般年节临近时,农家妇女用家庭自磨的精粉,按当地习俗捏制小猫、小狗、小虎、玉兔、鸡、鸭、鱼、蛙、葡萄、石榴、茄子、"佛手"、"满堂红"、"巧公巧母"等面塑制品,以象征万事如意,多福多寿,富贵有余,期许万事如意。霍州面塑造型朴实,不多修饰,着色往往仅用品红点彩。

绛州一带历史上盛产小麦,每逢过节,这里家家磨面粉,捏制出千姿百态的面塑来欢度节日。由于这里的面塑注重彩色点染,花色绚丽,所以被当地人称为"花馍"。

而在山西的城乡,大部分家庭妇女都会捏制花馍,而且普遍都会捏制多种造型的花馍。由于是自做自用,尽管水平不一,却并不影响食用。这种家家户户都要进行的民间活动,造就了大批捏制花馍的能工巧匠,而且代代相传。

中国的面食文化和菜肴文化一样有着悠久的历史和高超的技艺,它不仅是中国饮食技术的重要组成,也是老祖宗留下来最珍贵的文化遗产。因此,我们要去珍惜、保存,更要去传承、创新、发扬,让更多更美味的面食产品层出不穷,名扬世界。

四、"引箸举汤饼,祝词天麒麟"

"引箸举汤饼,祝词天麒麟",是唐代诗人刘禹锡《送张盥赴举》中的诗句,他借"汤饼"表达了对友人的深切祝福与殷切期盼。生子做汤饼是唐代的风俗,后乃沿用为每年生日吃长寿面的习俗,刘禹锡这首诗恰是这一习俗的记录。"引""举"两个字形象地写出了吃长寿面时的动作,将筷子举得高高的,面条拉得长长的,象征着一个人的福寿绵长。这首诗同时作于友人赴举,"天麒麟"象征才能杰出、德才兼备之人,诗人在此与"汤饼"并举,可见其中的美好寓意。中国是崇尚礼仪的国家,饮食礼仪是中国古代礼仪的一部分,这种传统的形成,与孔子倡导的礼食思想不可分割。春秋时期礼崩乐坏,诸侯国之间的争斗使整个社会充斥着暴力,而当时的鲁国却将周礼制度保存完好,而孔子正是周礼的集大成者。

孔子、礼俗、饮食 孔子提倡"食而有礼",上至君主,下至学生,无不遵守此礼。孔子的学生颜路家境贫穷但很爱学习,孔子十分喜爱。在颜路喜得一子之时,孔子亲自叫夫人拿出六条肉干作为贺礼,取六六大顺的意思,表达对学生的爱护之情。孔子认为,食非小事,许多家事、政事、国事等都寓于平时的饮食当中,如果不重视这一点,处理不当,失礼事小,甚至可能带来灾难。子路在卫国任邑宰这一官职的时候,曾经将自己的俸禄拿出来给当地的农民提供饭食,孔子知道后非常生气,派了子贡前去斥责。因为子路的做法虽然是出于仁爱之心,但是在尊礼的角度上看就属于侵权越礼的行为了,是非常严重的失礼行为。孔子曾经说"君子食无求饱,居无求安,敏于事而慎于言",可见孔子追求的是简朴而平凡的日常生活和饮食。传说鲁国有一个生活简朴的人,平时在粗糙的陶盆中煮制食物,他觉得十分好吃,有一次就送了一些食物给孔子,孔子非常庄重地接受了。在孔子看来,食物本身并不重要,重要的是贫苦之人吃到味美的食物时还记得他,这是一种人与人之间的亲近之情,所谓的礼轻情意重。中国饮食讲究节制,不暴饮暴食,是传统的养生之道。进餐要适量,按季节的需要定时定量进餐是中国养生之道的主要观念。孔子所提出的"不使胜食气,不多食",现在仍然具有科学价值。我国饮食烹饪技术的一个突出特点,就是讲究美食与审美,精细的刀功

和烹饪，完美的食具和盛大的宴饮场面，这些都与孔子的"食不厌精，脍不厌细"的审美观有一定渊源。

先秦诸子中的儒家起源于古代方士。方术之士与后世掌管祭祀的坐祝差不多，这些掌管祭祀的人谙熟各种礼仪并精于烹饪之道。孔子的饮食观完整并自成体系，涉及饮食原则、饮食礼仪、烹饪技术等多方面，孔府菜就是依据孔子的饮食思想创建的。作为中国最典型、级别最高的官府菜，它选料珍贵、烹调精细、技艺高超、形象完美、盛器讲究、菜名典雅、礼仪隆重，是孔子的饮食观在实践中的具体运用和发展。孔子最早提出关于饮食卫生、饮食礼仪等内容，他为中国烹饪观念的形成奠定了重要的理论基础，同时也客观反映了春秋战国时期黄河流域较高的烹饪技术水平。他十分重视饮食，甚至把饮食作为立国的三个基本条件（即兵、粮、信）之一。而他自己的饮食观也是"食不厌精，脍不厌细"。"割不正不食"，孔子提出祭祖时，要按照一定的规格对肉食进行切割，否则不能进食。"不时，不食"指不到吃饭时间不食。"虽蔬食菜羹，瓜祭，必齐如也。"说明孔子对待饮食十分严肃，对待粗茶淡饭也该像对待简单的祭祀一样，态度庄重。孔子的这些饮食言论，表面上不过是零散的只言片语，不成体系，但是透过这些只言片语，我们也能看到孔子的饮食思想。这些饮食思想不仅在当时产生了很大的影响，对后世孔府饮食文化的形成也奠定了一定基础。儒家思想在中国的正统地位，使得孔子的饮食思想对整个中华民族饮食文化的产生和发展都起了很大的作用。

《礼记》非一人所写，班固认为是"七十子后学者所记也"，那么它的作者范围就比较广泛，时间跨度上起春秋，下迄西汉。然而，我们有理由认为它是在阐发以孔子为代表的儒家学说的思想。《礼记》中所记载的一些礼仪思想及行为规范，在当时乃至现在都有一定的指导意义。《礼记·月令》中将食物分为和五行相应的五谷与五味，详细规定春天食麦和鸡，味酸属木，可补肝；夏天食粟和牛，味甘属土，可补心；秋天食稻与马，味辛属金，可补肺；冬天食豆与猪，味咸属水，可补肾。在这众多的食物中以谷物为主，菜蔬果肉为辅，中国以吃饭而不以吃

图5　寿桃

菜作为进餐的代称,就源于这沿袭了数千年的以谷物为主的饮食结构。《礼记·礼运》篇说:"夫礼之初,始诸饮食,其燔黍捭豚,汙尊而杯饮,蒉桴而土鼓,犹若可以致其敬于鬼神。"饮食中亦需要礼的行为。所谓礼之初始诸饮食,揭示了文化现象是从人类生存的最基本的物质生活中发生。先民用自己最得意的生活方式,祭祀鬼神,表示对祖先和神灵的崇拜和祈祷,这就开始了礼仪的行为。《礼记》中的饮食思想与礼仪主要表现为规定饮食礼仪、尊重长者、克己待人、节制饮食。而这些思想所反映出的尊重长者、宽以待人、严于律己,有利于促进整个社会的和谐。

面食、礼俗

古人曰:"民以食为天。"饮食文化是中华文化的一个重要方面。在众多的饮食文化中,面食文化又是其中最具特色的文化之一。饮食文化不单单是一个"吃"的文化,我们的祖先自古就把饮食文化同社会文化活动紧密结合起来,从而使饮食文化(当然包括面食文化)具有了多种社会价值:生存、礼仪、祭祀、享用、交易等。民俗礼仪和节日活动中往往蕴含着丰富的文化和文化个性,沿袭久远,便成了民俗符号。在生活中,人们自觉不自觉地运用民俗符号交流丰富的民俗文化信息,共享着有地域特色的民俗文化传统和生活情调。以面食为主这一独特的文化形态,在民间的流传发展中,加入了许多民俗心态,寄寓了民间的希望与祝福。南朝梁宗懔《荆楚岁时记》曰:"伏日进汤饼,名为辟恶。"东汉崔寔《四民月令》曰:"立秋无食煮饼及水溲饼"。古人的这些心态,今天我们难以度其准确含意。不过,其中的美好寓意也能体悟一二。

就思想观念与价值取向而言,中国人对生命的追求以健康长寿为目的,长命百岁是人们对生命追求的最高境界。造成这种习俗的最根本的原因是长期以来,中国以农业为主,聚族定居是主要的生活方式,整个国家、社会由无数个聚族定居的家族构成,国家、社会的稳定与繁荣依赖于家族及家族中的人口数量和个人的长寿。儒家在政治上提倡修身、齐家、治国、平天下,称"天下如一家,中国如一人"(《孟子》),说明了个人、家庭、家族、国家的密切关系。只有个人长寿,才可能人丁兴旺、家族繁盛,也才可能有社会的繁荣,进而从个人到家族乃至国家才能得到幸福。于是,中国人常常将福与寿相连,视长寿为幸福。因而在其祝颂语中,最常见的是"福如东海,寿比南山"。而在过去漫长的历史岁月中,由于医疗和科技水平的不足,再加上自然灾害、战争等不可抗拒的因素,长寿的祈愿又是相对艰难的。儿童夭亡,老人早逝,甚至"千村薜荔人遗矢,万户萧疏鬼唱歌",因而,平安、健康、长寿就成了人们追求的最高境界。人们必然会把这种追求融入各种民俗活动中,以寄托自己的希望和祝福。然而,中国人把这种思想观念和价值取向更多地融入饮食当中,《尚书·洪范》称"食为八政之首。"将饮食文化与治国安邦紧密联系,加上人之寿命更需要饮食做保证,因此,中国人非常看重饮食。在人生礼俗中更多地表现为以饮食成礼,进一步把这种价值取向融入面食文化当中。

在以面食为主食的大部分地区,其民俗具有相似性,但由于各地自然资源不同,例如晋南、晋中、晋北三大区以馍、面(面条类)、糕体现了各地的不同风俗和相同的价值取向。人的一生要经过许多重要的阶段,每个阶段都有相应的庆贺仪式。新生命降临人世,是一件可喜可贺的事。在山西,常见的庆贺仪式有过满月、过百岁、玩十三。婴儿闹满月或百岁(一百天),姥姥家要制作"囫囵"。"囫囵"也叫"套颈馍",(各地又有不同的名称,晋南叫牛曲连,晋中、晋北叫窟栏)意为囫囵圈圈套住。"囫囵"呈圆形,直径一尺五寸左右,上面满是面捏的花,染有各种鲜艳颜色,精巧质朴,形象生动。农家妇女都会捏自己喜爱的花样,风格各不相同,但大致有三种:龙、虎和各种花朵枝叶。龙虎分别寓意"龙凤呈祥"和"猛虎驱邪",祝愿婴儿健康成长,成龙成凤。花朵枝叶又以牡丹花、百叶花、宝相花居多,寓意各不相同,牡丹是"花之王后",民间以之为富贵和荣誉的象征,装饰时将它和芙蓉结合在一起,意为"荣华富贵",把它和海棠结合在一起,有"光耀门庭"之意,把它和桃结合在一起,有富贵长寿之意。"囫囵"在百姓心中成了圆满和长命百岁的象征。对生命的珍惜由此可见一斑。晋北和晋西北由于盛产黍子,除有"囫囵"外,还有吃喜糕的习俗,是用"糕"与"高"的谐音,预示年寿登高、健康长寿。

无论老人、小孩过生日都要吃长寿面,这已是我国大部分地区的习俗了,俗语中也有"子孙饺子长寿面"之说。为什么过生日要吃面?宋人马永卿在《懒真子》中说:"必食汤饼者,则世俗所谓'长寿'面也。"为什么面条能作为人长命百岁的象征?因为面的形状"长瘦",谐音"长寿"。面条也就成为讨口彩的最佳食品。还有一种说法是:汉武帝时,人们认为寿命长短与人中长短有关,人中长短取决于面孔长短,而面条正暗合"面长",长寿面亦由此而来。老人从六十岁始每十年或每年(视经济状况而定)过一次大寿。在过生日的习俗中,长寿面、寿桃成了大家共识的民俗符号。人们取面条之长,象征生命之长,反映了人们对生命长久的心理追求。这一民俗的形成,从人类文化发展角度看,与历史上因多灾多病,小孩易殇、老人早逝的心理禁忌不无关系。人们把这种心理禁忌和祝福情感融入面食这一普通的文化符号中,使之从一种仅仅为了充饥的食物,化为一种饱含情感、哲学意蕴的"精神食粮"。

一些地方的母亲要给将要上学的孩子吃"记心火烧",希望孩子能够多一个长学问的记心,将来能金榜题名。孩子成人,男大当婚,女大当嫁。婚嫁的面食主要有"喜饼""抓果""莲子"等。喜饼,是烙成或烤制的,意在祝愿新人生活圆满;抓果,是油炸或烙成的,寓含多子之意;莲子,是用刻有莲蓬花纹的模具扣出并蒸制的,它具有"连生贵子"之意。这些都饱含人们祝愿新人多子圆满的祈望。婚俗各地也稍有不同,订婚之日,如晋西北岚县等地要吃"定亲面",表示两家已经成为儿女亲家。晋南襄汾等地,男家筵席上必备饺子,意取"捏嘴",意含希望女方不要再讨彩礼了;女方家则以"臊子面"回敬,取其"长"意,表示彩礼少了可不行。迎娶新娘进门后,长治一带新郎新娘要一起吃起缘面(旧俗,两人此前未曾见过面,这时才互相认识,故叫"起缘")。闹房毕,圆房前,太原、晋中一带,新郎新娘要喝"疙瘩汤"(又叫"和气拌汤"),喝时,一边搅拌汤,一边念诵"左手拌疙瘩,儿女一不沓,小子会念书,闺女会纺花。"取意"家庭和睦,和气生财,人丁兴旺"。其潜在的价值取向,与前面所述原因并无二致。在晋南,"六月六,看麦罢",是新婚夫妇回娘家的日子,娘家要送给女儿馍、瓜等物,有一样是千万不能忘记的,送的馍馍里面要夹碎肉,蒸熟后必须裂开口,称为"张口馒头",象征女儿会早给婆家生儿育女,增丁添口。这种特殊的民俗,其源盖出自于远古时期的原始崇拜,其心理取向仍然是中国民间所崇尚的"贵人伦,重亲情","添丁进口,人丁兴旺"。

不论怎样希求长寿,人总有一死。在中国,若生命匆匆结束或夭折则被视为凶丧,是极悲哀的事,总是简单了结。若逝去的是长寿之人或寿终正寝,则是吉丧,是为一喜,但相对于结婚"红喜"而言为"白喜"。凡是吉丧则大多要举行葬礼和宴会。在山西晋北大同阳高一带,人刚死,家里人就要吃"倒头糕"。在山西晋中一带,停灵阶段供桌上要摆放有面条之类的"小饭",以使去世之人能够在地下也有饭吃。忻州一带则要在供上摆放各种面塑,上面染有各种颜色。在山西大部分地区,人死后有过七的习俗,每逢七日哭祭一次。"七七"仪礼要求备不同祭食。一七馍馍,二七糕,三七齐勒,四七活烧,五七多数吃酸菜、芥菜饺子,六七、七七无定食。然后要过百天、周年、二周年、三周年、五周年、十周年。十周年过完后丧事才算结束。在丧礼的整个过程中,面食仍然是主角。其表现出来的民俗心理是中国人所重视的血缘亲情关系,其价值取向仍然是幸福观,特别是以饮食为媒介的幸福观,这和西方以快乐为主的幸福观是截然不同的。

在我国，有许多经过长期文化积淀而形成的传统节日。这些节日，有的是全国性的，有的是地域性的，有的是由地域性走向了全国性的，它们往往是历史演变过程中不同地域、不同民族、不同时间的各种文化相整合的产物。这些节日一年四季都有，尤以腊月和正月最为集中，也最能代表民众的性格和心理。撇开其他因素不谈，这些节日体现出的明显的特色是以"吃"作为媒介的。人们用饮食来庆祝这些节日，纪念这些节日。因而，这些节日就和饮食文化有了不解之缘。在北方的民俗节日当中，当数面食文化最为耀眼。

中国以农业为主，尤其山西地处黄土高原，土地贫瘠，十年九旱，境内居民一年四季辛勤劳作在这片土地上，汗珠子摔八瓣，身心疲惫，收获却极其微薄，所以全靠在民俗节日当中释放自己的身心，而这节日的选择又必须适应我国农业社会生产与生活规律。相应于农业生产中春种、夏锄、秋收、冬藏的特色，山西民间节日就有了春祈、夏伏、秋报、冬腊的特色。比如山西晋南"六月六"的回娘家节，就是夏伏的最好体现。六月六正是小麦已经收打完毕，人们处在一个农闲阶段，这一探亲的绝佳时期，再加上赤日炎炎，酷暑难当，疾病便极易滋生。因此，在这炎热夏天就有了"伏闭"等习俗，人们利用这时的休闲时期，回娘家看看，谈谈收成，拉拉家常，体现出重人伦亲情的传统心理。

以山西为代表的民间节日约有二十多种：春节，初五（俗称"破五""小年"），祭星（初八），初十（老鼠娶亲），初十一（吃谷来），元宵节，填仓节，金牛节（正月廿三），二月二（龙抬头），走百病（二月初八），寒食节，清明节，端午（五月初五），六月六（回娘家节），七月七（乞巧节），七月十五（中元节，民间俗称鬼节），中秋节，重阳节，寒衣节（十月初一民间称鬼节），十月十五（谢土节），冬至，爆食节（腊月初一），吃五豆（腊月初五），腊八（吃腊八粥），祭灶（腊月廿三），大年三十。在这些民俗节日当中，大部分节日都与面食有关。在北方大部分地区，大年三十中午都有吃接年面的习俗，取意岁月绵延之意，吃时还要留一些干面条，留待年后食用，取意年年有余。大年初一，家家户户吃饺子，表富裕、团圆之意。在晋中平遥，如果这天不吃饺子，就等于没过年。填仓节是希望粮食丰收的节日。晋北地区习惯蒸莜面窝窝，取其形如粮囤，用荞面作丸，置莜面中空处，谓之填仓。晋东南地区用黍米面作团，置于粮仓。晋中地区用谷面填仓。吕梁地区喜吃糕。晋南地区要用稀面摊成极薄的饼，中裹以菜肴，卷而食用。在晋中平遥，用白面捏成面口袋的形状,中裹以红糖,烙熟以后埋置地下,祈求粮食丰收。

二月二,青龙节。晋东南地区习惯用秫粉制作煎饼。晋北地区喜食面条、粉条,名为"挑龙尾"。吕梁地区喜食煎饼,称为"揭龙皮"。晋南这天则一定要吃麻花、馓子,谓之"啃龙骨"。与之相映成趣的是晋北的另一种说法,早晨吃饺子,名曰"安龙眼";中午吃炸糕,名曰"添龙鳞";晚上吃面条,名曰"挑龙尾"。尽管名称相背,取意却相同,即希望年景风调雨顺,五谷丰登。

因介子推割股奉君,中国有了一个寒食节。这是地地道道的由山西走向全国的节日。山西民间禁火的习俗多为一天,有少数地方仍然习惯禁火三天,这几天民间习惯吃凉粉、凉面、凉糕。晋中、晋北一带还要蒸一种"寒燕儿"馍,黑莲豆作眼,蒸熟后插在酸枣树上,象征春天的到来。霍州一带还要蒸一种"蛇盘盘"。有的还分单头蛇、双头蛇,旧俗中祭祖时晚辈吃掉"蛇头"表示"灭毒头、免灾祸"。

六月六,看麦罢。山西地域性节日,主要集中在晋南一带,这时姑娘就要回娘家,要用新产的小麦面粉,蒸一个月形的大角子馍,意喻自家又获得了丰收。丈母娘用丰盛的饭菜招待姑爷。在安邑一带,招待姑爷以吃"胡饼"为荣。万荣一带要吃煎饼,配以椒叶,呈五色,取意女娲炼五色石补天,暗喻女儿精明能干。

七月十五,中元节,民间俗称鬼节。为图吉利,晋北人把它变成了面塑节。这天,家家户户蒸花馍,每户人均一个大花馍。送给小辈的花馍要捏成羊形,称为面羊,取意羊羔吃奶,希望小辈不忘父母的养育之恩;送给老辈的花馍要捏成人形,称为面人,意喻儿孙满堂,福寿双全;送给平辈的花馍,要捏成鱼形,称为面鱼,意喻连年有余。人均一兽的花馍捏完后,还要再捏许多瓜、果、李、桃、莲、菊、梅等造型的花馍,点缀以花、鸟、蝴蝶、蜻蜓、松鼠等,蒸熟后,经过五色着彩,花馍看上去栩栩如生,堪称绝佳的手工艺品,令人叹为观止。

面食是体现民俗、表现民间心理意愿的一种最广泛、最深刻的饮食。千百年来世世代代,人们总把自己的希望和祈盼通过聪慧的头脑和灵巧的双手运用面食给予淋漓尽致的表达。面食的一大优点就是可以随心所欲塑造出寄托各自心愿的象征物,因而在民间倍受青睐。综观以上各种民俗节日,除体现出面食文化外,还鲜明地体现了人们的价值取向:一是祈求风调雨顺,五谷丰登;二是避邪灭毒,长命百岁;三是添丁进口,人丁兴旺。这种价值取向鲜明地体现了农耕文化,特别是面食文化的特征。

稻花香里说丰年

图6　水稻

农业生产的发展离不开气候、地形和水等自然资源条件,因此各地区的农业面貌和进程总是不尽相同的。北方黄河流域为种粟等作物的旱地农业,南方长江流域则为种稻等作物的水田农业。中国在史前阶段就已经形成了"南稻北麦"的基本结构。然而据考古发掘推测,中国农业发生的时间要大大早于七、八千年前。中国是世界上水稻栽培的起源国,根据1993年中美联合考古队在湖南道县玉蟾岩发现的古栽培稻,距今已有14000～18000年的历史。此外长江下游距今约7000年的浙江余姚河姆渡遗址,在十多个探方广达四百多平方米的范围内,普遍发现了稻粒、稻壳、稻秆的遗存,有的地方甚至形成了20～50厘米厚的堆积层。这些都不是农业刚刚发生阶段的情形,可见我国种植水稻历史之久远。

七千年的米食传统,中国人掌握了稻米最细微的特质,才有各种米食的流传。早在石器时代,人类就已经在中国南方的潮湿土地上,品尝了野生稻谷的滋味。这种野生稻谷携带方便,还能长期存放不腐坏,是原始先民的食物来源之一。但后来,先民们不满足于野生稻谷的采摘困难,在经历了年复一年的试种之后,顽强的野生稻谷终于被"驯化"成了类似于今天的栽培稻。由此,中华民族的先民们由渔猎时代进入农耕时代。

中国人能将一碗平常的白米,做出千变万化的餐点。稻变成米之后的烹调方式相当多,但基本上可依煮出来后的含水量分为饭、粥两类。米饭是中国、日本、韩国等东亚、东南亚地区最主要的粮食,其料理方法五花八门,如:炒饭、泡饭、烩饭、手抓饭、盖浇饭、粢饭(或称粢饭团)、蒸饭等等。而且将稻米进行加工还可制成米粉、米线、河粉、年糕、汤圆、糍粑、粽子、米饼、锅巴等等美食。花样的繁多、种类的翻新,体现出的是中华民族丰富的饮食内涵与多彩的美食情调。糙米是脱壳后仍保留着一些外层组织,如皮层、糊粉层和胚芽的稻米,口感较粗,质地紧密,煮起来也比较费时,然而现代社会越来越多的人倾向糙米的食用。现代人从精米到糙米的选择反映出了饮食观念的变化,而这一变化的背后又折射出怎样的饮食科学呢?

一、"稻米流脂粟米白"

"稻米流脂粟米白",唐代大诗人杜甫《忆昔》中的这一句诗展现了大唐"开元盛世"的繁荣。人口充盈、社会安定最能通过粮食的丰收充裕体现,而杜甫正是选取当时社会的两大主要粮食作物——稻米、粟米巧妙入手,运用互文的诗歌写作手法,借助一个"白"字将稻米、粟米的色泽予以表现,而"流脂"的形象比喻更是将稻米的丰盈、圆润生动展现。由于耕作方式的演变,当时北方盛产的粟已被今天的小麦取代了势头,但是稻米却始终占领着绝对的优势地位。稻米,是一种禾本科植物结出的极小穗粒。这小小的稻米立足于人类的生存发展历史,它的形态的演进反映了人类文明的大步跃升。

早在石器时代,在中国南方潮湿而肥沃的土地上,鸟类竞相啄食的稻粒

图7　米饭

引起了人类祖先的注意,一次无意的发现却在日后有意的不断尝试中为人类的生息繁衍开掘了生存的源泉。先民们发现这种细小的食物味道微甜,且携带方便,即使长期贮藏也不易腐坏。但是野生稻最大的缺点是一旦成熟脱落,便很难捡拾。然而先民的伟大体现于他们的顽强与智慧,每当野生稻

结实之际，他们就去采集这种神奇的食物，并且放弃落在地上的，而专门采集挑选饱满丰腴、未脱落的稻粒。久而久之，人工选择产生的作用体现在稻米的栽培之中，逐渐形成了不易脱落的稻种。中国的稻米种植业至此出现了第一缕曙光。

目前中国史前时期稻的出土地点已达四十多处，这些发现表明我国稻的种植最早起源于长江流域，而东南诸原始部落是种植稻类谷物的发明者和推广者。可见，我国种植水稻历史之久远。过去一些外国学者一直认为稻的种植始于印度，是由印度传入中国。事实上印度稻的种植比中国晚得多，印度中部卢塔尔发现的该国最早稻米遗址距今约3700年。梵文中关于稻的记载最早也在3000年左右，比中国晚几千年。相关的考古发现进一步证实中国可能是世界上最早种植水稻的国家。随着人类的迁移，稻米的种植地由长江流域不断向南、向北扩展，尤其是从江淮平原、江汉平原进入黄河流域乃至黄土区域以北。居住于北方的先民领略到稻米的美味，并且将其视为极其名贵的食物。《论语·阳货》中孔子训诲其弟子曰："食夫稻，衣夫锦，于女安乎？"把稻米锦衣并举，用来形容生活的安逸、地位的高贵，"稻米"在这里与锦衣并列，可谓是典型的"玉食"。可见当时的稻米在北方还很珍贵，只有贵族才有条件享用。

公元3世纪，随着东汉王朝的覆灭以及中原的动荡不安造成了大量的南迁遗民。这些民众前往秦岭、淮河以南的大部分地区，他们带来的先进耕种技术为南方农业的发展做出了巨大贡献。土地的开垦，农具的创新，加之土壤、气候、灌溉等优势条件，使得稻米得到大规模的栽培与种植，长江以南的广大地域真正成为稻米的种植基地，中国开始形成"稻重麦轻"的基本态势。在战国以前，五谷指"麻、黍、稷、麦、菽"，稻子尚未取得立锥之地；唐朝之后"稻、黍、稷、麦、菽"成了新的"五谷"，而此时的稻米已经排在了五谷的第一位。而且据唐末《四时纂要》记载，当时已出现水稻移秧种植的方法。宋代之后，江南的稻米更是成为维系国力的重要支柱。北宋时南方每年至少向京师运送五百石米粮，从其数量不难推测当时南方稻米的产量之大。以致当时人认为"天下无江淮不能以自足，江淮无天下自可以为国。"而这都是小小稻米的功劳。至明代时，我国稻农已培育出近百种稻种，李时珍在其《本草纲目》中记载："其种近百"。清代宫廷画家焦秉贞受康熙帝所命绘制的《耕织图》，其中包括耕图23幅，内容包括水稻栽培从整地、浸种、催芽、育秧、插秧、耘稻、施肥、灌溉等环节直至收割、脱粒、扬晒、入仓为止的全过程，是中国古代水稻栽培技术的生动写照。

图8　清代宫廷画家焦秉贞的《耕织图》

　　稻米经过先进农业技术的不断改良,在我国的江南迅速发展,并逐渐传播到了日本、朝鲜乃至整个东南亚。中国稻区辽阔,南至海南岛,北至黑龙江,东至中国台湾,西达新疆维吾尔自治区;低如东南沿海的潮田,高至西南云贵高原海拔两千多米的山区,都有栽培。但主要稻区分部于秦岭淮河一线以南(主要在长江中下游平原、珠江三角洲、东南丘陵、云贵高原、四川盆地等等),并以栽培籼稻为主,而在此以北则以粳稻为主。在此线以南,太湖流域多种粳稻,云贵高原海拔较高之处多种粳稻。按省统计,除青海省外,其余各省均有水稻栽培。我国稻作区主要有华南双季稻稻作区,包括闽、粤、桂、滇的南部以及台湾省、海南省和南海诸岛全部。该区水稻面积占全国的18%;华中双季稻稻作区,包括苏、沪、浙、皖、赣、湘、鄂、川8省(市)的全部或大部和陕、豫两省南部,是我国最大的稻作区,占全国水稻面积的68%;西南高原单双季稻稻作区,地处云南和青藏高原,该区水稻种植面积约占全国的8%;华北单季稻稻作区,位于秦岭、淮河以北,长城以南,关中平原移动,包括京、津、冀、鲁、豫和晋、陕、苏、皖的部分地区,该区水稻面积仅占全国的3%;东北早熟单季稻稻作区;西北干燥区单季稻稻作区,位于大兴安岭以西,长城、祁连山与青藏高原以北,以及银川平原、河套平原、天山南北盆地的边缘地带,该区水稻面积仅占全国的0.5%。

据知目前世界上可能超过有14万种的稻,涵盖于20个稻属之下。其中两种为栽培稻,一种是非洲栽培稻,目前仅存于非洲尼日尔河中下游及南美圭亚那;另一种为亚洲栽培稻,占据了全球五大洲栽培稻种面积的95%以上。通常所说的栽培稻即后者,可分为籼稻和粳稻两个亚种。而中国是世界上最大的稻米生产国家,占全世界产量的35%。中国的南方主要生产籼稻,北方生产粳稻,稻米种植的格局可以分为"南籼北粳"。籼稻主要分布于华南热带和淮河以南亚热带的低地,谷粒细长略扁平。籼米又名"南米""机米",吸水性强,胀性大,煮熟后黏性较小,易被消化吸收。市面上常见的有中国香米、泰国香米、丝苗米等。粳稻是人类将籼稻由南向北,由低向高引种后,逐渐适应低温的变异型,主要分布于太湖地区、淮河以北地区以及华南海拔较高的地区和云贵地区,谷粒较为肥厚,吸水性较弱,出饭率低,口感柔软。我国市面上常见的有东北珍珠米、上海白粳米等。在籼稻和粳稻两个亚种之下又可分为早、晚、水、陆、糯、非糯等不同类型。其中较特别的一种是糯稻。用糯米酿酒、制作食物以供奉神灵先祖的传统颇早,《山海经》中就有"其祠之礼……糈用稌米"的记载,其中"稌米"即为糯米。时至今日用糯米制作的年糕、汤圆、粽子等各类点心仍扮演着重要的角色,但是糯米不易消化,所以一般不用作主食。在我国,南方人多吃籼米,北方人多吃粳米,其实,籼米和粳米的营养大致相等。中医认为,籼米味甘,性温,有温中益气,养胃和脾,除湿止泻的功效;粳米味甘,性平,有健胃和脾、益精强质,除烦止渴的功效。就口感而言,粳米软粘,籼米口感松爽。不过从20世纪80年代以来,粳米的消费量大增,尤其是长江中下游地区的稻米消费呈现出由籼米向粳米转变的趋势。粳米中的东北大米更是凭其口感品质广受青睐,越来越多地进入百姓厨房,占领食客餐桌。

　　当今中国约有65%以上的人口以稻米为主食。1973年,袁隆平率领其科研团队开启了中国杂交水稻王国的大门,在数年的时间内解决了十多亿人的吃饭问题,有力地回答了"谁来养活中国"的疑问。他的杂交水稻被称为继指南针、火药、造纸术和活字印刷术之后的第五大发明,他也因此被称为"杂交水稻之父""当代神农氏"。正如美国著名农业经济学家唐·帕尔伯格《走向丰衣足食的世界》中所说:"袁隆平为中国赢得了宝贵的时间,他增产的粮食实质上降低了人口增长率。他用农业科学的成就击败了饥饿的威胁。他正引导我们走向一个丰衣足食的世界。"即便如此,近年来随着城市化进程的不断推进、耕地的持续减少、环境污染问题的日益严重,稻米生产面临着水、耕地、人力等资源不足的挑战,事实上,以稻米危机为主的粮食危机仍旧是一个亟待解决的全球性问题。

二、"谁知盘中餐,粒粒皆辛苦"

人们对唐代诗人李绅不一定熟悉,但对他的诗作《悯农》却是耳熟能详,尤其是"谁知盘中餐,粒粒皆辛苦"两句更是作为中国千万家庭启蒙幼儿的

图9　卤肉饭

名句而广为流传。一方面是因作为唐诗朗朗上口的特性而被诵读,更重要的是这十个字中传达、传递出丰富的文化内涵:农业社会的本位、农民劳作的辛勤、农作物收获的不易……古代中国社会是典型的农业社会,广大的劳动人民凭借他们的辛勤耕耘代代生息。汗水收获的稻米不仅提供了代代中华儿女的生命所需,同时又融入并体现在中华民族博大精深的文化之中。"薄暮蛙声连晓闹,今年田稻十分秋","新筑场泥镜面平,家家打稻趁霜晴",好一派丰收在即的繁忙景象! 在历代文人墨客笔下皆不乏对稻米的描绘,笔墨之香衬托下的稻花之香、稻米之香进一步丰富了中华文明的精神内涵。

"正月里,闹元宵;二月里,撑腰糕;三月三,眼亮糕;四月四,神仙糕;五月五,小脚粽子箬叶包……九月九,重阳糕;十月十,新米团子新米糕……"由这首浙江民谣我们可以了解到一年四季中绝大多数的中国人都在与米食打着交道。平日里朴实无华的稻米一旦与传统节庆相联系,便成为形形色色、花样繁多的美食。以下介绍几种最具代表性的米食。

年糕　又称年年糕,寓意"年年高"。传说年糕的来历是和那个叫作"年"的怪兽有关。怪兽"年"在每年年底出现,为了村庄的平安,人们决定做出年糕来让怪兽饱餐一顿后离去。传说可以不相信,但在中国人的心目中,年糕是非常重要的节日食品,因此具有了一定的神圣性。南方多用糯米制成,北方则为黏黍。年糕的历史十分悠久,汉代已有"稻饼""糕""饵""糍"等名称。每年的农历春节前,尤其在我国南方产米的地方,老百姓家家户户都会制作年糕,形形色色的年糕象征着中国人对新的一年的期盼。明清时期每年元旦,南方吃年糕尤为盛行。清早起来洗漱毕就要吃年糕,其中有方块

状的黄、白年糕,象征着黄金、白银,寓意新年发财。清代顾禄《清嘉录》卷二十详细记载了年糕的做法、形制,并在除夕供神祭祖、赠送亲友的民俗与礼仪。我国幅员辽阔,地域不同,年糕的做法和风味也有所不同。北方的年糕以甜为主,或蒸或炸,也有的直接蘸着糖吃。南方的年糕则甜咸兼备,除了蒸、炸外,还可以切片炒或煮汤。甜味的年糕以糯米粉加白糖、猪油、玫瑰、桂花、薄荷等配料做成,做工精细,可以直接蒸食或是沾上蛋清油炸,风味极佳。闽南台湾的年糕朴实无华却滋味厚重,苏杭一带的桂花糕滋味绵长,广东的萝卜糕内馅丰富,味道爽滑,宁波年糕质地糯韧,切丝切片后可以和蔬菜肉类一起炒或煮,成为一道可口的主食。

汤圆 正月十五元宵节,家家户户都要吃元宵。而汤圆在我国也是由来已久。这种以糯米作为主要原材的食品最早叫“浮元子”,后称“汤圆”,又称元宵。它以芝麻、豆沙、核桃仁、果仁、枣泥等为馅料,用糯米粉包成圆团,可荤可素,可汤煮、油炸、蒸食,风味各异。蕴含有团圆美满之意。据《说郛》卷三十二引宋代人所著《三余帖》叙述嫦娥的故事:“嫦娥奔月之后,羿昼夜思惟成疾。正月十四夜,忽有童子诣宫求见,曰:‘臣,夫人之使也。夫人知君怀思,无从得降。明日乃月圆之候,君宜用米粉做丸,团团如月,置室西北方,呼夫人之名。三夕可降耳。’如其果降,复为夫妇如初。”嫦娥奔月之后因思念丈夫羿,通过正月十五月圆之时用米粉做团的方式得以降临人间。又有传说讲嫦娥于八月十五这天奔月之后,羿十分想念,便做团如月状,遥祭月中的妻子。无论如何,都显示出汤圆与嫦娥奔月传说的关联,将思念、团圆的寓意赋予其中。据载,唐代的元宵叫“油槌”,以面包枣,用手挤丸子似的挤入汤锅中煮熟,捞出后放在井水中浸凉,然后再放入油锅中煎炸,今天也有类似做法。宋代人除了油槌外,还食“圆子”,有乳糖圆子、珍珠圆子、山药圆子等名目,这与今天的元宵已无二致。南宋时,元宵已成为上元节通行的节日食品了。明代沿袭,此旧俗《明宫史》卷四记载:“其制法用糯米细面,内用核桃仁、白糖为果馅,洒水滚成,如核桃大,即江南所称汤圆者。”清代的元宵更是名目繁多,花样新奇,酸甜咸辣,无所不有。

今天的汤圆吃法、做法更是品种繁多,但明显的差异体现在地域的南北之分上。南方人做法先将糯米粉用水调和成皮,然后将馅儿包好;北方先将馅儿捏成均匀的小球状,然后放在铺有糯米粉的笼筐中不断摇晃滚动,并不时加入少量清水以使馅能够更多沾上糯米粉,直至大小适中。今天历史最悠久的汤圆当推宁波汤圆。据考证,宁波汤圆始于宋元时期,距今已有七百多年的历史。它用当地盛产的一级糯米以精白水磨成粉做成皮。猪板油剔筋、膜,切末斩碎,放盆中加白糖、黑芝麻粉拌匀揉透,搓成猪油芝麻馅心小圆子。水磨粉加水拌和揉搓成光洁粉团,捏成酒盅形,放入馅心,收口搓圆成汤圆。汤圆皮薄而滑,白如羊脂,油光发亮。锅内清水烧沸,放入汤圆煮3分钟,待汤圆浮起时加入少量凉水,并用勺推动以防粘锅。再稍煮片刻,待馅心成熟,汤圆表皮呈玉色,有光泽时,即连汤舀入碗中,加入白糖,撒上桂花即成。具有香、甜、鲜、滑、糯特点的汤圆,咬开皮后,油香四溢,糯而不黏,鲜爽可口,令人称绝。此外还有苏州五色汤圆、山东枣泥汤圆、广东四式汤圆、成都赖汤圆、重庆凌汤圆、上海擂沙汤圆等等,皆各具特色。

图10　蜂蜜凉粽

粽子　又称"角黍""筒粽",是端午节的传统食品,由粽叶包裹糯米蒸或煮制而成。说到粽子,人们常会联系到屈原。南朝梁代吴均《续齐谐记》中首将角黍与屈原之死联系起来。以为五月五日楚人竹筒贮米,投水以祭屈原,后来作"粽",即此遗风。宋代罗愿《尔雅翼》记荆楚地方将这种吃食与避水厄联系起来:"荆楚之俗五月五日民并断新竹笋为筒粽,楝叶插头,缠五色缕投江水中,以为避水厄。"进一步使得粽子呈现出祭品化的特征。其实,据考证吃粽子另有他因。晋代周处《风土记》记载:"仲夏端午,烹鹜角黍。"认为端午节吃粽子是顺应节气。原来农历五月五正值盛夏,易生疾病,古人定于这个日子举行各种驱疫活动。人们出门参加活动必须带上简便的食物,粽子就是这样诞生的。中国幅员辽阔,不同的地方,粽子的形态也不尽相同。基本而言,粽子就是用植物叶片包裹的米食,区别就在于粽叶的不同和里面内容的不同。粽子无论怎样变化,三样基本材料,米、叶和绳是不会变的。包粽子用的米是圆糯或长糯,圆糯较黏,软腻适口;长糯较硬,用于粽子而言较韧而有弹性,口感也好。常用的粽叶多为麻竹叶,比较清香,其他还有荷叶、芭蕉叶、芦苇叶等都可以用来包粽子。一般而言,只要不含有毒性,气味清香,大小合适的,都可以充当粽叶。包粽子用的绳最早记载为五色丝绳,民间也多用马兰草和咸草,也有人使用麻绳或者棉线。因地区不同,由材料以至粽叶,都有着很大的差别,连"裹"的形状,也有很大的不同。如早期人们盛行以牛角祭天,因此汉晋时的粽子多做成角形,作为祭祖用品之一。此外，一般还有正三角形、正四角形、尖三角形、方形、长形等各种形状。

晋代时，粽子被正式定为端午节食品。这时包粽子的原料除糯米外，还添加中药益智仁，煮熟的粽子称"益智粽"。人们在米中掺杂珍禽兽肉、板栗等食材，使粽子品种增多。这时的粽子还用作交往的礼品，十分流行。唐代粽子所用米"白莹如玉"，粽的形状也出现锥形、菱形，日本文献中就记载有"大唐粽子"。宋朝时有"蜜饯粽"，即果品入粽。诗人苏东坡有"时于粽里见杨梅"的诗句，正是果品入粽的直接写照。同时，社会上还出现用粽子堆成楼台亭阁、木车牛马做广告的，说明宋代吃粽子已很时尚。元、明、清时期，粽子的包裹料已从菰叶变革为箬叶，后来又出现用芦苇叶包的粽子，附加料已出现豆沙、松子仁、枣子、胡桃等等，品种更加丰富。粽子发展至今，风味亦呈多样，著名的有桂圆粽、肉粽、水晶粽、莲蓉粽、蜜饯粽、板栗粽、辣粽、酸菜粽、火腿粽、咸蛋粽等。北方的粽子，多是糯米所做，直接蘸白糖或红糖食用；江南的粽子名声最盛，做法也复杂，尤其是馅料变化多样。和北方粽子相比，一个重大差异是江南粽子的糯米原料，多预先用稻草灰汤浸渍，与肉馅相蒸，香味扑鼻。江南粽子主要有甜、咸两种，甜味有白水粽、赤豆粽、蚕豆粽、枣子粽、玫瑰粽、瓜仁粽、豆沙猪油粽、枣泥猪油粽等。咸味有猪肉粽、火腿粽、香肠粽、虾仁粽、肉丁粽等，但以猪肉粽较多；也有南国风味的什锦粽、豆蓉粽、冬菇粽等。还有一头甜一头咸、一粽两味的"双拼粽"。这些粽子均以佐粽的不同食材而异。由于各地的饮食习惯不同，粽子形成了南北风味，其中北京粽子为北方粽子的代表品种。北京粽子个头较小，为斜四角形或三角形，多以红枣、豆沙做馅，少数也采用果脯为馅。广东粽子为南方粽子的代表品种，与北京粽子相反，个头较大，正面方形（如金字塔），后面隆起一只尖角，状如锥子。广东粽子品种较多，除鲜肉粽、豆沙粽外，还有用咸蛋黄做成的蛋黄粽，以及鸡肉丁、鸭肉丁、烧肉、冬菇、绿豆等调配为馅的什锦粽。此外湖州粽较有特色，因呈长条形，形似枕头，故有"枕头粽"之称；又因其身形瘦长，中间凹，两头翘，颇具线条美，小巧优雅，故有人戏称其为"美人粽"。湖州粽基本都是纯手工制作，很是考究，用料亦多种多样，如酱油、鲜肉、豆沙、蛋黄等。蜂蜜凉粽子是西安、关中和陕南一带特有的流行夏令食品。它形似菱角，白莹如玉，清凉解暑。吃时用丝线或竹刀割成小片，放在碟子里，淋上蜂蜜或玫瑰、桂花糖浆，吃起来筋软凉甜，芳香可口，沁人肺腑，别有风味。

端午节食粽子是中国的传统习俗，然而，在国外也有不同的吃粽子习俗。像日本、韩国、朝鲜、越南、缅甸、越南以及新加坡、马来西亚等东南亚国家,或曾处于汉文化影响圈范围内,或因华人华侨而将此风俗文化带去,因此都普遍存在吃粽子的习俗。近年来,中国文化不断走向世界,粽子作为饮食文化的代表之一更是走进欧美、走向世界,出现在各国的餐桌上。

稻米的韵味因节俗的彰显而更为浓厚,但是稻香更多体现在日常饭桌之上,也正是后者使得稻米作为一种粮食而有了更强的生命力。例如大名鼎鼎的扬州炒饭,即扬州蛋炒饭,在国内外的自助餐上总能看到,其实炒饭本源于民间,是主妇们为了解决家里剩饭而想出的做法。相传隋朝越国公杨素爱蛋炒饭,隋炀帝杨广巡视江都(今扬州)时,也将蛋炒饭传入扬州,后经历代厨坛高手逐步创新,融合淮扬菜肴的"选料严谨、制作精细、加工讲

图11　八宝饭

究、注重配色、原汁原味"的特色,终于发展成为淮扬有名的主食之一。炒饭的诀窍在于油量和火候的控制,另外讲究米粒颗颗分明,口感松爽耐嚼。扬州炒饭一般选用质地较硬的籼米,煮饭的时候采取快速淘米、泡水醒米、热水烫米、冷水激米的方法,之后才入锅蒸煮。经过这几项步骤之后

做出的米饭饱满柔韧,口感最好。而真正的扬州炒饭一定要选择优质的香菇、豌豆仁、金华火腿、玉兰片等食材,切丁后炒熟再与米饭同炒。扬州的蛋炒饭,风味各异,品种繁多,有"清蛋炒饭""金裹银蛋炒饭""月牙蛋炒饭""虾仁蛋炒饭""火腿蛋炒饭""三鲜蛋炒饭""什锦蛋炒饭"等等。

用米做菜,也是中国人的一大发明。有的菜是米粒包裹在外,如珍珠丸子,将肉丸裹上生糯米然后蒸熟。而八宝鸭、糯米肠、江米莲藕、菊花糯米烧卖等菜是将米藏在食材的内部,米粒吸收菜肴的精华,令人食欲大开。此外还有南瓜糯米饭、八宝饭等则是以纯米为主,辅以少量水果蜜饯等,老少咸宜。一年一度的春节是中国人合家团圆的节日,除夕的晚宴上,八宝饭是必不可少的。传统的八宝饭放在桌上,象征着甜蜜和团圆,色泽鲜明的蜜饯、青红丝、莲子、桂圆、冬瓜糖、酒酿樱桃以及红豆沙馅使八宝饭色彩鲜艳,让人垂涎欲滴。

三、少数民族钟爱的米食

我国是一个多民族的国家,各个民族在漫长的历史发展过程之中,逐渐形成了各自的民族饮食特色,且品种繁多,内涵丰富。所谓民族饮食指的就是除汉族以外的少数民族的饮食。每个少数民族都有其独特的饮食习俗和爱好,随着时代的发展,最终形成了与本民族文化相应的、独特的饮食文化。

我国的少数民族无论生活在沿海还是内地,从事农业生产的占据大多数。他们有的居住于南方温湿河谷、丘陵、山地,如壮、苗、瑶、侗、傣、白、彝、畲、黎、土家、纳西、布依、哈尼、拉祜、高山族等;又有北方的朝鲜、回、维吾尔族等。这些民族的一个共同特征就是经营农业,南方少数民族则以种植水稻为生,普遍食用水稻及大米制品。虽同食大米,但由于各民族及所在地区生存条件、风俗习惯等种种差异,必然通过具体的稻米食用方式将差异呈现出来。

手抓饭　手抓饭是新疆菜品,维吾尔族群众把抓饭视为上等美餐,而抓饭也正是该民族对稻米食用的最佳诠释。"抓饭",维吾尔语叫"波罗",是维吾尔族、乌孜别克族等民族接待宾客的风味食品之一。逢年过节、婚丧嫁娶的日子里,都必备"抓饭"待客。他们的传统习惯是先请客人们围坐在炕上,当中铺上一块干净餐布。随后主人一手端盆,一手执壶,请客人逐个淋洗净手,并递干净毛巾擦干。待客人们全部洗净手坐好后,主人端来几盘"抓饭",置餐布上(习惯是二至三人一盘),请客人直接用手从盘中抓吃。故取名为"抓饭"。有些家庭接待汉族客人,一般都备有小勺。抓饭的种类很多,花色品种十分丰富。除了选用植物油外,还用黄油(奶油)来做抓饭。当然用黄油做的抓饭营养价值最高了。在用肉方面,除了用牛羊肉之外,还用雪鸡、野鸡、家鸡、鸭、鹅。雪鸡肉的抓饭味道最佳。不过,有的抓饭也不放肉,而选用葡萄干、杏干、桃皮等干果来做,称为抓饭或素抓饭,同样美味可口。到了夏天,维吾尔族人吃的抓饭花样还更多一些。南疆的维吾尔族人喜欢在

图12　手抓饭

抓饭里放一种"毕也"(木瓜),有的还放鸡蛋和菜。最有趣的是在做好的抓饭上放一些酸奶子,称为"克备克波糯",它既是上等的充饥之物,又是消暑解热的食品。不过,现在维吾尔族人最讲究的要算"阿西漫吐",也就是包子抓饭。在每碗抓饭里放上五六个薄皮包子。抓饭和薄皮包子都是维吾尔族的上等饭,把这两者合在一起,可谓锦上添花。做熟的抓饭油亮生辉,味香可口,很能引起人们的食欲。

竹筒饭 云南边疆不但竹子种类繁多,竹文化也极为丰富,竹子的利用与各民族的生产、生活习惯息息相关。不同民族对竹子的利用方式不同,如傣族人民利用竹子幼秆烧制的竹筒饭,不但香味可口,还有着极高的营养价值。傣家竹筒饭是具有深厚文化底蕴的绿色食品和生态食品。竹筒饭,又名香竹饭,做法简单易行。竹筒饭是傣族、哈尼族、拉祜族、布朗族、基诺族、景颇族等众多民族经常做的一种风味饭食,有普通竹筒饭和香竹糯米饭两种。傣族喜欢吃香竹糯米饭,其他民族喜欢吃普通竹筒饭。香竹糯米饭,傣语称为"考澜",又称为埋考澜,即糯米香竹煮制。用以煮饭的糯米香竹,应是幼嫩之竹。这种竹子一般只有酒杯般粗,竹节约长40多厘米。其外包裹着一层雪白的糯米香竹竹瓢,用手握而不会粘手,可随意分段食用。做竹筒饭,先准备好新鲜的香竹竹筒,然后把泡好的米装入竹筒内,加入适量的水,用鲜叶子把口塞紧,然后放在火上烧烤。当竹筒表层烧焦时,饭就熟了。劈开竹筒,米饭被竹膜所包,香软可口,有香竹之清香和米饭之芬芳。用餐时破开竹筒取出饭,这便是有名的"竹筒香饭"。如果把猪瘦肉混以香糯米和适量盐放进竹筒烤成香糯饭,即异香扑鼻,实为招待贵宾的珍贵美食。普通的竹筒饭,哈尼族、拉祜族、布朗族、基诺族群众都常煮食。人们上山劳动或外出狩猎时,常砍下一节鲜竹将米装进其中,加上适量泉水,放在火塘上烧煮。待米饭煮熟后,将竹筒带饭砍成两半,或四半,各端一半食用。那竹节不仅代替了锅,也代替了碗。煮得好的竹筒饭,米饭软而适口,还带有一股特殊的香气,别具一番风味。

瑶族主食为大米和玉米,竹筒饭也是瑶族人在野外耕作或伐木时的午饭。竹筒饭的用料为大米、酸咸菜、烤肉等,一般用刚砍来的新竹,截成一端留节作底的竹筒,用水洗净,然后把充分浸泡的大米和咸菜烤肉等,放入竹筒内,以竹叶或树叶相隔,湿泥封口,放进明火堆煨饭至熟,取出竹筒,劈开,饭软清香,还略带新竹的芬芳。

打糕 朝鲜族的主食为稻米,日常饮食多为米饭和打糕,打糕是朝鲜族最爱吃的传统食品之一。打糕的历史比较长,早在18世纪朝鲜族的有关文献中已有记载，当时称打糕为"引绝饼"。如今，凡逢佳节或红白喜事，每家都用打糕来招待亲朋好友。顾名思义，打糕是打出来的。打糕的原料主要是糯米。不产糯米的地方，则用小黄米或糜子代替；所撒的豆面原料，除用小红豆外，还可以用黄豆、绿豆、松子、栗子、红枣、芝麻等。制作时，先将黏米淘净蒸熟，放在打糕槽内或石板上，用打糕槌子把米粒打碎黏合在一块而成。吃的时候，用刀蘸水切割成小块，蘸着糕面食用。

糍粑　　壮族是稻作民族，所种之大糯性软而黏，酿酒、磨粉、做糍粑及制糕饼，用途殊多。除了与汉族一样制作煎堆、三角粽、糖糕之外，壮族还制作各种糯米糍粑，作为节日和喜庆中不可缺少的食品。糍粑分为黄糍、叶包糍、大笼糍、艾糍、汤糍等。壮乡糍粑兼具清丽的样貌和华丽的口感，分为冷吃和热吃两种，吃起来各有风味。作为壮族人民的传统食品，糍粑最大的特点是它的芭蕉叶或是毛竹叶翠绿清爽，还具有保鲜功能，正是因为这一点，所以壮族主妇通常在丈夫外出务农时，都会准备很多青叶包裹好的糍粑作主食。在一般人看来，糍粑的味道很像是元宵节时所吃的糯米汤圆，虽然其外形不是圆的，但也是用糯米做皮儿、黑芝麻做馅儿。当然，糍粑的糯米皮儿似乎更加细腻绵软，黑芝麻的馅儿里还混着花生蓉和糖，它精致可爱的样子都让人不忍下口，但只要咬上一口，立即巴不得多多不停地把既有竹叶清香，糯米绵香，又满是黑芝麻、花生的细软甜糯的糍粑送入口中、抿于舌尖。

此外，流行于广西、贵州等地区的"五色糯米饭"是壮、布依、苗等民族的节日传统食品，又名"花色饭""彩饭""杂色饭"。它是每年夏历春节、三月三、四月八、六月六、七月半、八月十五等重大节日用来祭祀和食用的，或者相互馈赠，表示盛情与敬意。一般选用优质糯米淘净后浸泡于瓦盆或大碗中，用几种含有红、黑、绿、蓝、黄等色的可食用野生植物的根、茎、叶、花、果，分别用石臼捣碎，取其色汁分别拌在浸泡过的糯米中。经过一段时间，颜色浸透到糯米中，即可放入甑子（用来蒸饭的古代炊具，现在西南一带还在使用）中蒸熟，再分别把各种颜色的糯米饭捏成饭团，置于竹篮中蒸熟即可。五色糯米饭，色彩少者有五种，多可达八九种。装好之后，远看似花团锦簇，色彩斑斓；近闻香味扑鼻，别有风味。

图13　五色饭

侗族饮食文化带有浓郁的民族色彩,保留着浓厚的民族传统,该民族喜欢酸辣口味,有"侗不离酸""侗不离鱼"的饮食习惯。黑糯米饭和"腊也"(合拢饭)反映出侗族饮食文化的民族特点,以糯米作各种菜肴的配料,是食俗的一大特色。杀鸡宰鸭,用鸡鸭汤煮糯米粥,撒些葱花、薄荷,别具风味。糯米和鸡血、鸭血混合,煮熟后切小块,拌上香料炒,又成为别具风味的菜肴,称为"狼棒",也是一款鲜美的佳肴。侗族地区一般日食四餐,两饭两茶。饭以米饭为主体。平坝多吃粳米,山区多吃糯米,糯米种类很多,有红糯、黑糯、白糯、秃壳糯、旱地糯等等,其中香禾糯最有名。他们将各种米制成白米饭、花米饭、光粥、花粥、粽子、糍粑等,吃时不用筷子,用手将饭捏成团食用,称为"吃抟饭"。

阿昌族主食为大米,与侗族一样也喜食酸味,特色食物为米线。阿昌族以米饭为主食,也常用大米磨粉制成饵丝、米线作为主食。糯米粑粑和过手米线是阿昌族的两种风味食品。糯米粑粑是把糯米洗净后,用清水浸泡半天左右,捞取放入甑中蒸熟成糯米饭后,放到木碓中舂细,即可食用。糯米粑粑柔软细嫩,口感极好。多余的粑粑则摊到芭蕉叶上,边凉边吃,或炸或烤,或煮或烧,都香脆可口,令人百吃不厌。"过手米线"是陇川户撒一带阿昌族的风味食品,用户撒产地上等米压榨成米线,用火烧猪肉、猪肝、猪脑、粉肠、花生米面、芝麻、大蒜、辣椒、芫荽、盐、味精等,另加豆粉、酸醋搅拌均匀做成调料。吃时,洗净手,先将米线拿在手中,然后浇上调料,用筷子搅拌后送到嘴里,一吸而过。

四、从精米到糙米的健康之路

在我国粮油质量国家标准中,稻谷按其粒形和粒质分为三类,第一类:籼稻谷,即籼型非糯性稻谷。根据粒质和收获季节又分为早籼稻谷和晚籼稻谷。第二类:粳稻谷,即粳型非糯性稻谷。根据粒质和收获季节又分为早粳稻谷和晚粳稻谷。第三类:糯稻谷,按其粒形和粒质分为

图14　糙米

籼糯稻谷和粳糯稻谷两类。稻谷经砻谷机脱去颖壳后即可得到糙米。糙米是指脱壳后仍保留着一些外层组织,如皮层、糊粉层和胚芽的米,由于口感较粗,质地紧密,煮起来也比较费时,之前很少有人吃。而精白米则是糙米

经过精磨、去掉外层组织得到的，也就是我们平常吃的比较多的大米，它不但看起来雪白细腻，而且吃起来也比较柔软爽口。但现代人的饮食结构却出现从精米到糙米的倾向与变化，这是为什么呢？而且营养专家进一步指出：糙米的营养价值比精米高。这又是为什么呢？

大米中60%～70%的维生素、矿物质和大量人体必需氨基酸都聚积在外层组织中，而我们平时吃的大米虽然洁白细腻，营养价值却在加工过程中已有所损失，再加上做饭时反复淘洗，外层的维生素和矿物质进一步流失，剩下的就主要是碳水化合物和部分蛋白质，它的营养价值比糙米要低多了。不要小看糙米中所保留的这些外层组织，它们都具有很高的营养价值。虽然糙米煮起来比较费时，但是糙米的营养价值比精白米高很多。与全麦相比，糙米的蛋白质含量虽然不多，但是蛋白质质量较好，主要是米精蛋白和氨基酸的组成比较完整，人体易于消化吸收，其中含有较多的脂肪和碳水化合物，短时间内也可为人体提供大量热量。糙米的营养价值及人体的健康功效主要表现为以下几个方面：

1.糙米对肥胖和胃肠功能障碍患者有很好的疗效。吃糙米对于糖尿病患者特别有益。试想我们平时吃白米饭，因为它柔糯、绵软，不必多嚼，在嘴巴里一打转就送入食道，而且它不含有占地方的食物性纤维，体积很小，所以吃了很多，胃里还是没有膨胀到会刺激大脑里的饱足中枢，使人有饱足感的地步，于是贪多不厌，吃的总比需要的多，过多的淀粉转化为脂肪留在皮下，造成了人的肥胖。糙米中的碳水化合物被粗纤维组织所包裹，人体消化吸收速度较慢，因而能很好地控制血糖，同时，糙米中钾、镁、锌、铁、锰等微量元素含量较高，有利于提高胰岛素的敏感性，对糖耐量受损的人很有帮助。日本研究证明，糙米饭的血糖指数比白米饭低得多，在吃同样数量时具有更好的饱腹感，有利于控制食量，而且糙米饭又比较硬，吃下肚后消化得比较慢，饥饿感也就来得比较慢，从而帮助肥胖者减肥。

2.多吃糙米蔬菜防过敏。相当多的孩子被皮炎、湿疹等过敏性疾病所困扰。研究发现，这些孩子之所以易受皮炎之苦，与食物选择不当关系密切，如偏食肉、奶、蛋类食品，造成体内红细胞质量降低，缺乏生命活力。由这类低质量红细胞组成的人体，对自然的适应能力和同化能力都大大削弱，加上牛奶、蛋类的蛋白质分子易从肠壁渗入到血液中去，形成组织胺、羟色胺等过敏毒素，刺激人体产生过敏反应而发病。糙米、蔬菜则不同，所供养的红细胞生命力强，又无异体蛋白进入血流，故能防止上述过敏性皮肤病的发生。

3.糙米能治疗贫血。现代营养学研究发现,糙米中米糠和胚芽部分含有丰富的维生素B和维生素E,能提高人体免疫功能,促进血液循环,有利于预防心血管疾病和贫血症。

4.糙米能治疗便秘,净化血液,有强化体质的作用。因为它还保留了大量膳食纤维,可促进肠道有益菌增殖,加速肠道蠕动,预防便秘和肠癌。膳食纤维还能与胆汁中的胆固醇结合,促进胆固醇的排出,从而帮助高脂血症患者降低血脂。

5.胚芽中富含的维生素E能促进血液循环,有效维护全身机能;可以帮助人们消除沮丧烦躁的情绪,使人充满活力。

6.糙米能使细胞功能转为正常,保持内分泌平衡。

7.糙米具有连接和分解农药等放射性物质的功效,可以有效防止人体吸收有害物质,达到防癌的作用。这主要是由于米糠当中含有一种很神奇的物质——植酸钙镁盐,它可以和进入人体的铅、汞等重金属相结合,进一步使之从人体中排出。

可见吃糙米的好处真是不少,既可以通肠化气、去毒减肥,又可以吸收到许多丰富的营养物质。难怪以前的人以粗碾的糙米为主食,身体反而能够维持均衡、健康的状态。但是现代人认为糙米难煮难食,这主要是因为外部的米糠不易裂开,阻碍水分进入内部,淀粉不易被糊化,米粒难以膨胀变软,故影响了口感。作为未来极有可能成为人们主食的糙米,该如何去料理这一食材呢? 以下简要介绍煮食糙米的方法。

以糙米煮饭,需要知道糙米成饭的比例同白米成饭的比例是不一样的:四分之三杯的白米可以煮出两碗饭,而四分之三杯的糙米只能煮出一碗半饭,因此舀米烧饭时一定要计量清楚。舀了一定分量的糙米用清水淘洗时会发现水面浮起不少谷壳等杂质,所以得仔细漂洗干净。洗好米后得要浸水。糙米最好能够浸泡四五个小时以上,米粒内部才能饱吸水分。待米粒饱吸水分,体积变大了便可沥干米水,把米倒进压力锅,然后加上和这时候的米等量容积的水开始煮饭。如果要煮四人份的糙米饭,需要舀二又四分之一杯米做饭,米在淘洗、浸泡后会膨胀到三杯半,那么煮饭时压力锅内就要放三杯半水。接下来火候的控制相当要紧,首先要开大火,几分钟后米水沸腾,待气孔冒气并开始鸣叫起来,转中火煮20分钟,然后转小火3分钟,最后熄火,焖5分钟后便可开锅。如果没有压力锅,也可使用电饭锅煮糙米,但在煮米之前最好将糙米泡水一夜,使其充分软胀。煮时水与米的比例以1.1∶1为佳,但如果习惯吃软一些的米饭可将水与米的比例调整为1.2∶1。

待开关跳起后四五分钟,再把开关按一下,两度加热后多焖一会儿开锅即可。这时锅里的饭可能稍感潮湿,不妨搅拌一下使水气透出,饭粒的湿度就恰到好处了。

糙米煮稀饭因为不容易被糊化、煮软,所以放的水量一定要比普通白米煮稀饭多一些,煮的时间也要多一倍以上才可以。而用糙米炒饭,因为米质较硬,容易吸油、粘锅,所以锅里的油应适量多放一些。如果将糙米进一步磨成粉,这糙米粉比普通白米磨成的粉不但营养丰富的多,而且也保留了非常重要的食物性纤维,若是拿来做糕点自然比较有益健康。

米饭容易吸收各类菜肴的香味,在家常的简便食谱中,利用蔬菜或肉混合在米饭中,或蒸或煮,待熟后一起食用,菜肴的味道已充分进入米饭中,对精于品味的人来说,米饭往往比菜肴更有滋味。用糙米与菜肴结合,更是集美味与营养于一体。由于糙米短时间内不易煮熟,具体烹饪方法可先把糙米放在压力锅中煮熟,再与菜肴拌和、蒸、煮片刻,如此,菜肴就不易过烂了。或者把糙米直接与不易烂熟的菜肴混合,同在压力锅中煮熟。利用糙米和压力锅的特质,可以做出更具营养、别有风味的蒸煮类饭菜。以下介绍几种简单易行而别具风味的糙米饭菜做法:

1.黄豆糙米饭。六人份的饭量需糙米4杯,黄豆1杯,盐1/2茶匙。先将糙米、黄豆分别洗净,用水浸泡一夜。放入压力锅和匀,加水高出米表面2厘米,并加入盐。然后盖紧锅盖用大火煮20分钟,再转小火煮2～3分钟。熄火续焖5分钟,待锅内压力完全释放即可开锅。黄豆加上糙米炊煮后,人称"天下一品"。掀锅透出一股自然的清香,令人食欲大振。

2.牛肉糙米饭。四人份的成品需糙米2.25杯,牛腱肉约600克,胡萝卜两根约340克。另外腌料为葱3根(切成3厘米长短)、去皮老姜4片、蒜5瓣、酱油5大匙、米酒2茶匙、盐1茶匙、糖1茶匙、胡椒粉0.5茶匙。糙米洗净泡水5小时。牛腱切成3厘米见方、厚1.7厘米的小块后,置大碗中,以腌料腌泡5小时。胡萝卜削除外皮以后,切成每边2厘米的滚刀块。先将浸泡后已胀为3.5杯的糙米沥干,倒入压力锅中,加水3.5杯,再将浸泡入味的牛肉连同葱和卤汁一起均匀地铺在米上,姜和蒜则可拣除。胡萝卜块也可均匀地铺在牛肉块上,然后关紧锅盖。压力锅置燃气灶上,开大火煮至锅内水沸腾,气孔冒气并开始鸣叫,即转中火煮20分钟,再转小火煮3分钟即可熄火。待锅内压力完全释放即可开锅。另外,如果喜欢吃蒜的话,可以不用挑出腌料中的蒜,这样做出的糙米饭就带有独特的蒜香了。

3.香菇芥菜糙米饭。四人份的成品数量需糙米2.25杯,芥菜3棵约600

克,干香菇5朵,胡萝卜一根约230克,虾米80克,猪里脊肉230克,油5大匙,盐1茶匙,鸡精0.5茶匙。糙米洗净后以水浸泡5小时后沥干。虾米、香菇分别以温水浸泡30分钟,香菇切成宽0.5厘米的丝;里脊肉切成长3厘米的肉丝;胡萝卜洗净去皮,切成0.5厘米立方的丁块;芥菜洗净切成长3厘米、宽1.5厘米的长条。先将浸泡后已胀为3.5杯的糙米沥干,倒入压力锅中,加水3.5杯,关紧锅盖。压力锅置燃气灶上,开大火煮至锅内水沸腾,气孔冒气并开始鸣叫,即转中火煮20分钟,再转小火煮3分钟即可熄火。待锅内压力完全释放即可开锅。炒菜锅里放油5大匙,大火烧热,下虾米爆香,依次放胡萝卜丁、肉丝、芥菜、香菇丝,大火炒5分钟,至菜肴发出香味时加入盐1茶匙、鸡精0.5茶匙,调味炒匀后即可熄火。把煮好的糙米饭倒入炒菜锅内,与炒好的菜肴拌匀,然后放入电饭锅中焖5分钟即可开锅了。

　　特殊的味道使得糙米与白米做出的饭食截然不同,然而这正是糙米天然的芬芳与原始的风味之所在。

珍馐美味谈菜肴

图15 梅菜扣肉

　　菜肴出现之前,远古先民的饮食主要是烧烤。据考证,新石器时代出现了一些陶做的烤箅,将它做成一个齿状,上面放上食物,用来烤鱼、烤肉。在青海齐家文化喇家遗址里我们发现了一座烤炉。它是用石板做的,再用一块薄石板把它支起来,下面烧火,然后上面放食物。应该说这是中国考古发现的最早的一座烤炉。这说明除了明火直接烤以外,我们已经有了比较严格意义上的烤炉。

　　菜肴,是人类文明最简明的代表。人类在这颗水蓝色的星球上繁衍生息了数百万年,菜肴是人类最自豪的发明之一,也是人类赖以生存的物质基础。中华文明是人类文明的重要支流,在数千上万年的文明发展史中,我们的祖先从享受"烧烤大餐",到进一步创造出很多种美味可口的菜肴。可惜随着岁月的变迁,今天的我们已不能还原古代的食材,更不用说品味其中的佳肴,只能通过文人墨客那魔幻般的笔墨,天马行空地想象着"玉盘珍馐"是何其美好！由于古代"君子远包厨"的思想影响，以及"重男轻女"的社会思潮，女性作为饮食烹饪的主要劳动者，却因为教育制度的不公平，丧失了识字传授的能力，使很多菜肴无法记载流传下来，史书上记载的有关典故也只能让人读而兴叹！

菜肴的属性一般表现在三方面，即："色、香、味"，更全面地说，菜肴的属性应该是"质、色、香、味、形、意"六方面。

所谓"质"，包括菜肴的营养价值，利于消化的熟、嫩、脆、烂的火候程度，合乎杀菌消毒的卫生要求等。菜肴质感，是由视觉和触觉两种感受结合起来而产生的一种心理感受，诸如光滑、粗糙、细腻、软滑、爽滑、坚实、蓬松、干燥、滋润、弹脆、脆嫩、老韧、酥烂等等。美食家一直在乎这些，我们在烹饪实践当中，也经常为了达到合理的质感而采取各种各样的手段。于是，美食家称菜肴质地为菜之"骨"！拌粉皮的滑爽，炸虾仁的酥嫩，是很能吊人胃口的，所以，好的菜肴质地，也是舌尖上的艺术组成部分。杨静亭赞美名菜"东坡肉"云："原来肉制贵微火，火到东坡腻若脂；象眼截痕看不见，啖时举箸烂方知。"这恰是一种肥而不腻、肉质酥烂的口感体验的结果。在方岳笔下则是："紫莼共煮香涎滑，吐出新诗字字秋。"可见，莼菜的脆嫩、滑爽竟也能催生新诗，又是质之美的另一种表现。

所谓"色"，包括主料与辅料色泽配合、料与汁色泽的配合以及装饰料色泽的配合。主要指食物的色彩和色泽，也可以说是"品相"或"卖相"。好的卖相能直接引起人的食欲，孔子《论语·乡党》中提出"色恶不食"的饮食标准。这就是要求菜肴的颜色须纯正、新鲜、好看、搭配协调，符合人们的饮食要求和普遍的欣赏习惯。明代的名菜"水母脍"，即今天的"凉拌海蜇"，因其晶莹剔透的亮丽特点，让诗人谢宗大加赞颂："海气冻凝红玉脆，天风寒洁紫云腥。"如果说谢宗的诗只是揭示其"红玉""紫云"的色的表象特点，那么宋代林龙发描绘名菜"拨霞供"的诗句"浪涌晴江雪，风翻晚照霞"则将翻腾的汤水比作波涛汹涌的"晴江雪"，把粉红色的兔肉喻作"晚霞"的余晖，更具有动态的情状，无不蕴含着色的神韵。

所谓"香"，包括能嗅到的合乎标准的肉香、鱼香、菜香、果香等香气。一款菜的香气四溢，不仅能刺激人的食欲，而且能引起人的情感冲动和思维联想。听福建人介绍，福建名菜"佛跳墙"，用鱼翅、鲍鱼、海参、鱼肚、猪肚等和鸡、鸭蒸烧煨制而成，其菜各味相融，味中有味，浓郁袭人。坛启之时满屋香味四溢，使当时的秀才们拍手称奇，趁酒酣耳热之际吟诗作赋："坛启荤香飘四邻，佛闻弃禅跳墙来。"真正在嗅觉上引起了人们的审美愉悦和无限遐

珍馐美味谈菜肴

ZHENXIU MEIWEI TAN CAIYAO

思。查阅历史诗句便会发现,明代李流芳曾对名菜"西湖莼菜汤"感叹道:"玻璃碗成碧玉光,五味纷错生馨香。出盘四座已叹息,举箸不敢争先尝。"这更使香味上升到一个新的层次。试想:望着"碧玉光",闻着特别的"馨香",叹息之中不想"举箸",这只有沉浸在如此香的氛围中才能拥有的不经意的举动,谁不想忘情一回?

所谓"味",是菜肴特有的能尝到的咸、甜、酸等滋味。有"味"的菜肴要好看、好闻,更要好吃,其中滋味之美最为重要。因为味道体现菜的本质特征,人们只有通过品尝之后,才能获得心理快感。有的菜本味独特,如宋代的杭州名菜"清蒸鲥鱼"就引来苏东坡赞曰:"芽姜紫醋炙银鱼,雪碗擎来二尺余,尚有桃花春气在,此中风味胜莼鲈。"有的菜"五味"变幻无穷,同时代的"东坡羹(荠糁)"又让陆游赞不绝口:"荠糁芳甘妙绝伦,啜来恍若在峨嵋。莼羹下豉知难敌,牛乳抨酥亦未珍。异味颇思修净供,秘方当惜授厨人。午窗自抚彭亨腹,好住烟村莫厌贫。"是啊!这道羹比天下有名的莼菜羹、牛乳酥还要好吃,其"味外之味"一定令人回味无穷。如老子哲学所云的审美境界。

所谓"形",包括菜肴中的主料、辅料成熟的形状,以及菜肴盛装在容器中的形象。菜肴的直观形态美,将一种单纯地满足人们口腹的食物,升格为具有更高美学价值的审美对象。厦门南普陀寺素菜馆的名菜"半月沉江",系用面筋、香菇、冬笋、当归等原料烹制而成。当年郭沫若游寺后进餐,见此菜造型奇特优美,似半轮明月沉于江底,便挥毫写下"半月沉江底,千峰入眼窝"的诗句。静态造型是一种令人沉醉其中的美,而另一种"气韵生动"之美则更使人难以忘怀。"西施舌"是清代福建和浙江地区的名菜。所谓"西施舌"是生活在近海泥沙中的一种名贵软体海蚌,因其形似人舌,肉质细嫩,味极鲜美,故人们形容它为"西施舌"。

所谓"意",即是讲究意趣使菜上升到艺术的境界,也是给予饮食者产生更多想象和情感共鸣的空间。宋代林洪夸赞当时名菜"莲房鱼包":"锦瓣金蓑织几重,问鱼何事得相容。涌身既入莲房去,好度华池独化龙。"涌入莲花房的鳜鱼去干什么?原来去西王母莲花池化为龙了。那么食到如此清香味鲜的佳肴,不也可以成仙了吗?其情趣自是不言而明。上海松江最著名的"四鳃鲈鱼汤"让宋代杨诚斋赏心悦目:"白质黑章三四点,细鳞巨口一双鲜。春风已有真风味,想得秋风更迥然。"品尝到鲈鱼那细嫩、鲜美无比的滋味时,如沐春风,又如春江垂钓的老者,思绪清空之时,与自然万物化为一体了。细品之余,感受着"情以物兴""神与物游"的超然意境。

一、炒菜的发明

菜肴在上古年间,最重要的就是羹,而在大一统的秦王朝以后,菜肴基本上就转向于炒了。自此。炒菜成为饮食文化领域的长江大河,支配着数不清的支流。"炒"字《说文解字》不载,《广韵》中有"熘",即是古体"炒"字,它最初指的是粗略的加工五谷的一种方式。在现代,西北广大的农村地区中还有"炒面"这种食物。这种食物的做法即是把麦子烘干放在锅里炒熟,然后碾成面粉状,但近几年来说的"炒面"却已不是这种了。作为菜肴加工方法的一种,现在"炒"指的是在锅中放入少量的油,再根据所放食材的不同品质和种类,在锅底进行一定程度的加热,然后把食材倒入锅中,不断翻转运功的一个过程,期间佐以各种调料,在间隔一定时间后,当一道色香味俱全的菜肴出锅时,"炒"的意义也就完成了。

图16　清炒泥蒿

唐宋时期的菜谱中已经出现了炒菜,不过叫法不一样,多称为"熬"。宋代《事林广记》记载了"东坡脯"的做法:"鱼取肉,切做横条盐醋掩片时,麁纸渗干。先以香料同豆粉拌匀,却将鱼用粉为衣,轻手搊开,麻油揸过,熬煎。"最后的"熬"即是炒。《东京梦华录》中更是出现了许多以

"炒"命名的菜肴,如"炒兔""炒蟹""生炒肺"。《梦粱录》中也有"腰子假炒肺""炒鳝"等,说明宋代时炒菜已经非常普及。

二、炒菜的分类及特点

"炒"的方式繁多。如清炒,有清炒山药;如熬炒,有熬炒鸡;如煽炒,有煽炒土豆丝;如抓炒,有抓炒里脊;如生炒,有生炒排骨;如干炒,有干炒牛河。另外还有大炒、小炒、熟炒、干炒、软炒、老炒、托炒、熘炒、爆炒等细别。具体说来,主要的有以下几种:

1.生炒。生炒又称火边炒,以不挂糊的原料为主。先将主料放入沸油锅中,炒至五、六成熟,再放入配料,配料易熟的可迟放,不易熟的与主料一齐放入,然后加入调味,迅速颠翻几下,断生即好。这种炒法,汤汁很少,清爽脆嫩。如果原料的块形较大,可在烹制时兑入少量汤汁,翻炒几下,使原

料炒透,即行出锅。放汤汁时,需在原料的本身水分炒干后再放,这样才能入味。

2.熟炒。熟炒一般先将大块的原料加工成半熟或全熟(煮、烧、蒸、炸熟等),然后改刀切片、块等,放入油锅内略炒,再依次加入辅料、调味品和少许汤汁,翻炒几下即成。熟炒的原料大都不挂糊,起锅时勾成薄芡,也有用豆瓣酱、甜面酱等调料烹制而不再勾芡的。熟炒菜的特点是略带卤汁、酥脆入味。

3.软炒。又称滑炒。先将主料出骨,经调味品拌脆,再用蛋清团粉上浆,放入五、六成热的温油锅中,边炒边使油温增加,炒到油约九成热时出锅,再炒配料,待配料快熟时,投入主料同炒几下,加些卤汁,勾薄芡起锅。软炒菜肴非常嫩滑,但应注意在主料下锅后,必须使主料散开,以防止主料挂糊粘连成块。

4.煸炒。又称干煸,是将不挂糊的小型原料,经调味品拌腌后,放入八成热的油锅中迅速翻炒,炒到外面焦黄时,再加配料及调味品(大多包括带有辣味的豆瓣酱、花椒粉、胡椒粉等)同炒几下,待全部卤汁被主料吸收后,即可出锅。煸炒菜肴的一般特点是干香、酥脆、略带麻辣。

5.焦炒。将加工的小型原料腌渍过油后,根据菜肴的不同要求,或直接炸,或拍粉炸,或挂糊炸,再用芡汁调味而成菜的技法。工艺流程:选料→切配→煨味→拍粉或挂糊→炸制→炒制调味→装盘。焦炒分挂糊和不挂糊两种,但都必须炸焦炸透,调料可用清汁,也可用芡汁,但原料须充分吸收,以保持菜肴味浓韧脆,焦香。

6.水炒。将液体原料如牛奶掺入调料,辅料拌匀,或将加工成蓉泥的原料加汤水调匀,用中小火少量温油加热炒制而凝结成菜的烹调方法。或将鸡蛋调散成液体状,加入调料和辅料拌匀,不用油而用汤水炒制凝结成菜的烹调方法。工艺流程:选料→切配→挂糊→炸制→调味→装盘。原料经过挂糊油炸后表层变脆,又在炒制中吸附了芡汁的滋味,形成了外焦里嫩滋味浓郁的特色。

炒作为一种烹饪法,其加工对象也极为广泛,果类蔬菜、叶类蔬菜、块茎类蔬菜、茎类蔬菜都可用其方法制作。而其他的山珍海味、飞禽走兽,甚至是五谷杂粮,也可以用炒来进行加工,只不过是根据对象的不同,炒法有所区别而已。

炒菜往往使多种食物原料配合在一起,在加热过程中使其味混合,从而产生一种新的味道。因为炒菜的搭配更为讲究,清代童岳荐在其所著的《调鼎集》中说:"配菜之道,须所配各物融洽调和。"袁枚说得更为具体:"凡一物烹成,必需辅佐。要使清者配清,浓者配浓,柔者配柔,刚者配刚,方有和合之妙。其中可荤可素者,蘑菇、鲜笋、冬瓜是也。可荤不可素者,葱韭、茴香、新蒜是也。可素不可荤者,芹菜、百合、刀豆是也。常见人置蟹粉于燕窝之中,放百合于鸡、猪之肉,毋乃唐尧与苏峻对坐,不太悖乎?亦有交互见功者,炒荤菜,用素油,炒素菜,用荤油是也。"搭配也是一门学问。各种食材中所蕴含人体所需元素的搭配是炒菜时需要特别注意的,也是饮食健康、营养搭配最值得注意的一个方面。除讲究营养价值外,还要考虑菜品的色香味以及形态、品相等多种因素。而口感的好坏,直接影响到菜肴的销量和口碑。试想一盘菜看之食欲大增,闻着也是口水直流,结果一入口让人大倒胃口,估计这样的菜品只会让人大呼上当,食欲全无。

三、炒菜的命名

炒菜产生以后,根据食材搭配的不同,以及产生的具体背景不同,炒菜的命名也颇有趣味。实际上,在炒菜出现之前,已经有了菜肴的命名,但是随着炒菜这个大家庭加入到中华菜肴中来,我们这个源远流长的智慧民族又根据新发明的不同炒菜,进行了不同的命名。菜名就像人名一样,是招牌性的符号。作为一道菜的有机组成部分,它能影响到餐饮业的发展。好的菜名会勾起人们的好奇心,引起人们的消费欲望,带有一种广告性。菜名的商业价值日益被人们所关注,在中国的餐桌上,没有无名的菜肴,也没有起名不好的菜肴。大体说来,菜肴的命名有以下几种:

一是按菜肴原料来命名。原料分为主料、配料、调料。以苏菜228款为例,其中以主料而命名的有216款。二是根据菜肴的属性,如色泽、香气、味型、造型、盛器、质感等。三是根据制作方法,分为加工方法和烹饪方法。四是根据菜肴的发明者或者是使它名气大增的人的名字来命名。五是根据典故、成语、诗词、谐音来命名。由于炒菜搭配的复杂,以及制作工艺的繁复,一般菜名都采用同时含有主料、制作方法、色泽等各方面都涵盖的命名方式来命名,具体如下:

1.烹调方法+主料命名。如"红烧全鱼""干炸里脊""白灼大虾""清炸鸡腿""油爆田鸡脚""生炒胆尖""汤汆玻璃肚片""烤乳猪""清炖乳鸽"等等。这种类型的命名方法最为普遍,使人一见菜名就可以了解菜肴的整个面貌。这种方法非常适宜烹调有特色的菜肴。

2.调味方法+所用主料命名。如"蚝油牛肉""糖醋排骨""茄汁鱼片""咖喱凤翅""椒盐鹌鹑""酱爆肉"等等。这种类型的命名方法也较为普遍。它重点突出了菜肴的口味,对一些确有特色的菜肴尤为适宜。

3.烹调方法+原料的某一方面的特征命名。如"烩三丝""油爆双脆""双冬鸡片"等等。这种命名方法突出烹调方法以及菜肴的色泽、形态等方面的特点,有的菜肴虽不具体标明所用原料的名称,但能使人对所用原料的性质一目了然。要表明烹调方法和原料的某种特征,可使用这种命名的方法。

4.所用的主料+某一突出的辅料命名。如"马蹄鸡球""荔芋扣肉""冬虫草炖乳鸽""辣子鸡""西芹肚球""柠檬鸭""菠萝鸭片"等等。这种类别的命名方法,能够突出地反映菜肴的用料方面的特点,特别对那些辅料的口味在整个菜肴中是起重要作用的菜肴更为适宜。

5.把所用主辅料及烹调方法全部在名称中反映出来的命名。如"蚝油烩双冬""凤油扒菜胆""红油拌肚丝""肉丝烧豆腐""三色炒肉丝""栗子烧鸡件""五柳熘全鱼"等等。这种方法直观贴切,讲求简明,比较流行。

6.按色彩、形态和所用主料命名。如"金钩爪脯""八宝葫芦鸭""松鼠全鱼""脆皮大虾""金针虎皮蛋""碧绿鱼丸""菊花肚"等等。这种命名方法反映出菜肴的某一突出之处,比较适用于花色的命名。

7.在主要用料前加上人名或地名。如"麻婆豆腐""北京烤鸭""东坡肉""梧州纸包鸡""桂南醉鸭""南宁泡皮鸡""桂林板栗鸭""玉林牛肉丸"等等。这类命名方法可以说明菜肴的起源与特色,适用于有烹调特色并具地方色彩的菜肴。

8.单纯用形象寓意来命名。如红枣和猪蹄烧出"梅开二度",山狸和水蛇烧出"龙盘虎踞",冬笋和薄荷炸出"天女散花",另外还有"花好月圆""珍珠丸子""如意腰卷""鸳鸯鸡""恭喜发财""龙凤汤""龙凤呈祥""雪里藏珍"等等。

此外,有些菜肴还可以根据制作手法来命名。如:

1.扎。又称为"捆",就是将主要原料切成条或片,再用黄花菜、海带、干菜丝等将主料一束一束地捆起来,如"柴把鸭""扎猪手"等。

2.扣。是把原料整齐地摆在碗内,然后整齐地覆扣在盛器内,如"扣三丝""扣水鱼"等。

3.镶。是以一种原料为主,中间填镶其他原料的一种方法,如"镶青椒""八宝镶蟹盒"等。

4.卷。把各种韧性的原料加工成较大的长方片,卷入各种颜色、各种形状的原料。如"冬瓜卷""大良野鸡卷"等。

5.穿。就是将空心原料或加工成空心的原料在空隙处嵌入其他原料。如"龙穿凤翅""三丝穿鱼丸"等。

在菜肴命名的过程中,通常会进行一定的美化,比如对于色彩的渲染。绿色通常会用翡翠来代替,红色则用珊瑚,无色透明则用水晶,五种色泽就用五彩,黄白两色则曰金银。而不同的宴席场所其菜肴的名称也有所侧重和表示。如在婚礼现场,其宴席上的菜名可多用连理、并蒂、鸳鸯、合欢等,在寿席上则多用蟠桃、银杏、白鹤、青松等。

四、炒菜发明的意义

炒菜的发明是中国饮食领域的一件大事。炒菜体系的加入,使得中国的饮食文化更加丰富完善,使得人们的营养吸收更加均衡合理,同时又促进了餐饮业的发展,提高了国民素质,可谓是功不可没。

在中国人的日常生活中,隔三岔五总会炒几个地道的家常菜,改善一下饮食,补充补充营养。每当家里来了客人,女主人都会热情地准备一桌丰盛的饭菜来表达主人的诚意,而炒菜占据了其中主要的部分。这些炒菜里面有单纯的素菜,也有单纯的荤菜,还有荤素搭配的组合菜。按照制作方式的划分,又分为热菜和凉菜。当遇上重要的节日和纪念日时,亲朋好友相聚一堂,准备上几道最拿手的炒菜,一边吃,一边喝酒聊天,充分表现出传统文化的闲适和自在。

五、各具特色的八大菜系

菜系的形成和发展有着各种因素。我国是世界四大文明古国之一,文明历史超过了五千年。在这几千年的文明演变中,饮食文化也在不断地丰富和发展。早在夏商周时,各地的饮食风尚就各有不同,可以说,从文明的源头开始,我国就已经有了菜系的不同萌芽。我国幅员辽阔,纵横近万里,不同的气候环境,不同的地域风貌,造成了不同地域的菜肴习惯,俗谚说:"南甜北咸东辣西酸",正是此理。晋朝张华在《博物志》中说:"东南之人食水产,西北之人食陆畜。……食水产者,龟蛤螺蚌以为珍味不觉其腥臊也;食陆畜者,狸兔鼠雀以为珍味,不觉其膻也。""有山者采,有水者鱼"。正是"今天下四海九州,特山川所隔有声音之殊;土地所生有饮食之异。"

各地域食材、口味各有不同才有了各大菜系。《全国风俗志》称:"食物之习性,各地有殊,南喜肥鲜,北嗜生嚼(葱、蒜),各得其适,亦不可强同也。"比如山东,地处黄河下游,气候温和,境内山川纵横,河湖交错,沃野千里,号称"世界三大菜园"之一,又加之东部海岸线漫长,盛产海鲜,故而鲁菜以烹饪

珍馐美味谈菜肴

ZHENXIU MEIWEI TAN CAIYAO

海鲜见长。江苏在两淮流域,气候较为湿润,濒临东海、黄海,境内湖泊星罗棋布,早有"鱼米之乡"的美誉,如两淮鳝鱼,太湖银鱼,南湖刀鱼等。

"饮食一道如方言,各处不同。只要对口味,口味不对,又如人之性情不和者,不同一日居也。"(《履园丛话》)四川被称为"天府之国",一年四季盆地内潮湿多雾,少见太阳,故有"蜀犬吠日"的典故。因此,人体的表面湿度与空气湿度相当,汗液不能挥发,长此以往,容易患上脾胃衰弱、风湿等病症,而吃辣椒有助于出汗,所以经常吃辣有利于身体健康。东北人爱吃辣,是因为"辣"有着驱寒的功效,他们吃辣食,喝辣酒。钱泳在《履园丛话·治庖》中说得更具体:"同一菜也,而口味各不同。如北方人嗜浓厚,南方人嗜清淡;北方人以肴馔丰,食点多为美,南方人以肴馔洁,果品鲜为美。各有妙处,颇能自得精华。"山西人喜欢吃硬食,所以吃醋有助于消化。北方人容易出汗,如果不吃盐,就会"口无味,体无力",所以有着"多吃盐有劲"的说法。烹调方法的差别,也是形成菜系不可忽视的重要条件之一。清代饮食鉴赏家、评论家袁枚《随园食单》中,曾写了南北两种截然不同的烹调方法,作猪肚:"滚油爆炒,以极脆为佳,此北人法也;南人白水加酒煨两炷香,以极烂为度。"可见在袁枚之前,早已形成以烹饪术而别菜系的方法了。

菜系形成的最根本原因实际上在于生产力的发展水平。我国有着这样一句俗谚:"靠山吃山,靠水吃水"。因为生产力的低下,所以山区之人,伐木取火,采野菜充饥,是理所当然的事情,而湖河密布的地区,由于水产丰富,顿顿吃鱼也是情理之中的。

宗教信仰和民族习惯的不同,这也是影响菜系形成的重要因素。佛教传入中国后,僧侣们只能吃素食,所以在苏菜中还有"斋席"。有句佛教谚语说得非常好:"千百年来碗里羹,冤深似海恨难平,欲知世上刀兵劫,但听屠门夜半声。"可见佛教徒不食肉食主要是为了戒杀。《大涅槃经》云:"从今日始,不听声闻弟子食肉。若受檀越信施之时,应观虽食如子肉想,夫食者断大慈悲种。"宋朝大诗人陆游也有诗云:"血肉淋漓味足珍,一般痛苦怨难申。设身处地扪心想,谁肯将刀割自身。""戒杀食素"既为佛家修行施善的一部分,也是常人一种极高的自我约束与道德要求。四川青城山是道教圣地之一,道教饮食以养生为主,比如"白果炖鸡"既是药膳,又是四川名菜。

捕鱼和狩猎是赫哲族人的主要衣食来源。赫哲族人喜欢吃鱼,尤其喜欢吃生鱼,他们有名的菜肴叫刹生鱼。传统做法是:以黑龙江特产的鲤鱼、胖头、鲟鱼、鳇鱼、草根等鲜活鱼为原料,洗净放血后剔下鱼肉,切成细丝,拌上野生的江葱和野辣椒,放些醋和盐便可食用。没有醋时,可把野樱桃或名

"酸浆"的野菜捣成浆汁拌上,味道十分鲜美。现在,刹生鱼的佐料较以往大有不同。有土豆丝、黄瓜丝、菠菜丝、白菜丝、大头菜丝、细粉丝等,再放大葱、生姜、盐、辣椒油和少许味精等调料,色、香、味俱全,吃起来鲜嫩爽口,是赫哲人待客的佳肴。

满族人家有祭祀或者喜庆事,家人要将福肉敬献给尊长或者客人。蒙古族除喝牛奶外,还喝羊奶、马奶、鹿奶和骆驼奶,其中一部分做成鲜奶饮料,大部分加工成奶制品,如:酸奶干、奶豆腐、奶皮子、奶油、稀奶油、奶油渣、酪酥、奶粉等十余种,既可供正餐食用,也可作老幼皆宜的零食。奶制品一向被视为上乘珍品,如有来客,首先要献上,若是小孩来,还要将奶皮子或奶油涂抹其脑门,以示美好的祝福。

壮族人平时爱吃酸菜,几乎每个家庭都有酸菜缸罐(壮话叫"引"),因而一年四季都腌制浸泡有酸豆角、芥菜、辣椒、萝卜、荞头、芋荚等佐膳。肉类酸制法是先将肉切成块,用文火焗熟,拌以炒米粉放入边缘有槽可盛水密封的陶坛内,不日即变酸肉,壮话叫"拜抓"或"挪候散"。腌酸后可保存一年左右,若经常更换炒米粉,则经久不坏,这是一种传统的肉类贮藏法。吃时通常不再蒸煮,如逢宴客则蒸热而食。

抓饭是乌孜别克族招待宾客的风味食品之一。用大米、新鲜羊肉、清油、胡萝卜、洋葱等原料做成。其实,抓饭也有不放肉而放葡萄干等干果的,俗称甜抓饭或素抓饭。

历史文化原因也是菜系形成的重要因素。中华文化是不断融汇的多元文化,在几千年的进化、发展中,吸收了多种文化因子。黄河中下游地区是中华文化产生的摇篮。在《尚书》《诗经》等上古文献中,就有不同菜肴的记载。春秋战国时期,孔子提出了"食不厌精,脍不厌细"的观点,从烹饪的火候、调味、饮食卫生、饮食礼仪等方面提出了各种主张,后来孟子又完善到"食治、食功、食德"的三层次饮食观。

粤菜 粤菜的形成和发展与广东的地理环境、经济条件和风俗习惯密切相关。广东地处亚热带,濒临南海,雨量充沛,四季常青,物产富饶,山珍海味、蔬果时鲜无所不有,这对于粤菜的发展有极大的促进作用。而粤菜主要由广州、潮州、东江三种风味组成,并以广州风味为代表。粤菜注意吸收各菜系之长,擅长多种烹饪形式,具有自己独特的特点:菜清而不淡,鲜而不俗,选料精当,品种多样,还兼容了许多西菜做法,讲究菜的气势、档次。潮州古属闽地,故潮州菜汇闽粤风味,以烹制海洋菜和甜食见长,口味清醇,其中汤菜最具特色。东江菜又称客家菜,客家为南徙的中原汉人,聚居于东江山区,其菜乡土气息浓郁,以炒、炸、焗、焖见长。其三种地方菜总体特点是:选料广泛、新奇且尚新鲜,菜肴口味清淡,味别丰富,讲究清而不淡,嫩而不生,油而不腻,有"五滋"(香、松、软、肥、浓)、"六味"(酸、甜、苦、辣、咸、鲜)之别。粤菜主要菜品有:鸡烩蛇、护国菜、龙虎斗、烤乳猪、东江盐焗鸡、白灼基围虾、烧鹅、蚝油牛肉、广式月饼、沙河粉、艇仔粥等。以护国菜为例,这当中还有一个著名的典故。相传,南宋末代皇帝赵昺和陆秀夫几个大臣在残兵

败将的护卫下,来到了广东的一个庙里。一行人早已疲惫不堪,饥肠辘辘,庙里和尚颇有爱国之心,想要做一些丰盛的饭菜来招待皇帝,无奈兵荒马乱,庄田荒芜,庙里香火一直冷落,生计艰难,只好到后园里采摘一些野菜,经过精心烹制,给皇帝充饥。赵昺此时已是饥渴难耐,三下五除

图17 粤菜代表:烤乳猪

二吃得一干二净,饱餐之后还赐其菜名为"护国菜",以示恩典。后来这款菜传留后世,几经名师改进,竟成了闻名全国的粤菜。

苏菜 苏菜是中国长江中下游地区的著名菜系,覆盖包括现今江苏、浙江、安徽、上海,以及江西、河南部分地区,有"东南第一佳味""天下之至美"之誉,声誉远播海内外,其主要由淮扬菜、苏锡菜、金陵菜、徐州菜组成。苏菜汇于江苏,同时烹饪界习惯将淮扬菜系所属的江苏地区菜肴称为江苏菜,这样,苏菜成为以扬州、淮安为中心,以大运河为主,南至镇江,北至洪泽湖、淮河一带,东至沿海地区的地方风味菜。淮扬菜选料严谨,讲究鲜活,主料突出,刀工精细,擅长炖、焖、烧、烤,重视调汤,讲究原汁原味,并精于造型,瓜果雕刻栩栩如生。口味咸淡适中,南北皆宜。淮扬细点,造型美观,口味繁多,制作精巧,清新味美,四季有别。淮扬菜主要菜品有:清炖狮子头、拆烩鲢鱼头、扒烧整猪头、清蒸鲫鱼、水晶肴蹄、三套鸭、软兜鳝鱼、炝虎尾、炒蝴蝶片。金陵菜

图18 苏菜代表:清炖狮子头

烹调擅长炖、焖、叉、烤。特别讲究七滋七味：即酸、甜、苦、辣、咸、香、臭；鲜、烂、酥、嫩、脆、浓、肥。金陵菜以善制鸭馔而出名，素有"金陵鸭馔甲天下"的美誉。苏锡菜擅长炖、焖、煨、焐，注重保持原汁原味，花色精细，时令时鲜，甜咸适中，酥烂可口，清新腴美。近年来又烹制"无锡乾隆江南宴""无锡西施宴""苏州菜肴宴"和太湖船菜。徐州菜在历史上属鲁菜系，随时代变迁，已介乎苏、鲁两大菜系之间，口味鲜咸适度，习尚五辛、五味，兼崇清而不淡、浓而不浊。其菜无论取料于何物，均注意"食疗、食补"作用。另外，徐州菜多用大蟹和狗肉，尤其是全狗席甚为有名。江苏菜主要菜品有：盐水鸭肫、炖苏核、炖生敲、生炒甲鱼、丁香排骨、清炖鸡子、金陵扇贝、芙蓉鲫鱼、菊花青鱼、菊叶玉版、金陵盐水鸭、叉烤鸭、叉烤鳜鱼（以上为南京名菜）；松鼠鳜鱼、碧螺虾仁、翡翠虾斗、雪花蟹斗、蟹粉鱼唇、蝴蝶海参、清汤鱼翅、香炸银鱼、染溪脆鳝、镜箱豆腐、无锡肉骨头、常熟叫花鸡、常州糟扣肉（以上为苏锡菜）；霸王别姬、沛公狗肉、彭城鱼丸、荷花铁雀、奶汤鱼皮、蟹黄鱼肚、凤尾对虾、爆炒乌花、红焖加吉鱼、红烧沙光鱼（以上为徐州菜）；天目湖砂锅鱼头、淮安软兜、金蹼仙裙。

　　江苏的烹饪文化也十分灿烂。元代无锡人倪瓒所著《云林堂饮食制度集》是一部反映元代无锡地方饮食风格的专著，书中汇集饮食五十多种，都以菜品命题，逐条而记，除记述原料、配料外，都说明烹饪方法。书中有不少菜肴，如：烧鹅、煮麸干、雪菜、青虾卷等比较精致。书中菜肴有些被后世烹饪书籍复录，特别是"烧鹅"一品，清代袁枚在《随园食单》中加以记录，并改用倪瓒之号题名为"云林鹅"。明代江苏吴县人韩奕所著《易牙遗意》，是编仿《古食经》之遗，上卷为酿造、脯鲊、蔬菜三类，下卷为笼造、炉造、糕饼、汤饼、斋食、果实、诸汤、诸药八类。

　　湘菜　湘菜包括湘江流域、洞庭湖区和湘西山区三个地区的菜肴。湖南地处长江中游，三面环山，北边至长江为洞庭湖平原，是一个马蹄形盆地。湘西山区因多民族杂居，山峦起伏，其饮食多用山野肴薪和腊制品，粗拙而质朴，不假饰而纯真，具有浓郁的山乡风味。而洞庭湖区，常用水产动植物为原料，多用煮、烧、蒸法制作菜肴，清新自然、不尚矫饰，充满着农家田园之乐。湖南菜最大特色是酸辣。总体说来，湘菜有以下几个特点：一是刀工精妙、形味兼美。湘菜的基本刀法有16种，诸如"发丝百页""溜牛里脊"等说法。二是长于调味、酸辣著称。湘菜讲究主味的突出和内涵的精当。其所使用的调味品种类繁多，可烹制各种菜味。三是技法多样，又重煨。如在调味上分为"清汤煨""浓汤煨""奶汤煨"。湘菜主要菜品有：东安仔鸡、腊味合蒸、组庵鱼翅、冰糖湘莲、红椒腊牛肉、发丝牛百叶、火宫殿臭豆腐、吉首酸肉、换心蛋等。

　　湖南多雨潮湿,而辣椒有御寒祛风湿的功效,加之湖南人终年以米饭为主食,食用辣椒,可以直接刺激到唾液分泌,开胃振食欲。吃的人多起来,便形成了嗜辣的风俗。湖南人吃辣椒花样繁多。将大红椒用密封的酸坛泡,辣中有酸,谓之"酸辣";将红辣、花椒、大蒜并举,谓之"麻辣";将

图19　湘菜代表:酸笋炒腊肉

大红辣椒剁碎,腌在密封坛内,辣中带咸,谓之"咸辣";将大红辣椒剁碎后,拌和大米干粉,腌在密封坛内,食用时可干炒,可搅糊,谓之"鲊辣";将红辣椒碾碎后,加蒜籽、香豉,泡入茶油,香味浓烈,谓之"油辣";将大红辣椒放火中烧烤,然后撕掉薄皮,用芝麻油、酱油凉拌,辣中带甜,谓之"鲜辣"。此外,还可用干、鲜辣椒做烹饪配料,吃法更是多种多样。尤其是湘西的侗乡苗寨,每逢客至,总要用干辣椒炖肉招待。劝客时,总是殷勤地再三请吃"辣椒",而不是请吃"肉",可见嗜辣之甚。

　　川菜　川菜的形成历史悠久。在秦始皇派张仪、司马错征战巴蜀之时,曾迁移大量中原移民,从而也带去了烹饪技艺。到了唐宋时期,川菜已经成为独具特色的中华菜系之一种。宋代孟元老著《东京梦华录》卷4《食店》记载了北宋汴梁(今开封)"有川饭店,则有插肉面、大燠面、大小抹肉、淘煎燠肉、杂煎事件、生熟烧饭"。据徐珂《清稗类钞·各省特色之肴馔》一节载:"肴馔之各有特色者,如京师、山东、四川、广东、福建、江宁、苏州、镇江、扬州、淮安。"说明了现代川菜在定型初期,即已在全国饮食上确立了自己的地位。近代时期,是川菜大发展的阶段。抗战期间,东南、东北、华北等地区的名厨、名人全部云集四川,使得川菜能够博采众长、兼收并蓄,达到新的境地。2010年2月,成都市获批加入联合国教科文组织创意城市网络,并被授予"美食之都"的殊荣。这是世界对川菜文化的肯定,同时也对川菜文化的传承、川菜烹饪技术的提升、川菜餐饮行业的发展具有重要意义。川菜用料繁多,味浓而韵长,以麻辣味最为出名。辣椒、胡椒、花椒、豆瓣酱等是主要调味品,不同的配比,化出了麻辣、酸辣、椒麻、麻酱、蒜泥、芥末、红油、糖醋、鱼香、怪味等各种味型,无不厚实醇浓,具有"一菜一格""百菜百味"的特殊风

味,各式菜点无不脍炙人口。从烹制方法来讲,川菜有煎、炸、爆、炝、烘、烧、烤、煮、烩、烫等40多种。

其中最负盛名的菜肴有:干烧岩鲤、干烧鳜鱼、鱼香肉丝、怪味鸡、宫保鸡丁、粉蒸牛肉、麻婆豆腐、毛肚火锅、干煸牛肉丝、夫妻肺片、灯影牛肉、担担面、赖汤圆、龙抄手等。

以麻婆豆腐为例:麻婆豆腐,由清朝同治初年成都市北郊万福桥一家小饭店店主陈森富(一说名陈富春)之妻刘氏所创制。刘氏面部有麻点,人称

图20　川菜代表:宫保鸡丁

陈麻婆。她创制的烧豆腐,则被称为"陈麻婆豆腐",其饮食小店后来也以"陈麻婆豆腐店"为名。

麻婆豆腐的特色在于麻、辣、烫、香、酥、嫩、鲜、活八字,陈家店铺称之为八字箴言。麻的秘诀在于选用了上好的花椒,麻婆豆腐的花椒用的是汉源进贡朝廷的贡椒,麻味纯正,沁人心脾。如若别地花椒,麻味卡喉,令人气紧,谁还会有食欲,谁敢再夹豆腐? 20世纪30年代初,军阀割据混战,汉源花椒告罄,店铺除向外县重价购买汉椒外,还在铺门贴出告示声明无上好花椒,麻婆豆腐宁停不卖。这一坦白经营的做法,也在同业中传为美谈。

又以夫妻肺片为例:其食材有牛肚、牛杂、花生仁、芹菜、食盐、酱油、醋、味精、姜、蒜、大葱、小葱、辣椒油、花椒粉、白糖。制作流程则为:

1.将牛肚、牛杂洗净放入沸水锅内煮净血水捞起,置另一锅内,加入香料(内装花椒、肉桂、八角)、盐、白酒、葱段、姜片,再加清水,用旺火烧沸约30分钟后,改用小火煮90分钟,煮到牛杂熟而不烂,先熟的先捞出,晾凉待用。

2.把花生米放在锅里用油炸透,捞出剁成颗粒备用。

3.把大葱切成细丝放入盘里垫底,然后把煮熟的牛肚切成薄片摆盘。

4.把芹菜切成丁后与花生米一起撒在牛杂上。

5.接下来是调汁了,这一步是做这道菜的关键。先把姜蒜切成末,然后把小葱、红辣椒油、花椒粉、盐、酱油、味精、醋、白糖兑成调料汁。

6.把做好的调料汁淋在切好摆盘的牛杂上,然后切点细葱叶丝放在上面装饰一下就做成了。

鲁菜　鲁菜是八大菜系中历史最为久远的。《尚书·禹贡》中记载至少在夏代,山东已经用盐调味了。《诗经》中提到食用黄河鲤鱼,在今天的鲁菜中

ZHENXIU MEIWEI TAN CAIYAO

仍然有糖醋黄河鲤鱼。鲁菜的历史源远流长,其雏形大概在春秋战国时期。秦汉时期的山东经济繁荣,是当时的政治、经济、文化的中心。北魏的《齐民要术》对当时黄河流域山东地区的烹调技术做了较为全面的总结。这本书对于鲁菜的形成和发展有较为深远的影响。在历经了隋、唐、宋、金各个时代的提高和锤炼,鲁菜逐渐成为北方菜的代表。鲁菜即山东风味菜,由济南、胶东、孔府菜点三部分组成。济南菜尤重制汤,清汤、奶汤的使用及熬制都有严格规定,菜品以清鲜脆嫩著称。代表菜有糖醋黄河鲤鱼和闻名于世的九转大肠。清代光绪年间,济南九华林酒楼店主制作的红烧猪大肠倍受欢迎,后来在制作上改进为将蒸熟的猪大肠入油锅炸,之后加入香料调味烹制,这道菜肥而不腻,受到文人雅士的欢迎。胶东菜起源于福山、烟台、青岛,以烹饪海鲜见长,口味以鲜嫩为主,偏重清淡,讲究花色。相传,明代兵部尚书郭忠皋回老家福山探亲,把一名福山名厨带回北京,后来这位名厨成为皇帝的御厨,直到告老还乡多年后。皇帝还思念山东福山的"糟溜鱼片",派人传名厨进京,后来这位名厨的家乡被人称为"銮驾庄"。孔府菜是"食不厌精,脍不厌细"的具体体现,其用料之精广、筵席之丰盛堪比过去皇朝宫廷御

图21　鲁菜代表:糖醋黄河鲤鱼

膳。"八仙过海闹罗汉"是孔府喜宴寿宴的第一道菜,这道菜一上桌便开始开锣唱戏,此菜选用鱼翅、海参、鲍鱼、鱼骨、鱼肚、虾、芦笋、火腿为"八仙",鸡脯肉剁成泥后做成罗汉钱的形状,辅以青菜、姜片等,烧好鸡汤浇在上面,颜色鲜艳,作为头盘显得热闹非凡,充满喜庆色彩。总之,山东菜调味极重、纯正醇浓,少有复杂的合成滋味,一菜一味,尽力体现原料的本味。另一特征是面食品种极多,小麦、玉米、甘薯、黄豆、高粱、小米均可制成风味各异的面食,成为筵席名点。山东著名风味菜点有:炸山蝎、德州脱骨扒鸡、原壳扒鲍鱼、九转大肠、糖醋黄河鲤鱼等。

浙江菜　浙江菜有悠久的历史,它的风味包括杭州、宁波和绍兴三个地方的菜点特色。杭州菜重视原料的鲜、活、嫩,以鱼、虾和时令蔬菜为主,讲究刀工,口味清鲜,突出本味。宁波菜咸鲜合一,以烹制海鲜见长,讲究鲜嫩

软滑,重原味,强调入味。绍兴菜擅长烹制河鲜家禽,菜品强调入口香绵酥糯,汤浓味重,富有乡村风味。浙江菜具有色彩鲜明、味美滑嫩、脆软清爽、菜式小巧、清俊秀丽的特点。它以炖、炸、焖、蒸见长,重原汁原味。浙江菜的发展大致经历了五个时期。

起源时期:可追溯到新石器时代的中、晚期。距今大约七千年的河姆渡文化遗址,是长江中下游、东南沿海已发现的新石器时代最早的地层之一。在出土遗址当中,有大量的谷壳,也有陶制的灶台、盆、钵等陶器,也有花生、芝麻、葫芦等食品。

积累时期:夏、商、周三代,是中华文化发展的重要时期。在这段时期中江浙一带出现了最早的国家——越国,他们主要种植水稻,已经懂得了如何贮藏食物。

图22 浙菜代表:桂花糯米藕

成熟时期:公元前221年秦始皇统一中国,现在的江浙省基本属于会稽郡的范围,两汉至三国,江浙一带不断发展,特别是在六朝时期,中原士族南迁带来的先进生产力以及先进烹饪技艺,使得浙菜取得了巨大的飞跃。到了唐代,浙菜已经成为"南食"的代表。

繁荣时期:两宋经济发达,尤其是南宋,都城临安,就是今天的杭州,更是全国的饮食中心。南宋饮食的繁荣有以下几个方面:烹饪原料丰富,食材更加广泛。店铺林立,出现了夜市。在《东京梦华录》记载食店的情况有:"大凡食店,大者谓之分茶,则有头羹、石髓羹、白肉、胡饼、软羊、大小骨角、炙犒腰子、石肚羹、入炉羊罨、生软羊面、桐皮面、姜泼刀、回刀、冷淘、横子、寄炉面饭之类。……每店各有厅院东西廊称呼坐次。客坐,则一人执箸纸,遍问坐客。都人侈纵,百端呼索,或热或冷,或温或整,或绝冷、精浇、膘浇之类,人人索唤不同。"市场菜谱逐渐形成,部分菜名初具雏形。《梦粱录》收录的南宋都城各大饭店的菜单,菜式共有335款。

飞跃时期:明清两代的五百多年间,资本主义萌芽产生,在江浙一带聚集了大批文人墨客,他们当中很多人都是美食家,对于浙菜的发展从理论到实践都起到了很大的促进作用。清代李渔的《闲情偶寄》、朱彝尊的《食宪鸿秘》、袁枚的《随园食单》等都是关于浙菜的理论著述。

名菜名点有：龙井虾仁、西湖莼菜汤、虾爆鳝背、西湖醋鱼、炸响铃、新风鳗鲞、咸菜大汤黄鱼、冰糖甲鱼、牡蛎跑蛋、蜜汁灌藕、嘉兴粽子、宁波汤团、湖州千张包子等。

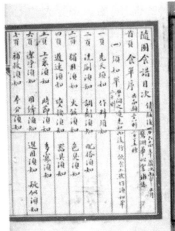

图23　袁枚的《随园食单》

闽菜　闽菜是中国八大菜系之一，涵盖了福建泉州、厦门、漳州和莆田"闽南金三角"地带的菜肴，和台湾、港澳以及东南亚地区的菜肴有重要渊源关系。泉州历史悠久，设州已有一千多年的历史，可以说见证了闽菜的产生与发展。它既是文化名城，有各种文化遗址和宗教遗址，又是重要的港口。在唐朝时即是对外贸易的四大港口之一，同海外联系频繁，宋元时期，它以"刺桐港"闻名中外，被誉为"东方亚历山大港"和"光明之城"。

闽菜主要由三大部分组成：福州菜清鲜、爽淡，偏于甜酸，尤其讲究调汤，另一特色是善于用红糟做配料，具有防变质、去腥、增香、生味、调色作用。闽南菜以厦门为代表，同样具有清鲜爽淡的特色，佐料长于使用辣椒酱、沙茶酱、芥末酱等调料。闽西位于粤、闽、赣三省交界处，以客家菜为主体，多以山区特有的奇味异品作原料，有浓厚山乡色彩。总的来说，闽菜的任何一个部分都离不开本地的自然资源。烹饪原料是烹饪的物质基础、烹饪质量的保证，在烹饪作用的发挥、烹饪效果的产生和烹饪目的的实现等诸环节当中，都起着关键的作用。闽菜以炸、熘、焖、炒、炖、蒸为特色，尤以烹制海鲜见长，刀工精妙，入趣于味，汤菜居多，具有鲜、香、烂、淡并稍带甜酸辣的独特风味。

主要菜点有：佛跳墙、鸡汤氽海蚌、淡糟香螺片、沙茶焖鸭块、七星鱼丸、糟醉鸡、煎糟鳗鱼、半月沉江、燕皮馄饨、福州线面、蚝仔煎等等。

佛跳墙，又名"满坛香""福寿全"，是福州的首席名菜，属闽菜系。迄今已有一百多年历史，为聚春园菜馆老板郑春发研创。关于此菜有这样一个典故：传说一位富家女，娇生惯养，不习厨事，出嫁前夕愁苦不已。她母亲便把家里的山珍海味都拿出来做成各式菜肴，一一用荷叶包好，告诉她如何烹煮。谁知这位小姐竟把烧制方法忘光了，情急之下就把所有的菜一股脑儿倒进一个绍酒坛子里，盖上荷叶，摞在灶头。第二天浓香飘出，合家连赞好菜，这就是"十八个菜一锅煮"

图24　佛跳墙原料

的"佛跳墙"。"佛跳墙"的制作食材达十八种之多：海参、鲍鱼、鱼翅、干贝、鱼唇、花胶、蛏子、火腿、猪肚、羊肘、蹄尖、蹄筋、鸡脯、鸭脯、鸡肫、鸭肫、冬菇、冬笋等等。烹调工艺非常繁复：先把18种原料分别采用煎、炒、烹、炸多种方法，炮制成具有它本身特色的各种菜式，然后一层一层地码放在一只大绍兴酒坛子里，注入适量的上汤和绍兴酒，使汤、酒、菜充分融合，再把坛口用荷叶密封起来盖严，放在火上加热。制作时的用火十分讲究，需选用木质实沉又不冒烟的白炭，先在武火上烧沸，后在文火上慢慢煨炖五六个小时。严谨的制作工艺保证了此菜一百多年的名声，更是在2002年第十二届全国厨艺节中荣获宴席最高奖——中华名宴。

徽菜　徽菜风味包括皖南、沿江、沿淮之地的菜点特色。说起徽菜，就不能不说起徽商。在明清时期，徽商是一股不可忽视的力量集团，他们商业经营范围之广、资本之雄厚甚是惊人。徽商富甲天下，却偏爱家乡风味，他们走到哪里，就自然地开馆营业，以至于哪儿都有徽菜馆，上海一地的徽菜馆最盛时有500多家。

徽菜的传统品种约有千种以上。皖南以徽州地区的菜肴为代表，是徽菜的主流和渊源。皖南菜包括黄山、歙县（古徽州）、屯溪等地，讲究火功，善烹野味，量大油重，朴素实惠，保持原汁原味；不少菜肴都是取用木炭小火炖、煨而成，汤清味醇，原锅上席，香气四溢。皖南虽水产不多，但烹制经腌制的"臭鳜鱼"却知名度很高。沿江菜以芜湖、安庆地区为代表，以后也传到合肥地区，它以烹制河鲜、家畜见长，讲究刀工，注意色、形，善用糖调味，尤

ZHENXIU MEIWEI TAN CAIYAO

以烟熏菜肴别具一格。沿淮菜以蚌埠、宿县、阜阳等地为代表,菜肴讲究咸中带辣,汤汁色浓口重,亦惯用香菜配色和调味。著名菜品有:无为熏鸭、毛峰熏鲥鱼、符离集烧鸡、方腊鱼、石耳炖鸡、云雾肉、绿豆煎饼、蝴蝶面等。

徽菜的款式在长期适应消费需要的过程中,逐步形成了自己的套路,常有的款式是筵席大菜、和菜、大众便菜、家常风味菜等,筵席菜式是招待宾客的菜式,通常都由一定数量的冷菜、热菜、大菜以及面食、水果组成;和菜低于筵席菜,高于大众菜,也是组合菜式,常用于朋友聚会和人数

图25 徽菜代表:徽州肉圆

较少的集体用餐;大众便菜即是城市菜馆普遍供应的方便快捷、经济实惠的菜式,大体分为点菜、客菜、大锅菜。在此以无为熏鸭为例:无为熏鸭又名无为板鸭,是沿江菜最具代表性的菜品之一。其来历有这样一个故事:相传明太祖朱元璋小的时候家穷,给人家放牛。但是东家不给他吃饱肚子,所以一群放牛童聚在一起,便干起捉野鸭子的活计来了。他们不敢带回家去吃,就在野外割些茅草,架起火来熏烤。有时烤不熟,便埋在火灰里,等第二天扒出来,鸭肉又香又烂,好吃极了。后来,这一做法在民间流传开来,并由安徽省无为县卖牛肉的回民马常有发扬光大,还摸索出用锯末熏鸭的独特制作工艺。从此,无为县的马常有清真熏鸭的生意做大了,而"无为熏鸭"成了风靡全国的地方风味食品。

六、五味调和百味鲜

受多方面条件的影响,汉族在饮食习俗方面形成的菜肴有很多不同的类型。首先是原料出产的地方特色,例如东南沿海的各种海味食品,北方山林的各种山珍野味,广东一带民间的蛇餐蛇宴。其次,还要受到生活环境和口味的制约。人们常把汉族和其他有关民族的食俗口味概括为"南甜、北咸、东辣、西酸"。

在人类饮食生活的最初阶段,并没有专门的调味料,但是对美味的追求,是全人类的共性,这种追求建立在基本的生理需要基础之上,但是由于地域、物产、科技文化等的差异,不同民族的味觉追求又都不尽相同。比如,日本人认为味觉应分为五种基本类型:咸、酸、甜、苦、辣;印度人分为:甜、酸、苦、辣、淡、涩;欧美人主张定为甜、酸、咸、苦、金属味、碱味六种。

五味,泛指食物或药物的酸、苦、甘、辛、咸五种滋味。在佛典中,五味有时亦指碱、苦、酸、辛、甘之五味。但是,与佛教教义之说有关之五味,则指《涅槃经》所举的譬喻,亦即乳味、酪味、生酥味、熟酥味、醍醐味。《涅槃经·圣行品》云:"譬如从牛出乳,从乳出酪,从酪出生酥,从生酥出熟酥,从熟酥出醍醐。醍醐最上,若有服者,众病皆除,所有诸药悉入其中。善男子! 佛亦如是。从佛出十二部经,从十二部经出修多罗,从修多罗出方等经,从方等经出般若波罗蜜,从般若波罗蜜出大涅槃,犹如醍醐。"

食物按其"味"可分为辛、甘、酸、苦、咸五类。五味之中以甘味食物最多,咸味与酸味次之,辛味更少,苦味最少。

甘味食物:米面杂粮、蔬菜、干鲜水果、鸡鸭鱼肉类等。

酸味食物:西红柿、山楂、葡萄、杏、柠檬、橙子等。

辛味食物:生姜、大葱、洋葱、辣椒、韭菜等。

咸味食物:海产品、猪肉、狗肉、猪内脏等。

苦味食物:苦瓜、苦菜等。

如果说"饮食的主要目的是强身健体""食物的第一要素是营养"的观点体现了一种科学实用的态度的话,中国人讲究食物色、香、味、形的美,讲求食器的精、环境的雅,则体现了一种艺术精神。因为自古就崇尚"五味调和",为了获得更丰富的味觉体验,中国人发明了在烹饪中使用调料调出各种味道的技艺。围绕着酸、甜、苦、辣、咸这"五味",菜肴的口味竟达500种之多。

五味之中咸为首,咸是五味中最单纯、最重要的一味。各种味道要增加口感,都离不开盐,盐有提味的作用。没有盐,什么山珍海味都无法呈现其鲜美滋味。咸味在五味中起着最为重要的作用。清代的《调疾饮食辨》里就提到:"酸甘辛苦可有可无,咸则日用所不可缺;酸甘辛苦各自成味,咸则能滋五味。酸甘辛苦暂食则佳,多食则厌,久食则厌,久食则病……咸则终身食之不厌,不病。"可见,咸味在国人饮食调味中相比其他四味是多么重要,但从保健的角度讲,盐是不能多吃的,过咸的食品有害健康。现代人饮食崇尚少油少盐,科学研究表明,吃盐过多会导致很多疾病,轻则脸上长斑,重则影响肾脏,引起高血压、动脉硬化、心肌梗死等症。现代医学建议国人应该将每天的食盐从20克降低到5～10克。世界卫生组织提出每人每天盐的摄入量不能超过6克。

酸味也是饮食中不可缺少的,尤其是在中国北方,水硬、碱性大,为了帮助食物更好地消化,在做菜时就会经常用到醋,并以此增加食欲,同时也能增加胃液的酸度,帮助消化。此外,酸还能去腥解腻,在口味偏浓重的宴席上,往往配有酸味菜肴。在北方菜肴中,肉类旁边也常常配有酸味的醋碟等,用来去腥解腻。酸味的种类很多,不仅有梅酸、果酸与醋酸等,就是我们桌上常备的食用醋,也由于产地、原料、制法的不同,有很大差别。在北方,一般把山西产的陈醋视为正宗,而江浙一带则把镇江产的米醋看作正宗。在中国,食醋最典型的地方是山西,许多家庭都掌握用谷物、水果酿制成醋的技术,吃饭更是每天都离不开醋。有趣的是,汉语中还用醋表达男女之间产生嫉妒时的情感体验,"吃醋""醋坛子"都是南北通用的俗语,想必是与醋本身的酸性特质有关吧。

辣味是五味中最富刺激性、最复杂的一味。有时"辛辣"连用,而实际上辛与辣有很大的区别。辣是味觉,对舌头、咽喉、鼻腔产生强烈的刺激,而辛则不仅仅是味觉,还包括嗅觉的成分。在先秦时,"辣"字还没有出现,在辛味里就包含了辣味。辛味主要是从姜中获取,而辣味一般指辣椒、胡椒的味道。由于辣椒是外来品,中国早期的调味中并没有辣味,辣味被包含在辛味中。姜不仅能驱除异味,还能激发出鱼和肉的美味,所以烹制鱼、肉离不开姜。烹饪时用辣椒也有一定的原则,不过度追求辣的强度,以咸鲜为基础,要辣得有层次感、辣而不燥、辣中有香。此外,大蒜、葱、姜等辛辣调料还有杀菌作用,是凉拌菜肴常用的调味品。

苦味在中国菜的烹饪时很少单独运用,却是不可或缺的。在炖肉煮肉时加上陈皮、丁香、杏仁这些略带苦味的调料,可以去除腥膻气,激发出肉的香味来。中医理论还认为苦味有健胃生津的作用,有人颇好这一口味,川菜中的怪味就包括苦味。中医理论认为,苦味对人体有好处,苦味入心。当心火过旺时,应该用苦味去降火。夏天人们喜食莲子、苦瓜等,就是如此。但是,苦味在中国饮食中很少单独出现,单纯的苦味是中国人所恐惧的,就像咖啡刚刚传入中国很多人都不能接受。在我们的菜肴中,苦味常常是隐藏在其中的,虽然尝不出来,但是没有它,菜肴也会失去几分滋味。一些带有苦味的原材料,如茶叶、苦瓜等,在菜肴中加入,绝不是为了让苦味凸显,更多的是为了增加菜肴本身的美味,如龙井虾仁、苦笋肉丝、苦瓜黄鱼等,清鲜微苦,才是中国饮食所追求的。

甜味在基本味中具有缓冲作用,如咸、酸、辣、苦太重,都可用甜味中和。古时的甘味其实并不是甜味,甘是指美味,可以在口中慢慢品味,而甜味是甜酒与蜜糖的滋味。甜味是一种复杂的滋味,许多调料都能产生甜味,不同的调料有着不同的甜味,差别很大,在烹饪界一般以蔗糖的甜味为甜味的正宗。烹制其他味道的菜肴,加糖可以起到提鲜润色的作用,但放糖要适量,以不甜腻为宜。

调味,也是烹调的一种重要技艺,所谓"五味调和百味香"。关于调味的作用,据烹饪界学者的研究,主要有以下几个:矫除原料异味;无味者赋味;确定肴馔口味;增加食品香味;赋予菜肴色泽;杀菌消毒。调味的方法也变化多样,主要有基本调味、定型调味和辅助调味三种,以定型调味方法运用最多。所谓定型调味,指原料加热过程中的调味,是为了确定菜肴的口味。基本调味在加热前进行,属预加工处理的调味。辅助调味则在加热后进行,或在进食时调味。

这么说来,所谓"五味调和"中的五味,是一种概略的指称。我们所享用的菜肴,一般都是具备两种以上滋味的复合味型,而且是多变的味型。《黄帝内经》云:"五味之美,不可胜极",《文子》则说:"五味之美,不可胜尝也",说的都是五味调和可以给人带来美好的享受。

总之,调味是否恰到好处,除了调料品种齐全、质地优良等物质条件以外,关键在于厨师调配得是否恰到好处。对调料的使用比例、下料次序、调料时间(烹前调、烹中调、烹后调),都有严格的要求。只要做到一丝不苟,才能使菜肴美食达到预定要求的风味。

五味调和百味香,如果只是偏好某一种味道,身体免不了会弄出毛病来。咸味过多,气血淤滞,高血压要少吃盐,估计就是这道理;辣味过量,筋脉拘挛、爪甲干枯不荣;吃多了甜味食品,免不了骨骼疼痛、头发脱落;酸的东西吃多了,会使肌肉失去光泽、变粗变硬,缺少弹性;多吃苦的后果是皮肤枯槁、容颜憔悴。老子《道德经》第六十章中宰相伊尹对商王说:"治大国如烹小鲜",烹小鲜要讲究五味调和,治大国也要讲究五味调和,讲究酸甜苦辛咸能否合理搭配,能否使百姓的生活"苦尽甘来",有了盼头,有了希望,而非因困苦生活对国君有所怨恨。

"和"是中国哲学思想的精髓,也是中国烹饪艺术所追求的最高境界。"和"具有和谐、和平与调和等多种概念。中国儒家思想中"中庸"的概念,即是对最佳平衡与和谐的不懈追求。此外,中国传统文化在感官意识方面,也是追求"和"的境界。例如在听觉方面,《周语·郑》就说:"和六律以聪耳"。在烹饪方面,最早提出这个概念的可追溯到周代。如《周礼》:"内饔,掌王及后、世子膳羞之割烹煎和之事",《左传·昭公二十年》:"和如羹焉。水火醯醢盐梅以烹鱼肉,燀之以薪,宰夫和之,齐之以味,济其不及,以泄其过。君子食之,以平其心,君臣亦然。"这段话的意思是说,"和"就像烹制羹汤一样,用水、火和各种佐料来烹制鱼肉,掌管膳食的人去调和,再努力去达到适口的味道。味道淡了或浓了,可随时调和,君子吃了就会感到满意,大到君臣治国,也是这个道理。所以,古人常常用"调和鼎鼐"一词来形容治国,鼎鼐就是煮肉的器皿。这里且不去管它引申的含义,起码在烹饪方面,远在两千多年前,我们的祖先就知道"和"的道理。"和"的概念在饮食文化上,又是对和谐与完美的追求。甘、苦、酸、辛、咸各有其味,单一的味道给人的感受并不尽善尽美,五味要经过调和,才能取长补短,相互作用,达到适口和芳香。鱼肉蔬菜也要通过适当的搭配,去其有余,补其不足,才能荤素和谐,令人回味无穷。在烹饪过程中,水、火的运用也要追求"和"的境界。例如我们今天烹调中讲究的火候,就是对不同菜肴、不同原料做到适宜的处理,既不欠火,也不过火,只追求一种最佳状态。

在烹饪艺术中,对色彩视觉的追求也是非常重要的。我们常讲"色、香、味","色"是第一印象,是最初的感官直觉。但是,无论哪种色泽,都要给人以美感。这种美感要因材制宜,例如新鲜蔬菜的烹调,要追求一种有光泽的翠绿。绿有多种,如同色标,可以展示二十余种不同的深浅色泽,而给人最佳感受的绿色,完全要看厨师的水平了。

一个菜肴在视觉、嗅觉和味觉三个方面达到了"色、香、味"的最佳境界,就是"和"在多方面的运用,包括了选材、刀功、调味、火候等各个方面。《尚书·顾命》曾称巧匠为"和",厨师也可以说是巧匠,"和"的实践即是技巧,而烹调艺术本身就是这种实践过程。

"和"不仅反映在一个菜肴的烹制上,也可以延伸到一桌宴席的调配上。一桌好的宴席并不是多种美味珍馐的堆砌,而是要做到海陆杂陈,荤素得当,五味调和,浓淡有致。即使在上菜的程序上,也要做到起伏错落,主次分明,时而奇峰突兀,时而小桥流水。这不但要在原材、烹制方法方面精心安排,还要有色彩意识和美学意识,实际上,这也是对最佳平衡与和谐的追求,对于相对完美的追求。

中国人吃饭注重食物的色、香、味、形、触,缺一不可,但核心还是以味为主。国人从先秦以来就注重五味的调和,久而久之养成了追逐美味的习俗,并且在追求美味的道路上越走越远。所以说中国烹调理论的核心就是调味。而调味所追求的"和"则是中国烹调理论的灵魂。只有通过"和",才能创造出菜肴的中和之美,才可感受到中国饮食文化中几千年积淀下来的味之神韵、味之精粹。

七、市井小吃的南甜北咸

　　小吃,是集中国饮食文化地理特殊性、民族个性、大众普及性、传统经典性、流行一贯性等特点于一体的食品,因此也最能反映民族饮食文化的内涵,是充分体现民族和民俗文化特点的食品。在原料选择组配、加工工艺技法、形态色泽设定,甚至进食方式上多有独特之处。小吃,是面向大众消费群体的,“物美价廉”是其突出特点。因此,小吃拥有最长久最广大的爱好者,许多小吃则体现了永久旺盛的生命力。

　　小吃可以作为宴席间的点缀或者早点、夜宵的主要食品。世界各地都有各种各样的风味小吃,以其特色鲜明,风味独特而著称。小吃就地取材,能够突出反映当地的物质及社会生活风貌,是一个地区不可或缺的重要特色,更是离乡游子们对家乡思念的主要对象。现代人吃小吃通常不是为了吃饱。除了可以解馋以外,品尝异地风味小吃还可以借此了解当地风情。也有的人因胃口小或由于疾病不能吃得太多,三餐不足以供应必要的营养,需要在正餐后额外吃一些小吃补充。小吃一般售卖起点低,价格不高,一般人都可以买得起。经过若干年的发展,特色小吃成为美食文化不可缺少的一部分。比如湖南平江的风味酱干火培鱼、老北京豆汁、豌豆黄、四川廖记棒棒鸡、麻辣烫,东北地区发展起来的烧烤、福建沙县小吃、河北的驴肉火烧 、圣旨骨酥鱼、大慈阁香油、大慈阁酱菜,湖北精武鸭脖、河南烩面、陕西羊肉泡馍、天津狗不理包子、云南过桥米线、桂林米粉、安徽合肥米饺等等小吃迅速在全国各地发展,成为中国小吃界一道道亮丽的风景。小吃,《现代汉语词典》里的解释有三种,这里所指的是“饮食业中出售的年糕、粽子、元宵、油茶等食品的统称”。北京人又叫小吃为“碰头食”,大概指的是有别于主食的“冷盘”。小吃的类型可谓五花八门,遍及粮食、果蔬、肉蛋奶各类,酸甜辣各味俱全,热吃、凉吃吃法不一,远远超出了词典中关于“小吃”所下的定义范畴。然而,小吃发展到后期,已经有了另外一种意涵。虽然一样是讲究采用当地新鲜的食材,但是制作方法繁复、做工讲究,比讲究填饱肚子的主餐来说还更为烦琐,绝非只是在三餐之间填饱肚子的层次。小吃代表着人类文化生活的精致化。随着经济发展,人类生活水平提高,吃在日常生活中占的比例越来越小,再加上工作紧张,人们开始厌弃正餐青睐小吃。因为小吃、熟食不必讲究礼仪,能随时方便地解决饥饿问题。在国内,小吃通常不作为家庭的正餐,人们会到小吃店或小吃摊位上购买。然而在台湾、新加坡等地,小吃经常作为正餐的替代品,因此某些人选择以经营小吃摊位作为行业。某些做得特别出名、符合大众喜爱口味的小吃店或摊贩上,食客常常排队如长龙,如台北有名的士林夜市、六合夜市、师大夜市等观光夜市,北京的东华门夜市。四川著名卤食品牌廖排骨分布在全国各地的卤味熟食店,其店里的五香卤排骨、五香卤猪嘴、五香卤鸡脚、五香卤豆干、卤鸭翅等都是绝佳的小吃。

经过千百年历史的发展,全国各地涌现出各式各样的名小吃。尤其在明清时期,中国出现资本主义萌芽和商业文化,在当时一些大城市或者商业中心城市,出现了小吃群。最先出现且影响力比较大的是南京、上海、苏州府和长沙府。徐珂《清稗类钞》中记载了中国最先出现的四大小吃群:南京夫子庙秦淮小吃(始于明洪武年间)、上海城隍庙小吃(始于明永乐年间)、苏州玄妙观小吃(始于明弘治年间)和湖南长沙火宫殿小吃(始于清乾隆年间)。后来被称为中国四大小吃。这些小吃群汇集了全国各地的小吃,同时每个小吃群均各有特色。今天,这些小吃群仍然存在着。南京夫子庙小吃群位于繁华的秦淮河畔,金陵小吃历史悠久,品种繁多;玄妙观小吃群位于苏州的观前街,集姑苏点心、小吃于一市,著名的有五芳斋的五香排骨、升美斋的鸡鸭血汤、小有天的藕粉圆子、炸酥豆糖粥等;城隍庙小吃位于上海中心,主要有生煎馒头、南翔小笼;湖南长沙火宫殿小吃聚集湖南各地风味小吃,具有浓郁的地方风味。这些小吃群在几百年的发展历史中,中间也有过停滞和中断,但它们依然在人们对美食的爱恋中焕发出新的生机。在物质生活越来越发达的今天,小吃群也越来越多。目前,几乎每个城市都有小吃群。很多改革开放后形成的新兴的小吃群的名气已经完全超过了原先的小吃群。如成都锦里小吃群、沙县小吃、北京王府井小吃群等等。这些小吃群和原来的小吃群一起组成了今天中国的饮食文化。

市井饮食文化的产生和城市的出现密不可分。夏商时期缺少文字记载,战国时有两位重要的大臣伊尹和太公的传说却与饮食业有关,即"伊尹酒保""太公屠牛"。酒与肉是当时比较珍贵的食物,可见在当时已经进入了流通市场。周代的文学作品中也有"沽酒""沽肉"的记载,可见这个时候在街市上买酒买肉是很方便的了。战国时期有了相对成熟的熟食店,但是饭馆业是直到汉代才发展壮大起来的。当时市场繁荣,人们争相到饭馆吃饭,饭馆里按食客的需求有了各种各样的食品供食客选择。据《盐铁论》记载,有枸杞猪肉、韭菜煎鸡蛋、煎鱼、切肝、腌羊肉、冷鸡块、马奶酒等十九种在当时极受欢迎的吃食。到了魏晋南北朝时期,饮食业仍然在不断发展,有人当垆卖酒,也有送烧烤的"行炙人",也就是烤肉店的伙计。隋唐两代国力强盛，饮食业也有很大发展，胡人经过市场，经过食肆，无不惊叹。市井饮食进入唐代之后更加繁荣，都城里多有酒楼饭店，乡间也有风味独特的酒馆饭铺，甚至还有胡人开设的专卖胡人食品的酒肆，相当于今天的西餐馆，同时还有胡人的歌舞表演，吸引了众多顾客。

市井饮食发展达到高峰，还是在两宋时期，店铺众多，分类细致，市井饮食的制作工艺也代表了当时烹调的最高水平。北宋首都汴京有七十二座著名的酒楼，专门为达官贵人服务，宴饮多在夜晚，歌舞升平，通宵达旦。中型店铺和小型店铺多是面对市井平民，卖些肉饼、粉面、肉食等。此外还有只卖酒和下酒物的"脚店"和只卖少数一两种食物的小吃店，如胡饼店、包子铺等，价廉物美，还能"即时供应"，几乎和今天的快餐服务差不多了。最后，还有一类就是走街串巷的小贩，经营着更为灵活方便的小吃生意，当时被形象地叫作"杂嚼"。除了按照经营规模分类之外，还能以不同的风味分为南味食品、北味食品、川味食品等不同风味的店，当时的汴京开设了很多南味的酒馆食肆，服务了当时生活在汴京的南方人，同时也促进了南北饮食的交流。

元代市井饮食文化由于战乱有所衰退，但是也有蒙古和西域的食品流入中原，当时只有大都的饮食业依旧发达。随着蒙古族的入侵，市井饮食的服务对象有所变化，传统的烹饪方式也有所改变。

明清两代的市井饮食随着人口的激增，展现出了突飞猛进的特点，已经呈现出一些近世的饮食特征。各地的具有自己地域特色的食品发展很快，并产生了自己的烹调特色。不同菜系的产生就是源自于这一时期。当时以"帮"来命名，就有徽帮、京帮、杭帮、吴帮等，有些名字至今还在沿用。这一时期也是一些重要菜品形成的时期，由厨师们口耳相传，流传至今。

中国的地域之广，使得小吃同样呈现出多姿多态的情趣。人们喜欢游览各地山水风光，自然也会对各地的小吃品尝一番，算是对这个城市在味蕾上的留恋。而且同样的小吃名，因地域风物及当地人的饮食习惯，也会呈现出不同的特色。所以下面列举一些各地有名的饮食，以飨读者。

南京小吃

因历史悠久，品种繁多，自六朝时期流传至今，已有千年历史。名点小吃有荤有素，甜咸俱有，形态各异。其中代表是秦淮河夫子庙地区，其风味小吃是中国四大小吃群之一。夫子庙的点心小吃许是缘于当年的秦淮画舫，手工精细，造型美观，选料考究，风味独特。经过多年的努力，其中七家点心店制作的小吃，经专家鉴定，将八套秦淮风味名点小吃正式命名为"秦淮八绝"，即：永和园的黄桥烧饼和开洋干丝，蒋有记的牛肉汤和牛肉锅贴，六凤居的豆腐涝和葱油饼，奇芳阁的鸭油酥烧饼和什锦菜包，奇芳阁的麻油素干丝和鸡丝浇面，莲湖糕团店的桂花夹心小元宵和五色小糕，瞻园面馆熏鱼银丝面和薄皮包饺，魁光阁的五香豆和五香蛋。

南京夫子庙小吃群位于繁华的秦淮河畔。这里小食摊贩经营的油炸干、豆腐脑、五香回卤干、五香茶叶蛋、乌龟子、酥烧饼、小笼包饺、千层油糕、华飞四季旺酸辣粉和多种浇头的各式汤面等品种，价廉物美，尤以配套装笼的什色点心最受消费者欢迎。代表有小笼包子、拉面、薄饼、葱油饼、豆腐涝、汤面饺、菜包、酥油烧饼、甜豆沙包、鸡面干丝、春卷、烧饼、牛肉汤、小笼包饺、压面、蟹黄面、长鱼面、牛肉锅贴、回卤干、卤茶鸡蛋、糖粥藕等。除夫子庙外，在湖南路、新街口、朝天宫、长乐路、山西路、中央门、惠民桥、燕子矶等地，也逐渐形成了比较集中的点心小吃群。

苏州小吃

苏州玄妙观小吃历史悠久，小吃文化丰富多样。玄妙观小吃群位于苏州闹市中心观前街，集姑苏点心、小吃于一市，著名的有廖排骨的五香排骨，升美斋的鸡鸭血汤，小有天的藕粉圆子、炸酥豆糖粥等，还有千张包子、观振兴面馆的各种苏式面条、净素菜包子等等。此外，还有供人们茶余酒后闲吃的品种：盐金花菜、腌黄连头、去皮油氽果玉、油氽黄豆、酱螺蛳、油氽臭豆腐、油氽粢饭糕、烘山芋、油三角粽等，均是价廉物美，具有浓郁江南风味的小吃。

有人编成顺口溜，来说苏州小吃的特色：

"姑苏小吃名堂多，味道香甜软酥糯。生煎馒头蟹壳黄，老虎脚爪绞连棒。千层饼、蛋石衣，大饼油条豆腐浆。葱油花卷葱油饼，经济实惠都欣赏。"

"香菇菜包豆沙包，小笼馒头肉馒头。六宜楼去买紧酵，油里一氽当心咬。茶叶蛋、焐熟藕，大小馄饨加汤包。高脚馒头搭姜饼，价钿便宜肚皮饱。"

"芝麻糊、糖芋艿，油氽散子白糖饺。鸡鸭血汤豆腐花，春卷烧卖八宝饭。糯米粢饭有夹心，各色浇头自己挑。锅贴水饺香喷喷，桂花藕彩海棠糕。"

"臭豆腐干粢饭团，萝卜丝饼三角包。蜜糕方糕条头糕，猪油年糕糖年糕。汤团麻团粢毛团，双酿团子南瓜团。酒酿园子甜酒酿，定胜糕来梅花糕。"

"笃笃笃笃卖糖粥,小囡吃仔勿想跑。赤豆粽子有营养,肉粽咸鲜味道好。鸡头米、莲子羹,糖炒栗子桂花香。枣泥麻饼是特产,卤汁豆干名气响。"

上海小吃

上海城隍庙小吃形成于清末民初,地处上海旧城商业中心,是上海小吃的重要组成部分。其著名小吃有南翔馒头店的南翔小笼,满园春的百果酒酿圆子、八宝饭、甜酒酿,湖滨点心店的重油酥饼,绿波廊餐厅的枣泥酥饼、三丝眉毛酥。此外还有许多小吃如:生煎馒头、南翔小笼、上海香嫩咖喱肉串、三鲜小馄饨、蟹壳黄、面筋百叶、汤包、油面精、南翔小笼馒头、白斩三黄鸡等。

长沙小吃

长沙火宫殿小吃群始建于1747年,1941年重建,集湖南各地风味小吃于一市,具有浓郁的地方风味。其特色小吃有姜二爹的臭豆腐,张桂生的馓子,李子泉的神仙钵饭,胡桂英的猪血,邓春香的红烧蹄花,罗三的米粉及三角豆腐、牛角蒸饺等,共300多种。目前,火宫殿小吃在继承传统的基础上,开发新品,形成系列,主要品种有糯米粽子、麻仁奶糖、浏阳茴饼、浏阳豆豉、湘宾春卷等。

沙县小吃

沙县小吃源远流长,历史悠久,在民间具有浓厚的历史文化基础,尤以品种繁多风味独特和经济实惠著称。它既有福州、闽南一带的饮食特点,又有汀州一带山区客家饮食文化的风格。因此,具有浓厚中华特色的沙县小吃又分为两大流派,即口味清鲜淡甜、制作精细的城关小吃流派,代表品种有扁肉(面食)、烧麦、肉包等,独具特色;口味咸辣酸、制作粗放的夏茂小吃流派,以夏茂镇为代表,原料以米、薯、芋为主,如米冻、喜粿、米冻皮(粳籼面)等。

北京小吃

延续至今的北京小吃有些已经流传了有近千年的历史。由于北京作为都城,先后有不同民族的统治者,所以北京小吃融入了汉族、回族、满族、蒙古族特色以及沿承的宫廷风味特色。在小吃烹调方式上更是煎、炒、烹、炸、烤、涮、烙样样齐全。舒乙

图26　北京小吃焦圈

以四个字概括北京小吃:"小吃大义"。北京名小吃有豌豆黄、豆汁、焦圈、爆肚、驴打滚、艾窝窝、炒肝爆肚、炸灌肠、白水羊头、茶汤、它似蜜、萨其马、一品酥脆煎饼、干锅鸭头等等。北京小吃风味较浓的地方有南来顺、护国寺、北海仿膳、牛街清真小吃超市等地。

开封小吃

开封小笼灌汤包系传统名吃,源于北宋东京名吃"玉楼山洞梅花包子"。最有名的当属第一楼包子,其造型优美,"提起像灯笼,放下像菊花",被誉为"中州膳食一绝"。小笼包子选料讲究,制作精细。采用猪后腿的瘦肉为馅,精粉为皮,爆火蒸制而成。其特点是:外形美观,小巧玲珑,皮薄馅多,灌汤流油,味道鲜美,清香利口,配上老陈醋,味道更独特。

开封套四宝是开封的传统菜肴,堪称"豫菜一绝",始创于清末开封名厨陈永祥之手。"套四宝"绝就绝在集鸡、鸭、鸽、鹌鹑之浓、香、鲜、野四味于一体,层层相套,通体完整,并且没有一根骨头。往往在头菜过后,这道菜便用青花细瓷的汤盆端上,展现在食客面前的是那体形完整、浮于汤中的全鸭,色泽光亮,醇香扑鼻。当食完第一层鲜香味美的鸭子后,一只清香的全鸡便映入眼帘;吃完鸡后,滋味鲜美的全鸽又出现在面前;最后又在鸽子肚里露出一只体态完整、肚中装满海参丁、香菇丝和玉兰片的鹌鹑。一道菜肴多种味道,不肥不腻,清爽可口,回味绵长。套四宝属衙门派,制作精细,色香味形十分讲究,制作时费工费时,技术不过硬不行,火候掌握不好也不行,最复杂的是剔骨,需全神贯注,犹如艺术雕刻。以颈部开口,将骨头一一剔出,个个原形不变。有的地方虽皮薄如纸,但仍得达到充水不漏。剔骨后将四禽身套身、腿套腿,成为一体。

鲤鱼焙面是开封的传统佳肴之一,久负盛名,由"糖醋熘鱼"和"焙龙须面"两道名菜配制而成。传说清代慈禧太后逃难时停留在开封,开封府名厨贡奉"糖醋熘鱼"和"焙面"。慈禧见状后,心血来潮说道,鲤鱼静躺盘中,大概是睡着了,应该给它盖上被子,免得受凉。随之起筷将"焙面"覆盖鱼身,"鲤鱼焙面"从此传为佳肴。其特点是色泽枣红,软嫩鲜香;焙面细如发丝,蓬松酥脆。

天津小吃

著名的有:锅巴菜、浆子、老豆腐、煎饼果子、面茶、茶汤、老式传统芝麻烧饼、卷圈、老虎豆、糖堆儿、杨村糕干、狗不理包子、耳朵眼炸糕、贴饽饽熬小鱼、棒槌果子、桂发祥大麻花、五香驴肉、烤鸭、切糕、菱角汤、烧卖、糖炒栗子、糖粘子、萝卜糖、水爆肚、打卤面、羊汤、酱羊蝎子、豆根儿糖、糖瓜、大梨糕、桂顺斋糕点等。

天津素烩在天津历史上颇为有名,以天津武清一带风味最为独特。武清人几乎家家会做素烩,而家家的风味又不尽相同。其原料为豆腐、蚕豆、粉皮、素嘎吱等十多种"素"食材,以特殊的调料与烹饪方法制成一道特殊的"大素全席"。

西安小吃

一提到西安小吃,最先想到的就是牛羊肉泡馍和肉夹馍。除此外,还有乾州锅盔、奶汤锅子鱼、烩羊杂、搅团、鱼鱼儿、油饼、油糕、臊子面、麻什、荞面饸饹、石头馍、凉皮、米皮、擀面皮、扯面、粉蒸牛羊肉、灌汤包、肉丸胡辣汤、杨凌蘸水面、豌豆切糕、槐花麦饭、洋芋擦擦、冰糖梨、柿子饼、南瓜盖饼等。每一

图27　西安小吃擀面皮

种小吃背后都有它的历史背景与饮食风貌,如肉夹馍起源于战国;羊肉泡馍是在公元前11世纪古代"牛羊羹"的基础上演化而来的;陕西凉皮从唐代冷淘面演变而来;泡泡油糕可上溯至唐代饺子宴等等。

吴国栋《西安特色小吃向导》一书,借生动有趣的典故传说、名人逸事,引出小吃来源,彰显其特色,详细介绍了四十余种西安特色小吃。如自传说中女娲补天所用的"石子液烙饼"发展而来的关中煎饼,源于新石器时代的食品"化石"石子馍等;有的颇具宫廷风味,如唐高宗命宫中厨人精心制成赏赐给玄奘的油酥饼,汉文帝刘恒的外祖母食用的太后饼;有的属当代创新之品种,如贾三灌汤包子、小六汤包等;而牛羊肉泡馍、腊汁肉夹馍、金线油塔等多种小吃,更被中国烹饪协会命名为"中华名小吃"。

兰州小吃

兰州小吃有灰豆、甜醅、热冬果、酿皮、糖锅盔、糖油糕、鸡蛋醪糟、浆水漏鱼、砂锅、羊杂碎、羊肉泡馍、手抓羊肉等。面食类有牛肉面、臊子面、浆水面、卤面、凉面、羊肉面片、炒拉条、雀舌面、干拌面、炒面、盖浇面等。

牛肉面:又名牛肉拉面,始于光绪年间,系回族人马保子首创,在近百年的漫长岁月里,以一碗面而享誉金城,以肉烂汤鲜、面质精细而蜚声中外,打入了全国各地。其间凝聚着马保子及后来无数专营清汤牛肉面厨师的智慧与心血。兰州清汤牛肉面,不仅具有牛肉烂软、萝卜白净、辣油红艳、香菜翠绿、面条柔韧、滑利爽口、汤汁香浓、诸味和谐、香味扑鼻、诱人食欲等特点,

而且面条的种类较多,有宽达二指的"大宽"、宽一指的"二宽"、形如草叶的"韭叶",而且外观也很别致。还有细如丝线的"一窝丝"、呈三棱条状的"荞麦棱"等,还有"二细""三细""细""毛细"等等,食客可随爱好自行选择。一碗刚好盛一根面条,这面条不仅光滑爽口,味道鲜美,且色香味美,誉满全国。牛

图28　兰州牛肉面

肉拉面具有"一清、二白、三红、四绿、五黄"的特征,当地人则描述为一红、二绿、三白、四黄、五清,即:辣椒油红,汤上漂着鲜绿的香菜和蒜苗,几片白萝卜杂于红绿之中显得纯白,面条光亮透黄,牛肉汤虽系十几种调料配制,但却清如白水。因此,马保子牛肉面的声誉一直延续至今。

浆水面:相传该名由汉高祖刘邦与臣相萧何在此吃面时所起。其味酸、辣、清香,别具一格,浆水菜的菜以芥菜(花辣菜)为佳。浆水面入口酸辣清香,回味无穷,并具有开胃之功效,是陕甘一带的名小吃。因地域气候等因素,西安、天水、陇南、兰州等地的浆水面都各有做法和特色。兰州浆水面,以发酵的清面汤作为原汤。其汤配以香菜、姜丝、红辣椒丝、葱花,加少量食盐,用食用油炝制而成。盛夏季节,当你来兰州进餐时,很多面食店,都以一碗清冽的浆水作为消渴的茶水待客。一碗浆水下去,顿感燥热消失、暑气全无。这是因为浆水在发酵沤制过程中,产生了大量的乳酸菌,故浆水具有清热解暑、降压利尿的功效,尤其对高血压患者、肠胃及泌尿系统病人,具有治疗和保健作用。浆水还具有治疗烧伤加速痊愈的作用和功效。清末兰州进士王煊所写《浆水面戏咏》诗,颇能道出浆水面的绝妙之处:"消暑凭浆水,炎消胃自和。面长咀嚼耐,芹美品评多。溅赤酸含透,沁心冻不呵。加餐终日饱,味比秀才何?"兰州人吃浆水面,非常讲究配菜,常常配以各色凉菜,姜汁豆角、蒜瓣茄子、凉拌黄瓜、虎皮辣椒等。本地人还喜欢浆水面和肉食同食,如陇西腊肉、猪蹄等,夏日炎热的傍晚,唯有浆水面清爽宜人,令人食欲大开。

新疆小吃

新疆小吃多种多样,比如烤羊肉、烤馕、抓饭、羊肉串、拉条子等。其实作为民族风情浓郁之地,其小吃亦别具特色。

薄皮包子:维吾尔语称之为"皮特尔曼达",意为死面包子,包子的皮不用发面,而是用温盐水和面而成,面皮擀得很薄,几乎可以透亮。肉馅主要

用羊肉丁、羊尾油丁、洋葱末、孜然粉、胡椒粉、精盐和少量的水搅拌而成。这种包子皮薄肉嫩油多，伴有洋葱的香甜味，非常可口。薄皮包子除了单独食用外，还常和抓饭在一起食用，即在抓饭上放几个薄皮包子，这是维吾尔族用来招待亲朋好友的上等饭。

烤包子：烤包子维吾尔语称"沙木萨"，是在馕坑里烤的。烤包子色泽黄亮，肉嫩味鲜。还有一种烤包子叫"果西格吉德"（疙瘩包子），这种包子的皮要加酵面，用淡水和面，擀成硬皮，馅既可用羊肉也可用牛肉，其他原料和烤包子一样。这种包子呈圆形，馅很多，味道很香。还有一种叫"桑布尔萨"的油炸包子，其馅的原料和其他包子相似，不过要事先在锅里炒一下，然后再用。这种包子形似饺子，用花边刀压边，也有用手工捏成花纹，做工十分讲究。这种包子除了招待客人外，还作礼品，相互馈赠，其风味为烤包子之首。

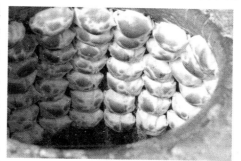

图29 新疆小吃烤包子

库车汤面：库车有种汤面，风味独特，工艺讲究，吃了使人难忘。它选用新鲜羊肉煮汤备用。把拉成细如丝的面盛在碗里，放上葱花、菠菜，用肉汤烫面，加蒜泥、放熟羊肉片，蛋丝加肉汤，淋醋和辣椒油，再撒些胡椒粉即成。讲究的还在面里窝个荷包蛋，其味更佳。

纳仁：是新疆牧区的一种佳肴，具有明显的牧区特色。这种佳肴也叫手抓肉或手抓羊肉面。将宰杀好的羊切成大块，一般按腿、肋骨、胸等部位分块，放在凉水锅里开始加热，煮沸后，撇去血沫。汤肉放盐、洋葱。肉取出后，用原汁肉汤煮面条或是面片，捞出盛盘，把面片放在盘底，块肉放在上面，肉用小刀切碎后同面拌在一起，并撒些辣子面、洋葱末等调味品，然后用手抓着吃，这就是手抓羊肉面。吃完手抓肉或手抓羊肉面，主人还要请客人喝碗原汁汤，以达到"原汤化原食"的目的。吃这种饭有许多讲究，特别是在牧区，反映了主人对客人的尊重和热情。哈萨克族牧民在做这种饭之前，要举行一种"巴塔"仪式。就是把要宰的羊牵进毡房，或是在毡房门口，请客人过目和允许。客人要代表来客对主人表示感谢和祝福。这时主人才把羊拉去宰了。吃肉之前，主人和客人都要先洗手。进餐时，主人要把羊头放在主要客人的面前，以示尊敬。客人在吃肉之前，先要用小刀削下羊头脸面的一块肉，送给主人，或是放在盘中；再割一只羊耳朵给主人的孩子，或是座中的最幼者,意思是希望晚辈听长辈的话。然后把羊头还给主人。等这些礼节结束后,大家才开始吃肉。柯尔克孜族的纳仁做法却有不同,他们是将羊肉切成很小的肉丁,然后同面拌在一起,再请客人食用。

山东小吃

著名的有:水煎包、煎饼、糁、周村烧饼、单县羊肉汤、济南草包包子、油旋、瓦罐小吃、朝天锅、坛子肉、博山酥锅、德州扒鸡、临清烧卖、甏肉米饭、福山拉面、曹县烧牛肉、聊城呱嗒、曲阜熏豆腐、莱芜香肠、蒙阴光棍鸡、滨州锅子饼等。

泰安煎饼:是山东的地方特产,源于泰山,为历代宫廷供品,历史悠久,创制年代无考,明代时已成家常便饭。它以玉米、高粱、谷子、地瓜干等粗粮为原料,经过粉碎泡糁、磨细成糊,摊于鏊子上边刮边烙,烙熟即成。质地细薄,水分少,耐久储,香酥可口。

浙江小吃

浙江小吃品种繁多,发挥了江南食品资源丰盛的优势。它以米面为主料,选用配料广泛又精细,运用蒸、煮、煎、烤、烘、炸、炒、氽、冲等多种技法,形成咸、甜、鲜、香、酥、脆、软、糯、松、滑等各色俱有的糕团点心、面食、豆品的小吃系列。其从选料到加工、烹调,各个工序都有严格的要求,形成了自己的特殊工艺,并根据不同季节和不同风尚,创制出种种独特的节令小吃和应时点心,显得绚丽多姿。浙江小吃根据各地区的实际条件,创造出各种各样的小吃点心。在杭嘉湖和宁绍地区,盛产稻谷、豆类,以各种米、豆类烹饪原料作主料为多,讲究甜、糯、松、滑风味。江南丘陵山区,主产麦类和杂粮,以此为主料,制作的点心以咸、香、松、脆为特色。沿海地区则以海鲜小吃见长。浙江经营小吃的名家,有杭州的知味观、湖州的丁莲芳和诸老大、嘉兴的五芳斋以及专营宁式大面的百年老店奎元馆等。这些店都以自己的看家小吃,为浙江小吃增添光彩。除此之外,还有宁波的罐鸭狗,赵大有糕团店,温州的县前汤团店,绍兴的荣禄春,湖州的丁莲芳千张包子店、周生记馄饨店,嘉兴的五芳斋,金华的群益点心店等。这些店都以自己的看家小吃为浙江小吃增添光彩。

海南小吃

著名的有清补凉、鸡屎藤、甜薯奶、糟粕醋、海南粉、酸粉、抱罗粉、后安粉、煎堆、薏粑、竹筒饭、椰子饭、文昌鸡等。

文昌鸡是海南最负盛名的传统名菜。是每一位到海南旅游的人必尝的美味。文昌鸡列为海南"四大名菜"之一,其肉质滑嫩,皮薄骨酥,香味甚浓,肥而不腻。相传明代有一文昌人在朝为官,回京时带了几只鸡供奉皇上。皇帝品尝后称赞道:"鸡出文化之乡,人杰地灵,文化昌盛,鸡亦香甜,真乃文昌鸡也!"文昌鸡由此得名,誉满天下。

海南粉是海南最具特色的风味小吃,流传历史久远,是节日喜庆必备的象征吉祥长寿的珍品。海南粉有两种:一种是粗粉,一种是细粉。粗粉的配料比较简单,只在粗粉中倒进滚热的酸菜牛肉汤,撒少许虾酱、嫩椒、葱花、爆花生米等即成,叫作"粗粉汤",而细粉则比较讲究,要用多种配料、味料和芡汁加以搅拌腌着吃,叫作"腌粉"(北方人叫"凉拌"),海南粉通常指的就是这类"腌粉"。

湖北小吃

著名的有:三鲜豆皮、云梦炒鱼面、热干面、东坡饼、孝感麻糖等。

热干面:是武汉颇具特色的早餐小吃。热干面原本是武汉的食品,在湖北很多地方都颇受欢迎。热干面在黄石地区俗称凉面,传到了信阳之后,也成了信阳人的最爱。热干面既不同于凉面,又不同于汤面。面条事先煮熟,经过过冷和过油的工序,再淋上用芝麻酱、香油、香醋、辣椒油等调料做成的酱汁,增加了多种口味,吃时面条爽滑有筋道、酱汁香浓味美,让人食欲大增。

广西小吃

著名的有:大肉粽、桂林马肉米粉、炒粉虫、柳州螺蛳粉、五色糯米饭、玉林牛巴粉、老友粉、罗秀米粉、牛肉丸、油茶等。

螺蛳粉:广西柳州著名小吃,具有酸、辣、鲜、爽、烫的独特风味。它由柳州特有的软滑爽口的米粉,加上酸笋、木耳、花生、油炸腐竹、黄花菜、鲜嫩青菜等配料及浓郁适度的酸辣味和煮烂螺蛳的汤水调和而成。另外,店家会另外配备有卤猪脚、酿豆腐泡、卤鸭脚、卤蛋等等风味小吃供顾客自由选择。

贵州小吃

贵州小吃素以辣香著称,具有鲜明的地方特色。元代绥阳空心面就已闻名,明代有威宁荞酥和独山盐酸菜,清代有镇宁波波糖,近百年来发展起来的地方小吃,多达千种,至今能在市面上常见的也不下200种。著名的有肠旺面、丝娃娃、阳朗鸡、荷叶糍粑、花江狗肉、臭豆腐、豆腐果、豆花粉、玫瑰糕等。

云南小吃

著名的有:卤牛肉、烧饵块、过桥米线、气锅鸡等。

过桥米线:是云南滇南地区特有的食品,至今已有一百多年历史。过桥米线的汤是用大骨、老母鸡、云南宣威火腿经长时间熬煮而成的具有浓郁鲜香味的一类高汤。配以晶莹剔透的米线与新鲜的蔬菜,可谓味美鲜香。

香竹饭:香竹饭具有浓郁的傣族风味,新鲜的每年11月至次年2月间做出的饭最好,此时竹子内有一层香气扑鼻的香膜,所以叫香竹。傣族人将香竹的竹节作底砍下,将泡过的糯米放进竹筒,用芭蕉叶塞住竹筒口,用水浸泡15分钟,放进火灰里焐着或在炭火上烤,待竹筒口冒出蒸汽达10多分钟后,再取出来,吃的时候用木槌敲打,饭变得又软又香,吃起来芳香柔糯,别有风味。

苦荞粑粑:苦荞粑粑是彝族的主食。荞麦是云南高寒地区出产的一种粗粮,又有苦荞和甜荞之分。在彝族地区,每当春暖花开盛产蜂蜜的季节,人们把苦荞粑粑烧好或煎好后,都会从蜂蜜桶里取下蜂蜜,用牛耳大的叶包好,蘸食苦荞粑粑。

四川小吃

四川小吃之所以深受人们喜爱,是由其自身特点所决定的。一是风味突出。它同川菜一样,不仅选用多种调味品和复合调味品,而且十分讲究调味的技巧,形成了多种风格。二是善于用汤。成都风味小吃中用的汤,是用多种原料和调料精心熬制的,汤浓味美。三是注重质量。无论哪种小吃,都特别讲究原材料和调味料的质量。四是注重时令。根据一年四季变化,选用应时原料制成的成都风味小吃,不断变化翻新,应时应景。此外,小吃在经营上随意方便,经济实惠,也是受到人们普遍欢迎的一个重要原因。

图30　四川小吃串串

图31　四川小吃冒菜

"冒菜"是成都的特色菜。"冒",是一种做法,准备一锅麻辣鲜香的汤汁,把菜用一个竹勺装好,一般一勺就是一份。在锅里煮熟,然后盛到碗里,顺便再舀一勺汤汁。冒菜的原料不限,这点和串串香类似,什么都可冒,什么都可上桌。有荤有素,不过据说冒菜火气太重,不宜常吃。冒菜和串串香的区别大概在于,冒菜的汤也可以喝,而串串香的锅底估计没人敢用勺子舀到嘴里去的。

东北小吃

东北菜包括辽宁、黑龙江和吉林三省的菜肴。东北是一个多民族杂居的地方。北魏贾思勰所著《齐民要术》一书,曾记述了北方少数民族的"胡烩肉""胡羹法"等肴馔的烹调方法,说明其烹调技术很早就具有了较高的水平。辽宁的沈阳又是清朝故都,宫廷菜、王府菜众多,东北小吃受其影响,制作方法和用料更加考究,又兼收了京、鲁、川、苏等地烹调方法之精华,形成了富有地方风味的东北菜。

杀猪菜:原本是东北农村每年接近年关杀年猪时所吃的一种炖菜。过去,人们没有条件讲究什么配料、调料,只是把刚杀好的猪的血脖子斩成大块煮熟后,再切成大片放进锅里,然后边煮边往里面放已经处理好的干白菜,加水和调料,等到肉烂菜熟后,再把灌好的血肠倒进锅内煮熟。上菜时,一盘肉,一盘酸菜,一盘血肠,也有的是将三者合一。

图32　东北小吃杀猪菜

台湾小吃

台湾作家梁实秋先生曾说:"台湾地区之饮食本属闽南系列,善治海鲜,每多羹汤",事实上台湾与闽南地区仅有一水之隔,地理位置与气候物产都十分相似,在台湾早期的饮食文化当中可以看出闽南先民的特色。然而1949年之后,当国民党政权退居台湾,大陆各地的特色风味也来到了台湾。自此,台湾菜融合了大陆各大菜系,形成了独具一格的文化。

台湾美食数之不尽,但是最能代表台湾饮食文化的,一定是夜市了。据台湾"交通部观光局"的调查显示,大陆游客赴台观光去的最多的地方便是夜市。士林夜市是台北最著名的夜市之一,地点在台北市文林路、大东路及安平路之间,以阳明戏院为中心,占地广阔,各式小吃应有尽有,并且物美价廉,无论假日还是平时都是人山人海,受到本地民众和外地游客的欢迎。此外,台湾著名的夜市还有基隆夜市、逢甲夜市、彰化县的鹿港夜市、嘉义市的文化夜市、台中的中华夜市、台北信义路的通化街夜市等。

甜不辣：又名天妇罗，本来由在日本传教的葡萄牙传教士发明，日据时代传到了台湾。在台湾，天妇罗被称为甜不辣，同时口味上也产生了一些变化，将贡丸、白萝卜、猪血糕等加入高汤熬煮，和油炸的天妇罗一起，成为台湾大受欢迎的人气小吃。

淡水阿给：阿给是日文"油豆腐"的音译，也是台湾淡水有名的小吃，做法是将油豆腐中间掏空，填上粉丝，再以鱼浆封口，蒸熟后加酱汁食用。

彰化肉圆：彰化县位于台湾中部，大名鼎鼎的彰化肉圆就是产自这里。它的做法十分特别，用地瓜粉加上猪肝、蛋黄、香菇、鲜肉等馅料加工而成，是台湾肉圆中最出名的一种。

图33　台湾夜市

度小月担仔面：度小月担仔面被誉为台南美味之冠，由福建漳州的洪姓渔民带到台湾。渔民在夏秋季节无法出海捕鱼，为了维持生计，度过艰难的无法捕鱼的"小月"，洪姓渔民挑着担子叫卖这种福建特色的肉燥面，其食材除了汤、面以外，还有肉燥、卤蛋、芹菜、豆芽和鲜虾。

凤梨酥：凤梨是台湾三大水果之一，凤梨酥的前身叫凤梨糕，已经有半个多世纪的历史了。由捣碎的凤梨搅和麦芽糖制成，后来几经改良，形成今天的凤梨酥，外皮酥脆，内馅甜而不腻，很受大众的喜爱。

夜市并不是现代人的发明。早在宋朝时，在当时的都城临安已经有了正规的夜市。在《东京梦华录》中有记载："出朱雀门，直至龙津桥。自州桥南去，当街水饭、熝肉、干脯。王楼前獾儿、野狐、肉脯、鸡。梅家、鹿家鹅鸭鸡兔，肚肺鳝鱼，包子、鸡皮、腰肾、鸡碎，每个不过十五文。曹家从食。至朱雀门，旋煎羊、白肠、鲊脯、黎冻鱼头、姜豉类子、抹脏、红丝、批切羊头、辣脚子、姜辣萝卜。夏月麻腐鸡皮、麻饮细粉、素签纱糖、冰雪冷元子、水晶皂儿、生淹水木瓜、药木瓜、鸡头穰砂糖、绿豆，甘草冰雪凉水、荔枝膏、广芥瓜儿、咸菜、杏片、梅子姜、莴苣笋、芥辣瓜旋儿、细料馉饳儿、香糖果子、间道糖荔枝、越梅、离刀紫苏膏、金丝党梅、香枨元，皆用梅红匣儿盛贮。冬月盘兔、旋炙猪皮肉、野鸭肉、滴酥水晶鲙、煎夹子、猪脏之类，直至龙津桥须脑子肉止，谓之杂嚼，直至三更。"可见，夜市的繁华，小吃种类的多样与当时人们的饮食热情。

夜市是美食的世界。在这个世界里,汇聚了各种各样的精美食物,它们不分地域归属,也没有"种族歧视",每一个来到夜市的客人就像孙悟空进了王母娘娘的蟠桃园,琳琅满目的佳肴不仅是视觉上的巨大冲击,也是味觉上的巨大诱惑。

遍布全国的各种小吃街以及夜市的销售量比起正规的大饭店有过之而无不及。正规的饭店适于商业宴席、婚礼盛宴、寿席、朋友聚会等,而夜市形式灵活多样。当忙碌的人们下班归来,一家人可以不用那么拘泥于饭菜的挑选,夜市上那数不尽的美食,飘散着的香味早已把你的心神传送到了那里,在轻松、愉快

图34　台湾夜市

的气氛中,更有一种温馨的家庭乐趣。而规模宏大、名气远播的夜市,不仅是地域文化的标志之一,更是吸引游客的美食胜地。夜市又大概分为商圈夜市、观光夜市、流动夜市、文化夜市等。就我国来说,最出名的几个夜市为开封市的鼓楼观光夜市、南京夫子庙夜市、台湾士林观光夜市、上海城隍庙夜市、西安钟鼓楼夜市等。

八、名人往事中的菜品

在源远流长的历史长河里,许多先贤圣哲为我们留下了动人的往事,都与菜肴相关。他们要么是流传千古的大诗人,要么是名闻海内外的政治家,要么是那个时代的引领者,总之有一个共同的身份,那就是伟大的食客!

烧杂烩

在苏北一带,无论是寻常人家,还是星级宾馆,在酒筵上,有一道菜不可缺少,那就是烧杂烩。尤其是在操办红白喜事时,此菜更作为众菜之首被推上席间,让众食客大快朵颐。这道菜荤素搭配,鱼肉并列,将一些味性相佐的菜肴一并相烹,调以各种佐料。

为何这烧杂烩如此有名?苏北人一致的看法就是,与楚霸王项羽有关。据说,项羽吃饭每顿饭菜无二样,这个特点伤透了手下厨子的脑筋。为了使驰骋沙场、鞍马劳碌的大王有健壮的身体,厨子们左思右想。其中一个小厨子想出个办法,他将一些鸡、鱼肉等放入一锅,精心烹制后,端到大王面前。未曾想,项羽吃了第一口,胃口就被吊了起来,一大碗杂烩顷刻吃了个

精光,而且批示厨师,今后为了节省时间,菜就这么烧。

从此以后,手下厨师悉听遵命,每菜必是杂烩。为了使杂烩不致太单调,厨师们想方设法改进配料,尽量让杂烩烧得花样翻新。后来,人们为了怀念楚霸王的事迹,"烧杂烩"便在民间很快流传开来,一直到今天。

灯影牛肉

相传,唐代著名诗人元稹在通州(今四川达川一带)任司马时,一天到一家酒肆小酌。酒菜中的一种牛肉片,色泽红润油亮,十分悦目,味道麻辣鲜香,非常可口,吃进口酥脆而后自化无渣,食后回味无穷,使元稹赞叹不已。更使他惊奇的是,这牛肉片肉质特薄,呈半透明状,用筷子夹起来,在灯光下红色牛肉片上的丝丝纹理会在墙壁上反映出清晰的红色影像来,极为有趣。他顿时想起当时京城里盛行的"灯影戏"(现通称皮影戏,其表演时用灯光把兽皮或纸板做成的人物剪影投射到幕布上),兴致所至,当即唤之为"灯影牛肉"。于是达川的这种牛肉就以"灯影牛肉"之名盛传开来,成为四川的一种著名土特产。其菜选料和做工都非常讲究。一头牛被宰杀后,只能取其腿腱肉、里脊肉十几块,一共才十几公斤。用长片刀切成十分薄的肉片,配上注草、丁香、草果及其他十多种香料,拌匀后将肉片铺在竹笆箕上,经曝晒去除水分,放进特制的烤炉中,控制湿度烘烤至熟,装入用油纸衬里的竹筒或纸罐里,掺满纯香麻油,撒上少许花椒粉,密封而成。据记载,清朝光绪年间,达县城关大西街上一家店主名叫刘光平的酒店,所产灯影牛肉在当时最为有名。1935年,这家酒店用竹筒封装的灯影牛肉作为地方特产送到成都青羊花会展出,被评为甲等食品。

貂蝉豆腐

也就是我们常见的泥鳅钻豆腐,据传这菜名是清朝美食家袁枚想象所撰。将那滑溜的泥鳅喻为奸猾的董卓,而貂蝉则喻为嫩豆腐。热汤中先放上嫩豆腐,再放入泥鳅,泥鳅在热汤中急得无处藏身,便钻入冷豆腐里去,结果还是没有逃脱被煮的命运。王允利用貂蝉除了董卓,这菜也是利用豆腐烹饪了泥鳅,袁枚的想象也很入理、恰当。用豆腐煮熟的泥鳅不仅肉质细腻柔嫩,更是有种入口如豆腐一样的爽滑感觉,味美味鲜。此菜豆腐洁白,味道鲜美带辣,汤汁腻香。

昭君鸭

传说出生在楚地的王昭君出塞后吃不惯面食,于是厨师就将粉条和油面筋一起用鸭汤煮,甚合昭君之口味。后来人们便使用粉条、油面筋与肥鸭汤烹调成菜,称之为"昭君鸭",一直流传至今。如今在山西、甘肃等地此菜较为常见。在陕西还有一种叫昭君皮儿的小吃,实为凉皮,用面粉和面筋制作成条切成薄片,辅以香辣佐料而成,味道酸辣爽口,柔韧至极。

翰林鸡

是楚北安陆市太白酒楼烹制的系列太白菜肴之一。此肴得名是取李白曾供翰林职之意。其制作是用整鸡首先腌渍入味蒸至七成熟,然后去骨切块,上盘整理成原鸡形。另以蛋黄糕雕刻"翰林鸡"三字,置鸡首前,并以鸡汤、蘑菇入味,以若干小虾球点缀,经反复蒸烹制成。可谓制工精细,造型生动,形神兼备,质佳味美。

基于我国古代诗书的记载,李白平素嗜酒,佐食之物最喜鸡、鸭、鹅、鱼及蔬果菜肴,也吃牛、羊肉和野味,但唯独不食猪肉。友人素知诗人生活癖好,故常以鸡、鸭、鹅等做菜佐酒助兴。在众多酒肴中,李白尤对"烹鸡"最感兴趣。曾作诗曰:"白酒新熟山中归,黄鸡啄黍秋正肥。呼童烹鸡酌白酒,儿童嬉笑牵人衣。"由此流露出诗人功名即在眼前,兴高采烈,志得意满,而痛饮白酒,笑尝烹鸡的得意情景,不久李白便入京任翰林职。传说"翰林鸡"一菜,就是友人为钦佩诗人才华而精心制作的佐酒佳肴之一。因诗人李白素喜食烹鸡,故后人便呼之为"翰林鸡",缘出于此。

豆油藕卷

俗称豆油卷,是楚乡湖北孝感民间传统风味素菜名馔。因孝感向以盛产优质莲藕出名,故当地人民素喜烹食各种藕肴。特别每逢年节喜庆,几乎家家户户,都少不了要烹制豆油的美味佳肴。

据说,宋太祖赵匡胤小时候家里很穷,年轻时曾经在楚地游荡,以推车贩运为业。一次寒冬,他手推独轮车,从古楚王城(今湖北云楚)来到孝感西湖村。当独轮车满载贩购的西湖莲藕后,却已值风雪黄昏。饥寒交迫中,赵匡胤便推车投宿西湖酒家,急欲酒菜充饥御寒。然而,因年岁饥馑,兵祸战乱频繁,朝廷严禁民间酿酒,加之此时酒馆饭菜俱空,厨间仅剩两张未用完的豆油皮及葱、姜等零星物料。聪明的厨师随机应变,立即取用来客独轮车上的莲藕做原料,经洗净去皮,切成细丝,略用盐腌渍后,抖入葱、姜、香菇丝等调配料和少许面粉,用净布紧紧卷捏成一字条形,再用抹过面糊浆的豆油包牢,以锯刀法切成形似"车轮"一样的筒片,并经油炸烹制。稍许,酒家端上一盘"豆油藕卷"和一壶私人家酿陈酒送上餐桌。赵匡胤非常感激,便一人独酌起来,边吃边赞曰:"豆油藕卷肴,兼备美酒好,落肚体通泰,今朝愁顿消。"于是,"豆油藕卷"这一佐酒美肴即问世并沿传下来。

差不多十多年后,即公元960年,通过陈桥兵变,黄袍加身,赵匡胤当上

珍馐美味谈菜肴
ZHENXIU MEIWEI TAN CAIYAO

081

了宋朝的开国皇帝。一天,他忽然想起当年在西湖酒馆吃过的那难得的美酒和佳肴,顿时感慨万分,为了不忘旧情,便特别为孝感颁发诏书,取消西湖禁酒令。自此,"西湖酒市"复兴,亦沿传千年。

东坡肉

在《东坡续集》里,有一首《猪肉颂》:"净洗铛,少着水,柴头罨烟焰不起。待它自熟莫催它,火候足时它自美。黄州好猪肉,价贱如泥土。贵者不肯食,贫者不解煮。早晨起来打两碗,饱得自家君莫管。"诗中所写,其实就是苏东坡烹制"东坡肉"的经验总结。苏轼喜食猪肉。在黄州任时,猪肉极贱,"贵者不肯吃,贫者不解煮"。他发明了一种炖猪肉的方法:用少量水煮开后,再用文火炖上数小时,放上酱油,"柴头罨烟焰不起,待它自熟莫催它,火候足时它自美"。元祐四年,苏轼到杭州任知州,组织民工疏浚西湖,工程完毕,他用这种方法烧猪肉犒劳大家。人们觉得这道菜肥而不腻,味道鲜美,遂取名为"东坡肉"。直到今天,"东坡肉"仍是杭城的一道名菜。

黄金肉

满族著名的古老宫廷风味名菜——"黄金肉",据说为清太祖爱新觉罗·努尔哈赤所创制。

它曾被列为满族珍馐第一味,自清朝建立以后,每临大典盛会,酒席宴前,第一道菜,必须要上黄金肉。

这道菜的来历,据说是满人努尔哈赤在未发迹前的幼年时期,因家道中衰,曾流落到辽宁抚顺。最初,在女真部落首领家当一名伙夫。当时,这位部落首领很讲究吃喝,每次进膳需八菜一汤,金盘细绘,必不可少。有一次宴请宾客,他选定部落中一位善烹调的女仆司厨,由努尔哈赤做帮手。当女仆做完第七道菜时,突然晕倒。此时,外厅正等着叫上最后一道菜,帮手努尔哈赤见状,急中生智,忙将切好的里脊肉,裹上蛋黄液,入油锅迅速颠炒后装盘送上。首领尝后,觉得味道与以往不同,特别好吃。宴毕问其故,侍者只好实情相告。首领甚悦,随后又传来努尔哈赤问此菜何名,努尔哈赤为讨吉利,答道:"叫黄金肉。"自此,努尔哈赤遂得提擢。

努尔哈赤逐步发展,最后成为后金建立者,成为清朝第一个老祖宗。于是,每届大典,必令先上黄金肉,并当众讲述这段故事。自此,清朝各个皇帝便把黄金肉奉为至上珍馐,以示不忘祖上恩典与赏赐。继而,被传为佳话。

皇姑菜

相传在清朝,乾隆皇帝曾私下去江南寻父。有一天中午,到了江南时,他感到口干舌燥,腹中饥饿。望前看后,见有一庄,庄边有一茅舍,烟囱上白烟袅袅。心中大喜,决定借这人家歇一会儿脚,找点食物充饥。进了门,见此人家十分贫寒,无甚摆设,只有农妇一人在家。乾隆便向她说明来意。农妇见家中来了一位衣着华丽的官人,又惊又愁。惊的是,这偏僻村庄居然来了贵客;愁的是家中实在贫寒,无甚招待。此地农家非常好客,农妇便请客人进屋洗脸、用茶。这户人家以打柴为生,农妇在家中寻来找去,仅有上午男人带回来的两块豆腐。她只好又到田里拔了一把菠菜,将豆腐切成小块,用豆油煎成两面黄后,投入菠菜同烧。烧好后,盛了一大碗,端给客人吃。乾隆生在皇宫,每天吃的是山珍海味,哪里吃过农家小菜,加上腹中饥饿,更觉口味鲜美。不大工夫,一大碗豆腐全吃光了。乾隆心想:我的胃口从来没有这样好过,虽为一国之君,何时享受过今天这样的口福,但不知此菜是用什么做的。于是,询问农妇刚才吃的是什么山珍海味。农妇见问,暗自好笑,哪里是什么山珍海味,只不过是一般家常饭菜罢了。豆腐用油一煎,外面金黄色,里面白玉色,菠菜叶绿根红,像鹦鹉的嘴巴。客人既然这样发问,不妨说一个好听的菜名告诉他,便随口回答:"这菜是'金镶白玉板,红嘴绿鹦哥'。"乾隆一听,十分高兴。临走时赠送折扇一把作为酬谢,并说你家如有急难之事,拿出此扇,可以逢凶化吉。农妇听了此话,并不相信,一把纸扇子能有什么用处,但看到上面字画好玩,也就挂在墙上,不去管它了。

有一天,农妇的丈夫去街上卖柴,但是过了中午他还没有回家吃饭。农妇很着急,就到处打听,后来才得知她丈夫在卖柴时,柴担的一头突然滑掉,扁担头将一个行人无意打死了,被押送衙门审问判罪。农妇一听,心急如火,毫无主张,在房中直转,不知如何是好。猛一抬头,瞧见那把折扇,想到客人临走之言,不管有用没有,先试一试吧。她就拿了折扇上衙门去了。可农妇毕竟没有见过这样大的世面,头也不敢抬,将扇子顶在头上挡住半边脸,小心翼翼地走上堂去。知府一见,不得了,这是圣上的手迹啊!赶快跪下。他这一跪,全堂人都跪下了。农妇也不知究竟,知府问:"圣上何在?"农妇才知贵客是当今皇上。听差的问:"皇姑(皇帝的姐妹)有何事?"农妇说明丈夫之事后,知府赶紧放出农夫,以驸马礼仪相待。从此,人们也就称呼此庄为"驸马庄",称菠菜豆腐汤为"皇姑菜"了。至今驸马庄仍在。

还有一种说法是,乾隆皇帝回到京城后,有一天突然想起这道菜,便命御厨作"金镶白玉板,红嘴绿鹦哥。"可满宫的御厨山珍海味不知弄了多少,也做不出这道菜来。第一个御厨动了脑筋做了,不对,被杀。第二个又被杀,一连杀掉好几个御厨。这事惊动了丞相,如不赶快解决,要杀多少御厨啊! 于是,赶紧上朝,拜问乾隆在何地吃过此菜。问明原委,丞相赶紧通过驿站,连夜兼程将农妇接到京城,按原样弄了此菜上桌。乾隆一见,转怒为喜。但一吃,乾隆感觉没有先前那样有味,问其何故。丞相说:"圣上当时腹中饥饿,就觉好吃,现在腹中不饥,就觉无味。"乾隆点点头说:"确有此理。"据说直到现在,在镇江民间,只要人们一说"金镶白玉板,红嘴绿鹦哥"大家就都知是菠菜豆腐汤了。由于它是素汤,菠菜新鲜,豆腐白嫩,爽口味美,制作简便,已成为人们喜爱的一种家常菜。

九、西风东渐"番菜馆"

"番菜馆"顾名思义,是番人的菜馆,这里的番实际上指的就是近代史上的洋人,含义广泛,包括欧洲的英国人、德国人、法国人等,也包括了美洲的美国人,欧洲、亚洲的俄国人等。在当时的上海、广州等最早的一批通商口岸,随着中外贸易的增加,或者西方列强的殖民入侵,他们的饮食文化也传到了古老的中华大地。正统的西餐也出现在上海最早开设的礼查饭店(今浦江饭店)和汇中饭店(今和平饭店南楼)。这些供洋大人住宿的旅馆里都附设有餐厅,聘有来自欧洲的厨师。以后,一些允许"高等华人"入内的"总会"和"俱乐部"里也设立餐厅供应西菜了。有些法、英、美等国家的侨民又陆续在租界上开了好几家西菜馆,基本上都以自己国家的侨民卖自己国家的菜式为主。这样,上海赶时髦学"洋派"的有钱人便都能吃到西餐,亦即当时所称的"大菜"了。但求"洋派"是一回事,口味与饮食习惯又是另一回事。"吃大菜"固然是件时髦和"高尚"的事情,但那半生不熟的牛排,厚腻的"沙司"(汤汁),还有蜗牛、生三文鱼、冰凉的生菜和那些带涩含药水味的白兰地、红酒等欧美的佳肴美酒,却并不适合中国人的味觉和胃纳。"十里洋场"上的有钱华人希望能有一种既能表现"高尚",又能适合口味的改良型西餐,于是番菜馆应运而生,那里供应的便是这种中西合璧的"改良型"西菜。说"中西合璧"是因为餐馆的格局和装修基本上是西式的,即餐桌是西式的方桌和长桌,壁上大多挂着临摹的欧洲古典油画,餐桌上放着烛台和鲜花,所用的餐具也是刀叉和玻璃杯等,和西餐一样采用分食制,侍应生被称为"西崽",然而在菜式方面却在欧美西菜中糅合进了中国菜常用的原料和烹饪方法。

为让大家对这种"中西合璧"的西菜了解得更清楚些,这里试以一份20世纪30年代一品香番菜馆晚餐套餐的菜单为例:

头盆(冷盆):熟芦笋、鲍脯、金华火腿、莴苣(拼盆)。汤:奶油鸡丝鲍鱼鸽蛋汤或鸡丝火腿鱼翅汤。副菜（鱼盆）：白汁鲑鱼或蛋煎鲑鱼。主菜：腓利牛排或纸包鸡。甜品：香草布丁或苹果派。冰淇淋圣代（巧克力或水果任选）。咖啡或红茶。

从头到尾一共七道，这便是当时常说的"七道头大菜"。若不是胃口极好的人，要"扫光"这些东西是颇要费上点儿劲的。对欧美式西菜较为熟悉的食客就能知道，这份菜单中出现的鲍鱼、鱼翅、金腿、鸽蛋等原料是那些"正宗"西菜中不用的，至于蛋煎鲑鱼和纸包鸡这一类菜更是属于中国厨师的创作。

在20世纪20至40年代上海的番菜馆中，尤以一品香、晋隆和大西洋三家最为有名，相对而言规模也较大，三家在获得"名气"方面各有千秋。

一品香是其中最早开张也是规模最大的一家。那是当时一家挺有名的旅馆，番菜馆附设在旅馆底层，和当年的"红灯区"相距很近，因此光顾这里的青楼女和狎客占了很大比率。大多数西菜馆中的规矩是不能召妓陪酒的，也不能猜拳行令，但一品香却无此规矩，这样便引来了更多"花界"中人和狂蜂浪蝶，使生意愈加兴旺。

晋隆番菜馆开设在南京路长浜路转角处，即前些年的精品商厦的原址。这家菜馆的菜肴在用料精细和烹饪火候上都要比另外那两家略胜一筹。

大西洋开设在福州路云南路口，在天蟾舞台对面，在三家名店中存在的时间最长，直到1956年方才结束营业。那年公私合营，大西洋西菜馆改为印度咖喱饭店，供应的咖喱鸡饭很有名，价格也颇便宜，这里便成为面向大众的餐馆。以后又改成回族清真饭店，存在了不少年。

抗战胜利之后，随着到川滇等内地去的上海人大批回乡和美国军队到达上海，西餐馆如雨后春笋般纷纷开张，虽然所供应的西菜中都带有些中国化的味道，但都已不是当年那种制作精细，中西合"味"的"番菜"了。

《清稗类钞》记载西餐礼仪："食时，勿使食具相触做声，勿咀嚼有声，勿剔牙。"对于进餐礼仪，《清稗类钞》中更有翔实记载："先进汤。及进酒，主人执杯起立，客亦执杯，相让而饮。继进肴，三肴、四肴、五肴、六肴，均可。终之以点心或米饭，点心与饭抑或同用。"这里记载着西餐的进餐顺序，对于中餐的先进食后进汤，以汤"灌缝"的用餐习惯，和西餐以汤开胃做了比较，可看出西餐的科学。而且最为重要的，是西餐的用餐礼仪。"饮食之时，左手按盆，右手取匙。用刀者，须以右手切之，以左手执叉，叉而食之。事毕，匙仰向于盆之右面，刀在右向内放。叉在右，俯向盆右。""一品毕，以瓢或刀或叉置于盘,役人即知此品食毕,可进他品。"

通过中国人对于西餐最早的观察,可以看出中餐、西餐之间餐饮观念的差异。农业社会的餐饮观念,是底层民众的"民以食为天",人生的最高境界是吃饱肚子;进入上层社会,餐饮观念的最高境界,是大饱口福,大饱眼福,"食不厌精",将餐饮当作精神享受。西人餐饮依从工业社会的生活习惯,更注重餐饮中体现社会等级归属。这里的社会等级归属,不完全是生产关系的归属,更是精神等级的归属。

《清稗类钞》中记载的西餐礼仪,是西方上层社会的用餐礼仪,这种礼仪

图35 天津起士林西餐馆

的内涵是个人修养和绅士风度。中国人接受西餐,打破了传统儒学的等级观念,打破了农业社会的尊卑观念。西餐进入中国,使中国人由饱餐一顿进入科学饮食。接受西人的饮食观念,使中国人改变了吃饱肚子为第一要务的传统观念。应该说,西餐对于推动中国人的生活进步,起到了积极作用。

随着生活的进步,西餐也在与时俱进。快餐、自助餐的推行,改变了西人严格的用餐礼仪。工业社会生活节奏快,人们不可能将饮食只当作精神享受。麦当劳、肯德基的出现,适应了工业社会生活节奏的需要,许多美国人的午餐常常就是一个苹果、一根香蕉,晚上才有时间饱餐一顿。他们对于饮食是按卡路里计算的。

时代在进步,餐馆习惯也在改变,传统的西餐礼仪更在逐渐进步。如今已经没有人将麦当劳、肯德基看作是西餐了,方便快餐将成为工业社会最便当的用餐方式;而正规西餐,将在社会交际和商业活动中扮演着它的角色。在中国,西餐不可能代替中餐,但西餐的市场潜力绝对不可低估,发掘中国人可以接受的西餐方式,更是餐饮业的重要课题。

养生健康与羹汤

一、"洗手做羹汤"

其实在炒菜未产生之前,中国人的饮食以"羹"为主。在生产力还不发达的上古时期,农作物以及肉类的收成是不充足的,并且制作工艺也是较为粗糙的,在这种情况下,把肉切成细小的块状,加入一定比例的水,或者往五谷里面加入一定的水,然后

图36　老火汤

烧开煮熟,这样的食物即称之为羹。在先秦典籍中,羹的出现次数达到了上千条,我们可以通过几条来把握羹的含义:

《周礼·天官·亨人》曰:"祭祀共大羹、铏羹,宾客亦如之。(大羹,肉湆者。郑司农云:大羹,不致五味也。铏羹,加盐菜也。湆音泣。)"

《礼》记载:"食居人之左,羹居人之右。毋嚃羹,毋絮羹。客絮羹,主人辞不能烹。羹之有菜者用挟,无菜者不用挟。"又记载:"雉羹、鸡羹、兔羹、芼羹,食自诸侯已下,至於庶人,无等。(羹,食之主。)"《礼记·丧大记》:"不能食粥,羹之以菜可也;有疾,食肉饮酒可也。"说明羹里面可以有菜。周人对于肉的加工办法,实际上就是制羹。《鲁颂·閟宫》:"毛炰胾羹",毛亨谓:"毛炰,豚也。胾,肉。羹,大羹,铏羹也。"胾(zì),切成的大块肉。《礼记·曲礼》注:"胾,切肉也","大羹湆,煮肉汁不和,贵其汁也。铏羹,肉味之有菜和者也。"古代羹的基本特征是:①调味,故《说文》释羹为五味调和也。②米、面、菜调和。③浓汤或薄糊状。《左传·隐公元年》:"(颍考叔)对曰:'小人有母,皆尝小人之食矣,未尝君之羹,请以遗之。'"

食物养生的祖师——彭祖,是轩辕黄帝的第八代传人。因"制羹献尧"而受封于大彭。传说八百岁时不知去向,故后人称"彭祖"。因首创"雉羹"治好尧帝厌食症而留传于世,被尊称为"厨行的祖师爷"。《中国烹饪史略》说他是中国第一位厨师,是厨师的祖师爷,这绝不是夸张,但他在食物养生方面的传统经验,恐后人知之甚少。

"雉羹"是用野鸡煮烂,与稷米同熬而成的一种汤羹类食物,具有鲜香醇厚、易消化等特点。因源于上古,故又有"天下第一羹"之美称。《扈从赐游记》云:清朝皇帝每年"秋狝大典",都要在澹泊城殿特赐五公大臣"野鸡汤"一份,概因野鸡汤是古代圣君唐尧食用过的,王公大臣皆以能品尝到皇帝所赐的野鸡汤为荣。《本草纲目》中记载稷米有"益气、补不足之效;做饭食,安中利胃宜脾,凉血解毒"之功效。雉具有"补中、益气力、止泄痢、除蚁瘘"等功效。两者合而为一,对人体作用可窥见一斑。再看看另一食疗养生菜"云母羹",彭祖选用中药云母作为原料,可谓别具一格,说明彭祖对食物的食性有一定的经验。

即使到了汉代,羹也是主要的家庭饮食方式。有这样一个故事:刘邦即位之后,封兄长的儿子刘信为羹颉侯,领舒、龙舒两县。当然,这个侯是戏谑、嘲讽性封号。据《史记·楚元王世家》记载,刘邦在未发迹前,经常带着自己的一帮哥们去嫂嫂家吃饭,嫂子性吝啬,看着刘邦带人进了屋里,就敲打着盛羹的器皿,意思是没有羹了。后来刘邦做了皇帝,还记着当年的事情,大封宗室的时候,唯独没有给兄长的儿子封地,最后在太上皇的劝说下,才勉强封了一个羹颉侯。

唐宋时期,羹已经细化开来,从羹中分离出来汤。羹成为中华菜肴的一个门类,逐渐失去了主食的地位,但这时候汤羹不分的情况也有,如苏轼在黄州时,发明了一种青菜汤,方法是先用油把锅底涂一下,烧开水后,将洗净的白菜、萝卜、荠菜、油菜等下入锅中,放少许生姜和生米,锅上放一个笼屉,用汤的热气蒸米饭,真是一举两得。当然,要记住把汤先盛出来,米饭还需多加热一会儿。这种汤就是后人所说的"东坡羹"。其特点是"不用鱼肉五味,有自然之甘"。他又自创煮鱼法,将鲜鲫鱼或鲤鱼放在冷水中洗净,擦上盐,鱼腹中塞入白菜心,置入煎锅,放几根葱白,不用翻动,一直烹煎;半熟时,放几片生姜,浇一点萝卜汁和酒;快熟时,放几片橘子皮,"其真食者自知,不尽谈也"。

著名的驼蹄羹本是晋代陈思王所创,"瓯值千金"是用骆驼蹄掌烹制的羹汤,是唐玄宗常赐宴臣下的一道佳肴。杜甫《自京赴奉先县咏怀五百字》

诗曰："劝客驼蹄羹,霜橙压香橘。"便是说唐玄宗与杨贵妃同在华清宫享用驼蹄羹。在杜甫的诗中羹的出现还是比较频繁的:《丽人行》中有"紫驼之峰出翠釜,水精之盘行素鳞。犀箸厌饫久未下,鸾刀缕切空纷纶。黄门飞鞚不动尘,御厨络绎送八珍。"的诗句。《陪郑广文游何将军山林》中有"鲜鲫银丝脍,香芹碧涧羹"的诗句。

到了明清时期,羹是与汤、粥并列的一个传统的特色菜肴,如八宝豆腐羹。它创于苏州,却传于杭州。究其原因,可寻到康熙皇帝身上。康熙皇帝第一次南巡时,来到苏州,就住在织造府衙内。主管织造府的曹寅殷勤侍候,采办各种珍馐给皇上品尝。谁知康熙旅途劳顿,胃口大败,对各种山珍海味毫无兴致。这可急坏了曹寅,服侍不好皇帝可是要掉脑袋的。他绞尽脑汁,才想出用重金招募名厨的办法来解此危难。曹寅要求选中的得月楼名厨张东官做出既清淡鲜爽,又具有江南风味的苏式菜,让皇帝吃得舒畅。张东官不愧为名家高手,他以江南的时鲜菜果,做出八道色、香、味俱优的佳肴。其中就有以虾仁、火腿、鸡肉、香菇等配料与豆腐一起做成的八宝豆腐羹。康熙皇帝吃了,顿时胃口大开。

康熙回京后,把张东官调进御膳房,并赏他五品顶戴,专为康熙做八宝豆腐羹等苏式佳肴。康熙对苏菜中的八宝豆腐羹尤为偏爱。不仅经常作御膳赏赐臣僚,而且每当大臣们告老还乡,都以八宝豆腐羹的配方相赐,以示对其一生工作的奖赏。御膳房特地印制了一批八宝豆腐羹的配方,在受赏大臣交上一笔费用后发给他们。八宝豆腐羹随着致仕官吏传到了地方。杭州有个王太守,继承了他祖辈的钦赐配方,便把这道菜作为公款摆宴的重头戏,这道菜也就成了杭州名菜。可惜的是,这道菜始终在宫廷和官府中流传,由于上层社会的封闭性,它没能流入民间,后来逐渐失传。直到新中国成立后,这道菜才重新被挖掘出来,继续为杭州的饮食业争光。

汤的历史悠久。根据考古学家所发掘的文物表明,近东地区是世界上最早做汤的地方。约在公元前8000到7000年间,那里的人就会将所栽培出来的谷物放在粗陶器中煮成汤喝。据记载,在古希腊奥林匹克运动会上,每个参赛者都带着一头山羊或小牛到宙斯神庙中去,先放在宙斯祭坛上祭告一番,然后按照传统的仪式宰杀掉,并放在一口大锅中煮,煮熟的肉与非参赛者一起分而食之,但汤却留下来给运动员喝,以增强体力。说明在那个时候,人们已经知道在煮熟的食物中,汤的营养最为丰富这个道理。

历史学家考证世界上最古老的一本食谱是在中国发现的公元2700年前的一本食谱。这本食谱上载有十几种汤,其中有一道汤一直沿用至今,那就是"鸽蛋汤",食谱中把它称之为"银海挂金月"。根据美国《食谱大全》一书中的记载,美国每年要喝掉300多亿碗汤,在世界上可算是首屈一指,而其中的鸡面汤又是美国人最喜爱的罐头汤。

汤作为我国菜肴的一个重要组成部分,具有非常重要的作用:(1)饭前喝汤,可湿润口腔和食道,刺激胃口以增进食欲。(2)饭后喝汤,可爽口润喉有助于消化。(3)中医认为汤能健脾开胃、利咽润喉、温中散寒、补益强身。(5)汤还在预防、养生、保健、治疗、美容等诸多方面对人体的健康起到非常重要的作用。对于汤的分类,我认为可从以下四方面来进行:(1)从原则上可分为:奶汤、清汤和素汤三种。(2)以原料分类可分为肉类、禽蛋类、水产类、蔬菜类、水果类、粮食类、食用菌类。(3)从口味上分,有咸鲜汤类、酸辣汤类和甜汤类。(4)从形态上分,有工艺造型和普通制作两种。有用淀粉勾芡的和不勾芡的汤。另外,还有一种是在烹饪原料中加入具有滋补效用的中药制作的食疗汤。

汤的用途非常广泛。在烹饪中很多炒菜都要用汤。在爆炒、清炒、熘、烩等烹调方法中,都要加入清汤。白扒的菜肴中,要加入奶汤。在鲜味中,凉菜中的鲜咸,热菜的鲜咸、五香、酸辣、咸香、咸麻等都用清汤提鲜。在宴席中,无论是高级宴席或是家常便餐都离不开它。除少数菜外(如烤制类),几乎无菜不用汤。汤不仅味美可口,能刺激食欲,且营养丰富,含大量蛋白质、脂肪、矿物质等成分。它自身的特点,从以下几方面来表现。

1.鲜味之源。汤的主要特点是"鲜"。中国祖先在创造"鲜"字时,就是基于"鱼""羊"合在一起煮后产生的"鲜"味这个实践而创造的吧!在我国的烹调中十分讲究制汤调味,味精产生以前主要的鲜味都来自于汤。即使在现今调鲜味品如此之多,也有许多菜肴仍用汤来调鲜味。

2.用料广泛。绝大多数种类的食物——鱼、肉、家畜、家禽、蔬菜、水果都能作为汤的原料和配料。甚至吃剩下的食物放在一起烩一烩,也可成为一道味美可口的汤菜。

3.制作精细。汤的制作技艺精湛,每一操作过程都十分精细,决不一煮就成。"菜好烧,汤难吊",是历代厨师的经验之谈。有一种汤叫"双吊双绍汤",皇宫御厨们称之为"金汤"。其意有三:一为此汤用料精,价格昂贵,故称"金汤";二为此汤每一斤原料只能出成品汤一斤,有暗含金(斤)汤之意;三为此汤制作的成败有时甚至关系到厨师的性命,可见,这汤绝不是随便做出来的。对于这一点,本文在后面将进行详细介绍。汤类食品的进食形式海内外大同小异。可作为主食也可作为小吃或零食,亦可佐正餐作副食。

按不同国家、民族的进餐习惯,有先进食后喝汤的;也有先喝汤后进食的;也有边进食边喝汤的。但不论何种喝汤形式都是以益于强身健体为其特长。

我国民间流传各种"食疗汤"。如鲫鱼汤通乳,红糖生姜汤驱寒发表,绿豆汤消凉解暑,萝卜汤消食通气,银耳汤补阴等。汤可以说是"廉价的健康保险"。从地域上来说,我国东南西北,就各有不同的特色。

东:宋嫂鱼羹。宋嫂鱼羹是南宋流传下来的名汤。它是将主料鳜鱼蒸熟剔去皮骨,加火腿丝、香菇、竹笋末及鸡汤等烹制而成。其中鳜鱼营养丰富,肉质细嫩,极易消化,老少皆宜。

西:胡辣汤。胡辣汤拥有上千年历史,它起源于河南,流传于陕西。胡辣汤因其食材丰富而著称。牛肉丸、白菜、土豆、胡萝卜是其必要食材,这符合了食物的多样化要求。而且,其中加入胡椒,使其具有增加食欲、健胃祛风的作用。

南:花旗参乌鸡汤。广东人最爱喝汤,而且讲究喝老火汤,老火汤种类繁多,在此向大家推荐一款花旗参乌鸡汤。乌鸡被人们称为"名贵食疗珍禽",乌鸡富含蛋白质,B族维生素、氨基酸和多种微量元素,它的胆固醇和脂肪含量却很低。而花旗参具有益气、养胃、生津功效,能补益五脏,治脾胃虚弱,温精养血。

北:酸菜排骨汤。东北天气寒冷,喝汤能起到驱寒的作用。东北人爱吃酸菜,爽口的酸菜汤可以解油腻、促消化。酸菜中还含有大量乳酸菌,有保持胃肠道正常生理功能的作用。

除此之外,江西、广东的汤尤为出名。如江西的瓦罐煨汤,它是将瓦罐一层一层摞在专用的缸中,内装各种食材原料以文火煨制,需要长达七小时之久才能完成。由于罐中用气的热量传递,避免了直接煲炖的火气,煨出的汤鲜香醇浓,滋补不上火。但是由于耗时长,配料多样,煨制温度要求高,相对的,它的成本就比较高。

二、从"腊八粥"说起

粥的来历:关于粥的文字,最早见于《周书》"黄帝始烹谷为粥"。中国的粥在4000年前主要为食用,2500年前始作药用。《史记·扁鹊仓公列传》载有西汉名医淳于意(仓公)用"火齐粥"治齐王病;汉代医圣张仲景《伤寒论》述:"桂枝汤,服已须臾,啜热稀粥一升余,以助药力",便是有力例证。进入中古时期,粥的功能更是将"食用""药用"高度融合,进入了带有人文色彩的"养生"层次。宋代苏东坡有书帖曰:"夜饥甚,吴子野劝食白粥,云能推陈致新,

养生健康与羹汤
YANGSHENG JIANKANG YU GENGTANG

利膈益胃。粥既快美,粥后一觉,妙不可言。"南宋著名诗人陆游也极力推荐食粥养生,认为能延年益寿,曾作《粥食》诗一首:"世人个个学长年,不悟长年在目前,我得宛丘平易法,只将食粥致神仙。"从而将世人对粥的认识提高到了一个新的境界。可见,粥与中国人的关系,正像粥本身一样,稠粘绵密,相濡以沫。粥作为一种传统食品,在中国人心中的地位更是超过了世界上任何一个民族。

历代关于粥的诗词也很多,诸如李商隐《酬寄饧粥》诗云:"粥香饧白杏花天,省对流莺坐绮筵。"赞美了饧粥的芳香甜美。"茗粥"则是掺茶叶煮的粥。

图37　枸杞红薯粥

及第粥

相传在明朝,广州西关有一个叫伦文叙的小男孩,由于家里贫困,七岁便出来卖菜。他从小就喜欢吟诗作对,在菜市里还不时有人缠着他吟诗。

有一天,他挑着一担菜路过丛桂路一间粥铺时,饿得肚子咕咕直叫,但又没钱买。店主认出他是诗童伦文叙,便对他说:"你为什么不去读书呢?在菜市场卖菜太可惜了。"伦文叙说:"我家穷,没有钱。"店主说:"这样吧,以后你每天都把菜挑来我这里,我买一部分,然后还每天给你一碗粥吃,等凑够了钱你就去念书吧!"

从此以后,伦文叙天天都吃到不同的粥,有时是肉丸粥,有时是猪粉肠粥,有时又是猪肝粥,有时则三样都有。几年后,伦文叙高中状元,他不忘当年店主的恩情,回乡省亲第二天便去看老店主,并请老店主煮一碗粥。老店主命人煮了一碗肉丸、粉肠、猪肝齐下的粥,献给伦状元。伦文叙便给此粥取名"及第粥"。

腊八粥

宋朝吴自牧撰《梦粱录》卷六载:"八日,寺院谓之'腊八'。大刹寺等俱设五味粥,名曰'腊八粥'。"此时,腊八煮粥早已是民间食俗,不过,当时帝王还以此来笼络众臣。《永乐大典》记述:"是月八日,禅家谓之腊八日,煮经糟粥以供佛饭僧"。到了清雍正三年(1725),世宗将北京安定门内国子监以东的府邸改为雍和宫,每逢腊八日,在宫内万福阁等处,用锅煮腊八粥并请来喇嘛僧人诵经,然后将粥分给各王公大臣,品尝食用以度节日。《光绪顺天府志》又云:"每岁腊月八日,雍和宫熬粥,定制,派大臣监视,盖供上膳焉。"

清代营养学家曹燕山撰《粥谱》，对腊八粥的健身营养功能讲得详尽、清楚。腊八粥调理营养，易于吸收，是"食疗"佳品，有和胃、补脾、养心、清肺、益肾、利肝、消渴、明目、通便、安神的作用。这些都已被现代医学所证实。对于老年人来说，腊八粥同样也是有益的美食，但也应注意不宜多喝。其实，何止是腊八，平素喝粥，对老年人也是大有裨益的。粥的品种也相当多，可因人而异，按需选择，酌情食用。"腊八粥"的主要原料为谷类，常用的有粳米、糯米和薏米。粳米含蛋白质、脂肪、碳水化合物、钙、磷、铁等成分，具有补中益气、养脾胃、和五脏、除烦止渴、益精等功用。糯米具有温脾益气的作用，适于脾胃功能低下者食用，对于虚寒泄利、虚烦口渴、小便不利等有一定辅助治疗作用。中医认为薏米具有健脾、补肺、清热、渗湿的功能，经常食用对慢性肠炎、消化不良等症也有良效。此外，富含膳食纤维的薏米也有预防高血脂、高血压、中风及心血管疾病的功效。

豆类是"腊八粥"的配料，常用的有黄豆、赤小豆。黄豆含蛋白质、脂肪、碳水化合物、粗纤维、钙、磷、铁、胡萝卜素、硫胺素、核黄素、烟酸等，营养十分丰富，并且具有降低血中胆固醇、预防心血管病、抑制多种恶性肿瘤、预防骨质疏松等多种保健功能。赤小豆含蛋白质、脂肪、碳水化合物、粗纤维、钙、磷、铁、硫胺素、核黄素、烟酸等，中医认为本品具有健脾燥湿、利水消肿之功，对于脾虚腹泻以及水肿有一定的辅助治疗作用。

"腊八粥"中的果仁有食疗作用，花生和核桃是其不可缺少的原料。花生有"长生果"的美称，具有润肺、和胃、止咳、利尿、下乳等多种功能。核桃仁具有补肾纳气、益智健脑、强筋壮骨的作用，还能够增进食欲、乌须生发，核桃仁中所含的维生素E更是医药学界公认的抗衰老药物。

甘肃传统煮腊八粥用五谷、蔬菜，煮熟后除家人吃外，还分送给邻里，还要用来喂家畜。甘肃武威地区讲究"素腊八"，吃大米稠饭、扁豆饭或是稠饭，煮熟后配炸馓子、麻花同吃，民俗叫它"扁豆粥泡散"。宁夏做腊八饭一般用各种豆类加大米、土豆煮粥，再加上用麦面或荞麦面切成菱形柳叶片的"麦穗子"，或者是做成小圆蛋的"雀儿头"，出锅之前再入葱花油。和陕北一样，这天全家人只吃腊八饭，不吃菜。

图38　广式煲粥

如果在"腊八粥"内再加羊肉、狗肉、鸡肉等，就使腊八粥营养滋补价值倍增。对于高血压患者，不妨在粥里加点白萝卜、芹菜；对于经常失眠的患者，如果在粥里加点龙眼肉、酸枣仁将会起到很好的养心安神的作用；何首乌、枸杞子具有延年益寿的作用，对血脂也有辅助的调节作用，是老年人的食疗佳品。燕麦具有降低血中胆固醇浓度的作用，食用燕麦后可使血糖值的上升变慢，在碳水化合物食品中添加燕麦后可抑制血糖值上升，因此对于糖尿病以及糖尿病合并心血管疾病的患者，不妨在粥里放点燕麦。大枣也是一种益气养血、健脾的食疗佳品，对脾胃虚弱、血虚萎黄和肺虚咳嗽等症有一定疗效。

三、古人养生爱汤羹

养生学是大众健康科学，《黄帝内经》对它的功能进行了解释，并对其发展提出了要求。《素问·天元纪大论》说："上以治民，下以治身，使百姓昭著"，要求人们"推而次之，令有条理，简而不匮，久而不绝，易用难忘，为之纲纪"。从中我们可以看出，养生学对统治者来说，主要是为了调治百姓的疾苦。而对普通民众来说，则是用来保养自己的身体。所以我们主张要对养生的道理加以推演，使它更清楚明白，更有内涵，这样才能永远相传不会绝亡。这些观点和主张，有利于我们更准确地理解中华养生文化，对于探寻中华传统养生文化的奥秘，为当代大众养生和大众健康教育服务，具有非常重大的意义。

饮食养生作为养生文化的内容之一，内涵极为丰富，关于饮食养生的研究典籍浩如烟海。按照"简而不匮，易用难忘"的要求，我们从服务普通民众养生的角度来提炼养生的精粹，就可以概括为"九个五"：五畜为益，五谷为养，五菜为充，五果为助；五时为顺，五方为宜，五态为本；五味调和，五补为用。这九个五，就是所谓的养生要诀。

图39　西洋菜蜜枣猪骨汤

饮食的基本问题是什么？简单而言就是吃什么和怎样吃。中华饮食养生文化具有如此恒久的生命力，是因为饮食养生文化有效地解决了饮食的基本问题。所谓九五要诀，简单概括了中华传统中饮食养生文化的核心思想。神农之后中国人的食物结构是："五谷为养、五菜为充、五畜为益、五果为助。"这个食物结构的合理性逐渐被世界所认同。以中国传统哲学中的"整体观"为指导研究关于食性的规律，于是又提出了"五味调和"这一观点，并将其作为饮食养生的基本原理，最后形成了"性味归经"的理论，这个理论成为养生学中最基础的理论。食物结构和食性研究就是关于食物是什么样以及其食物的作用是什么的科学解读，从中回答了"吃什么"的问题。

九五要诀的总结提出，基本表明了中华饮食养生文化在吃什么和怎样吃这个饮食基本问题上所达到的高度，是饮食养生中最基本的要诀，简洁而有概括力。九五要诀一共36字，普通人从字面上就可理解其大意，所包含的内容也都是日常生活中常见的。

九五要诀的基本含义：

1.五谷为养

所谓"五谷"，有很多不同的意思，最主要的有两种：一种指稻、黍、稷、麦、菽（大豆）；另一种指稷（杭米、粟）、麻（芝麻）、大豆、麦、黄黍。二者的区别主要是有麻无稻与有稻无麻，这种区别与我国古代粮食作物的演变有关。五谷并不仅仅是指五种具体的东西，它是对粮食的一种泛指，其中所列的五种谷物，也是从性味的角度列举的代表品种。《灵枢·五味》说："杭米甘、麻酸、大豆咸、麦苦、黄黍辛"。根据现代营养学的观点，薯类也是粮食的一种。一般来说，稻米、小麦面粉是细粮；除稻米、小麦面粉以外的其他粮食是粗杂粮。所谓五谷养生，包括细粮和粗粮，尤其不可缺少的是豆类。

五谷为养，主要是说要依靠五谷来养生，五谷就是养生的基础。《素问·平人气象论》中说："人以水谷为本，故人绝水谷则死"。五谷的特点决定五谷在养生中具有非常重要的作用。第一，谷物的营养最丰富。人体机能进行正常生理活动、生长发育和体力活动的主要热能来源是碳水化合物，谷物是含碳水化合物最多的食物，是供给机体热量的最主要来源，也是植物蛋白质、B族维生素的重要来源，还有一定量的膳食纤维和维生素E。第二，谷物容易被消化并能更好地被人体吸收。谷物提供热能的结构简单，在人体内能迅速氧化分解，短时间内产生大量热能，其分解物无毒性且容易直接排出体外。第三，其他事物易于弥补谷物所缺乏的营养。例如，脂肪是供热量比较多的营养素，谷物虽然含有的脂肪少，但可补充一定的动物性食物，因以谷物为主，人体内含糖类成分多，可帮助氧化产生热量；如果以动物性食物为主，则因缺乏糖，影响脂肪氧化产生热量而产生酮体，酮体过多会引起体内中毒。第四，谷物可长期保存不变质。谷物经过干燥处理后可以长期保存而不变质,既保证了食物的安全性,又便于储存,从而保证了食物供应。

我国将食物划分为主食、副食,并形成以谷物为主食的膳食传统。五谷为养的最基本要求就是:以主食为主、搭配粗粮和细粮。

2.五菜为充

古代的五菜是指葵、韭、藿、薤、葱。《灵枢·五味》说:"葵甘、韭酸、藿咸、薤苦、葱辛"。五菜是从性味的角度列举蔬菜的代表,泛指各种蔬菜。蔬菜种类繁多,现代营养学根据食用部位的不同分为根菜类、茎菜类、叶菜类、花菜类、瓜菜类、茄果类、菌藻类及杂菜类。

古人对蔬菜的研究,很注意五色的养生功效。五色是从性味的角度列举的典型颜色,指黄、青、黑、赤、白。《灵枢·五味》说:"五色:黄色宜甘、青色宜酸、黑色宜咸、赤色宜苦、白色宜辛"。古人认为,五色宜五味,五味合宜五脏。五色主要来自于蔬菜,同时五谷、五畜、五果中也有一些。

现代营养学研究表明,除维生素C的含量与颜色关系不密切外,蔬菜中的几种重要营养素与蔬菜颜色深浅密切相关。一般来说,颜色越深,它的营养价值越高。研究表明蔬菜的颜色对人体健康有好处。于是国内外科学家致力于培植新品种,从而让蔬菜的颜色变得丰富多彩起来。

蔬菜弥补五谷营养不足的方式主要是给人体提供各种各样的维生素、膳食纤维和多种矿物质。蔬菜中含有大量的维生素B2、维生素C和胡萝卜素,并且各种蔬菜都含有膳食纤维,同时蔬菜中也含有一定的钙、磷、钾、镁和铁、铜、磺、钴、氟等矿物质。

蔬菜的营养成分不全面。例如蛋白质、脂肪、碳水化合物等宏量元素,人体不能从蔬菜中直接获得这些。所以,蔬菜有利有弊,它的主要作用是补充维生素、膳食纤维和多种矿物质。在食物不足时,蔬菜可以充饥,但如果每天吃过多的蔬菜,甚至把蔬菜当作一日三餐,则会造成人体热能不足、营养不良。

我们应该以五谷为主,以五菜为辅,这样不仅可以让我们的身体不感到饥饿,还能满足人体所需要的基本营养,对身体健康产生莫大的帮助。

3.五畜为益

五畜一般指的是牛、犬、猪、羊、鸡。《灵枢·五味》说:"牛甘、犬酸、猪咸、羊苦、鸡辛"。五畜也是从性味的角度列举的代表性动物食品,它泛指动物性食品。五畜包含了水、陆、空三个空间,是生存空间最广阔的物种。现代分类为兽类、禽类、水产类及蛋类、乳类。

在古代,人们把五畜作为生活的主食,从一些古籍的记载中我们可以看到主食演变的痕迹。《新语·道基篇》说："民人食肉、饮血、被毛,至于神农,以为行虫走兽难以养民,乃求可食之物,尝百草之实,察酸苦之味,教民食五谷"。《淮南子·修务训》说："古者民茹草饮水,采果木之实,食蠃蚌之肉,时多疾病毒伤之害,于是神农乃始教民播种五谷"。以上可以看出,在采集狩猎时代,人们一般的食物是飞禽走兽、野果蔬菜。后来人数不断增长,食物供给不够,社会中各种病毒伤害,让神农不得不想办法寻找更多的食物。于是人们渐渐开始播种五谷,以五谷为食,进入农耕文化和农业文明时代。从此,主食由五畜逐渐转变为五谷。

五畜的作用是给人体提供蛋白质、热量以及脂肪,而且五畜产生热能的效率比五谷要高。缺点是一旦五畜的蛋白质和脂肪含量超过人体的需要值,就会引起各种疾病或者不适。吸收过多的蛋白质,代谢后会在人体的组织里留下有毒物质,久之引起自体中毒;动物类脂肪大多数为饱和脂肪酸,摄取过量则会造成沉积,不但易患动脉硬化,而且伤害血液循环,更可能诱发癌变。

五畜也与五气、五香有关。五气一般指臊气、焦气、香气、腥气、膻气;五香通常指茴香、花椒、大料、桂皮、丁香,是烹调动物性食物的五种主要香料。五香的作用是为了把有腥味、臊味等各种不好味道的食品变得清香扑鼻,让人们更好地享受人间美食。

五畜的作用是补益,有利有弊。合理食用动物性食品,对人体健康大有裨益,同时能使人的体格强壮,精力旺盛,但不能食用过多。人体需要量与热能消耗量密切相关,五畜的补益要尽力达到供需平衡的状态。

4.五果为助

五果主要指:枣、李、栗、杏、桃。《灵枢·五味》说："枣甘、李酸、栗咸、杏苦、桃辛。"五果是五种性味的代表,泛指各种果类。现代一般把果类分为:仁果类、核果类、坚果类、浆果类、柑橘类、什果类及热带果类。

果类具有它自身的营养成分,这些成分是一般物质所不具备的。多吃果类能充分补充人体所需要的各种维生素,增强人体抵抗力,并且还可以维持骨骼、肌肉、血管的正常功能。果类中存在的丰富的葡萄糖、果糖、蔗糖,这些糖分能直接被人体吸收,从而产生热量;果类含有各种有机酸,通过刺激消化液分泌来帮助消化食物;果类含有较多的矿物质,对保持体内酸碱平衡有很大功效;果类还含有纤维素、半纤维素、果胶,这样就能促进肠蠕动,从而让体内废物及有毒物质更快排泄。

果类所含的营养成分,大多数是微量元素和维生素,人体需要量不大,但却是人体必需的,不能过多食用。食用过多会对身体有很大损害。例如,食用过多的果糖导致人体缺铜,人体缺铜就导致血清胆固醇增高从而引起冠心病。果类所含的营养成分,有的比例不适当,食用过多会加剧比例失调,打破体内营养素平衡。例如,苹果中所含钾是钠的25～100倍,钾与钠的比例过于悬殊,不利心脏、肾脏健康;有的果品性寒或性温,多食可能诱发一些疾病。

五果的作用是辅助,是助益,我们从果类中获取所需要的微量元素和维生素,有助人体健康,需要注意的是不可过量。每次食用量要少,最好不断吃不同的果类,这样既能补充身体所需的不同维生素,还能保持体内维生素的平衡与稳定。

5.五味调和

五味,指甘、酸、咸、苦、辛。在古书中,主要论述的是这五味,也会涉及涩味和淡味。古代提倡药和食物一起食用,因为药有药的作用,食物有食物的作用。味,就是古人对食物食性的一种认识。

食物养人,是通过味来实现的。味存在于五脏之气,不同的味在不同的人体器官发生作用,这样五味便与五脏及其他重要器官建立了非常重要的联系。"胃者,水谷之海,六腑之大源也,五味入口,藏于胃,以养五脏气"(《素问·五脏别论》)。"五味各走其所喜:谷味酸,先走肝;谷味苦,先走心;谷味甘,先走脾;谷味辛,先走肺;谷味咸,先走肾"(《灵枢·五味》)。"酸走筋,辛走气,苦走血,咸走骨,甘走肉,是谓五走也"(《灵枢·九针论》)。

味对人体有利有弊。过多食用五味,产生的不良后果就是对身体造成损害。"阳之所生,本在五味,阴之五宫,伤在五味。是故味过于酸,肝气以津,脾气乃绝。味过于咸,大骨气劳,短肌,心气抑。味过于甘,心气喘满,色黑,肾气不衡。味过于苦,脾气不濡,胃气乃厚。味过于辛,筋脉沮弛,精神乃央。"(《素问·生气通天论》)。

五味均衡调和,才可以保人体健康百岁。在此基础上,古人提出"谨和五味"的养生法则:"是故谨和五味,骨正筋柔,气血以流,膝理以密,如是则骨气以精,谨道如法,长有天命"(《素问·生气通天论》)。

在传统的医学以及养生学上,我国讲究从四气五味分析食物的作用。四气指的是寒、热、温、凉,五味指的是甘、酸、咸、苦、辛。以四气五味为根本而形成的性味归经理论,是中药学的基础理论。

因此,如何正确饮食或者养生,一定要认真了解食物的作用与禁忌,要依据食性选择食物,从而达到补充气血津液、协调阴阳平衡的养生目的。要注意的是在食疗时,食物的食性显得尤为重要。

　　6.五时为顺

　　五时,是指春、夏、长夏、秋、冬。春天温暖、夏天炎热、秋天干燥、冬天寒冷是五时的气候特点。一年有春夏秋冬四个季节,传统养生学一般将立秋到秋分的这段时间称为长夏,主要的特点是湿。湿与人体脾脏关系最大,长夏是健脾、养脾、治脾的重要时期,所以提出长夏的概念以专门研究如何防湿健脾,然后就形成了四季五时的划分。在古籍中,我们常可见四时、五时这样两种不同的名称,四时指四季,五时其实指的是四季中包含长夏这个特殊时期。古人认为,天有"寒、暑、燥、湿、风"五气,有了五气的交替变换,才形成了季节的不断更替。

　　古人认为,最好的养生是顺应四季的规律。《素问·四气调神大论》说:"夫四时阴阳者,万物之根本也。所以圣人春夏养阳,秋冬养阴,以从其根,故与万物沉浮于生长之门。逆其根,则伐其本,坏其真矣。故阴阳四时者,万物之终始也,死生之本也。逆之则灾害生,从之则苛疾不起。是谓得道"。四季不断变化是有其规律的,只有掌握了四季变更的规律,并尊重规律,与万物共同发展,才能达到养生的根本目的。

　　在顺应时令养生中,古人要阐述疾病发生的季节性原因,一般都是从气候与五脏的关系中来说,其中一定要关注的是不正常的气候。《素问·金匮真言论》说:"八风发邪,以为经风,触五脏,邪气发病。所谓得四时之胜者,春胜长夏,长夏胜冬,冬胜夏,夏胜秋,秋胜春,所谓四时之胜也"。其中所谓的邪气就是说某个季节出现了对它不利的季节性气候,这种气候侵犯经脉,使五脏发生异常。

　　对于顺时养生的方法,古人有很多记载。《素问·脏气法时论》进行了纲领性阐述:"肝主春,足厥阴、少阳主治,其日甲乙;肝苦急,急食甘以缓之。心主夏,手少阴、太阳主治,其日丙丁;心苦缓,急食酸以收之。脾主长夏,足太阴、阳明主治,其日戊己;脾苦湿,急食苦以燥之。肺主秋,手太阴、阳明主治,其日庚辛;肺苦气上逆,急食苦以泄之。肾主冬,足少阴、太阳主治,其日壬癸;肾苦燥,急食辛以润之,开腠理津液,通气也"。这其中就分析了五时与五脏的关系,还有五味调养的方法。

　　顺时养生是我国古代养生文化的重要内容。从视角的不同可以分为四季养生法、五时养生法、二十四节气养生法,这些方法没有根本的区别,只是操作起来的简易程度不一罢了。作为一个养生的人,一定要树立顺应自然变化规律的科学养生观,这是养生的关键所在。

7.五方为宜

五方指东、南、西、北、中。在古代就有发现说,"地有高下,气有温凉,高者气寒,下者气热"(《素问·五常政大论》),在不同地理环境条件下生活,会有不同的结果产生。水土性质、气候类型不同,所产的食物就各不相同,这就是一方水土养一方人。不同的环境形成不同地区人的生活习惯和生存方式。

根据现代环境地质学研究,在地质历史的发展过程中,地壳表面元素会逐渐分布不均一,这种不均一性在一定程度上影响和控制着世界各地区人类的发育,造成了人类不同地区之间的显著差异。

地域对人体健康也会有较大影响。在《素问·异法方宜论》中,作者详尽说明了东、南、西、北、中五方的地理环境、自然气候条件的差异,人们饮食特点的不同对人体生理活动和疾病发生的关系。东方"其民食鱼而嗜咸","其病皆为痈疡";西方"其民华食而脂肥","其病生于内";北方"其民乐野处而乳食,脏寒生满病";南方"其民嗜酸而食胕","其病挛痹";中央"其民食杂而不劳,故其病多痿厥寒热"。从文字中可看出,地域性饮食偏差,正是区域性多发病的直接原因。饮食养生的一个重要任务,就是要纠正地域性不良嗜好。

8.五态为本

五态,指五种体质状态。《黄帝内经》从不同的角度对人的体质做出了分类,主要指出了两种分类方法,《灵枢·阴阳二十五人》中将人的体质分为金、木、水、火、土五类人,然后再根据五色(青、赤、黄、白、黑)的不同,将五类人区别为二十五种人的体质特点。《灵枢·通天》把人分为太阴、少阴、太阳、少阳、阴阳和平的"五态之人"。

体质状态是内在与外在的统一。过去,人们对五态的考察通常使用"从外知内"的方法,"别其五色,异其五形"(《灵枢·阴阳二十五人》),分别研究五官、五华(爪、面唇、毛、发)、五液(泪、汗、涎、涕、唾)、五体(筋、脉、肉、皮、骨)、五脏、六腑,结合考察五志(怒、喜、思、悲、恐),分析年龄、性别,在内、外的综合考察下最后得出结论。五态通过五色来表现,内在主要以五脏为中枢、以心为先导、以肾为基础,形成以元气(肾气)自然盛衰规律为中医学、养生学的理论基础,建立自成体系的体质学说。

过去人们认为,饮食养生一定要看人的五态,"审有余不足,盛则泻之,虚则补之,不盛不虚,以经取之,此所以调阴阳,别五态之人者也"(《灵枢·通天》),"视其寒温盛衰而调之,是谓因适而为之真也"(《灵枢·经水》)。不同的身体素质,就要有不同的饮食方式。金型人体质偏燥,燥易伤津,饮食要以清淡为主,不能过冷或过热。木型人多风气,常会有心脑血管疾病,饮食上要细软易消化,尽量避免辛辣刺激食物。水型人劳心多虑,易引起情绪低落,易疲劳,常感腰酸背疼,饮食以适当增加热量,保证蔬菜、水果和肉类的充足供给为原则。火型人阳气偏盛,所以要多保养心脏、养心安神,饮食宜清淡,多吃生津止渴、富含纤维素的食物。土型人体质湿气偏重,血运行偏缓慢,易形成血黏,饮食宜量小清淡,稀软易吸收。

人的体质会根据年龄的变化而变化,脏腑功能由弱到盛,由盛到衰,所以要根据年龄的差别调补以不同的饮食。一般来说,小孩子是稚阴稚阳之体,身体各方面没有完全发育,脏腑脾胃还很虚弱,吃得不好就容易生病,所以给他们的饮食选择要偏向于容易消化的食物。老年人脏腑等逐渐衰弱,气血不足,所以给他们的饮食选择要偏向于补益气血的食物。

男女饮食也有区别。他们性别不同,身体素质不同,生理特点不同,饮食也就有所不同。女子以血为用,有经、带、胎、产的生理特点,如经期前后,最好要温食,从而更好地适应血气喜温恶寒的特性;生产后气血虚弱,且血液上行化乳,所以要用血肉有情之品,补益气血。

学界对体质的研究已有很长历史,到目前为止,国内外已有三十多种体质类型学说。对于普通民众养生来说,养生主要是为了使自己的身体更健康,所以我们在此之前一定要弄清自己的体质状况,从自身身体情况出发,有针对性地安排饮食。

9.五补为用

五补,是指升补、清补、淡补、平补、温补等五种补益方法。所谓补益,主要有修补、补充、滋补的意思,从饮食养生的角度来看,就是通过食用具有补益作用的食物,从而达到调整人体阴阳,保持人体平衡的目的。

五补,主要是实现五时为顺、五方为宜、五态为本的基本原理,以及因时制宜、因地制宜、因人制宜原则的具体实施方法。

升、清、淡、平、温,是指补益作用和功能。其实,我国食补文化非常丰富,方法也多种多样。根据分类方法不同,类型也多种多样,这些都与五脏有关,而五脏虚损主要是气、血、阴、阳。所以,补益的对象针对肝虚、心虚、脾虚、肺虚、肾虚及气虚、血虚、气血两虚、阴虚、阳虚、阴阳两虚。

进补的核心是制宜,就是说,选用的食物要对人的身体刚刚好。制宜关键是五味宜五脏,因此,有五入、五欲、五宜、五伤、五禁的说法。

五入、五欲、五宜是分析五味与五脏的关系,达到五味适宜五脏的要求。"五味所入：酸入肝，辛入肺，苦入心，咸入肾，甘入脾。是为五入"(《素问·宣明五气》)。"故心欲苦，肺欲辛，肝欲酸，脾欲甘，肾欲咸。此五味之所合也。(《素问·五脏生成》)"。故有："肝色青，宜食甘，粳米牛肉枣葵皆甘。心色赤，宜食酸，小豆犬肉李韭皆酸。肺色白，宜食苦，麦羊肉杏薤皆苦。脾色黄，宜食咸，大豆豕肉粟藿皆咸。肾色黑，宜食辛，黄黍鸡肉桃葱皆辛"(《灵枢·五味》)。

五伤、五禁是指五味与人体五脏之间的不适宜以及危害或避害的方法。"多食咸，则水味太过而伤心，其脉凝泣而色变矣；多食苦，是火味太过而伤肺，则皮槁而毛落矣；多食辛，是金味太过而伤肝，则筋缩急而爪干枯矣；多食酸，是木味太过而伤脾，则肉胝而唇掀揭矣；多食甘，是土味太过而伤肾，则骨痛而发落矣"(《素问·五脏生成》)。"五味所禁：辛走气，气病无多食辛；咸走血，血病无多食咸；苦走骨，骨病无多食苦；甘走肉，肉病无多食甘；酸走筋，筋病无多食酸，是谓五禁，无令多食"(《素问·宣明五气》)。

因此，我们在运用五补法时，要根据食物的属性和人体的需要，选择那些适宜于自己身体的食物。

我们都知道，吃得过饱、肥甘厚味太重对身体不好，于是提倡少食，有益于身体健康的。少食是对的，但并不表明饮食应该过分的节制，比如很多女性为了减肥而节食，甚至不吃主食、肉食，只吃水果、蔬菜，长此以往身体一定会出现很多问题。

怠惰乏力。食用食物过多，胃肠道消化食物就会耗费大量的气血，从而导致人体其他组织营养不良，比如很多人都会有吃完饭后想睡觉的感觉，这种感觉就是明显的大脑血液供应不足的表现。所以，特别是体形相对肥胖或吃饭没有规律的人，他们看起来营养丰富，吃得很好，可反而无精打采，懒惰、倦怠、有气无力，常常一副没有精神的样子。这都是因为人体气血长期聚集在胃肠道消化食物，人体其他部位的脏腑组织气血供应反而不足。

胃肠疾病。由于不断的、大量的进食，胃肠道负担加重，极易损伤胃肠道。《内经》说的"饮食自倍，肠胃乃伤"就是说如果饮食超过了自己身体的需要量就会伤害肠胃。在临床上由于暴饮暴食而引起的胃病并不少见，比如胃脘胀满、疼痛、消化不良、腹泻等，时间长了就会导致胃炎、肠炎以及慢性肠道病变。

代谢障碍综合征。饮食中营养过剩，导致体内蛋白质、脂肪摄入过多，是一种变相的多食。人体不能充分代谢与利用这些营养，就会变为痰、湿等病邪损伤脏腑，从而引起疾病。《黄帝内经》说："膏粱之变，足生大疔，受如持虚。"膏是指油腻的食物，粱是指精美的食物，二者相合表示过食肥美油腻的食物，这不仅可以使人变生疔疮类疾病，而且这种体质容易招致任何疾病，罹患疾病就像拿着空罐子装东西一样容易。《黄帝内经》说："凡治消瘅仆击，偏枯痿厥，气满发逆，肥贵人，则高粱之疾也。"这其中包括肥胖症、脂肪肝、糖尿病、高血压、心脑血管病、肢体痿废、心肺气虚等疾病，均与此类饮食有关。

提前衰老。过多肥甘食物，容易引起的另外一种损伤就是产生大量代谢产物及粪便，这些废物产生的浊气、毒素，会损害人体脏腑、经络、气血，加速人体器官的衰老、面容的损伤。我们在临床上可以看到，很多便秘的人不仅容易发生咽痛、头痛等病症，而且还会出现面部痤疮、皱纹增加、头发变白等现象。

其实，古人早就发现，适当地减少食量，对身体健康、长寿都是很有好处的。谚语说得好："吃饭省一口，活到九十九。"美国医学家通过一项实验，在大鼠体内发现了一种基因叫长寿基因，这种基因在一般情况下并不表达，也就是没有生物学活性，只有在饥饿情况下，这种长寿基因才表达其活性，延长动物的寿命。看来，适度的饥饿不仅有助于身体健康，而且有助于长寿。调查资料还显示，体形肥胖的老年人要比身体偏瘦者寿命短3～5岁；90岁以上的老人，80%都有节食的习惯。所以俗话说："有钱难买老来瘦。"这些都告诉了我们少食对健康的重要性。

下面给大家列出几种典型的具有养身功能的菜肴

1.食竹笋。曾两度出任杭州地方官的"宁可食无肉，不可居无竹"的苏东坡，在《初到黄州》一诗中大加赞赏竹笋"久抛松菊犹细事，苦笋江豚那忍说？"陆游以"色如玉版猫头笋，味抵驼峰牛尾猩"盛赞江西的"猫头笋"。郑板桥"江南鲜笋趁鲥鱼，烂煮春风三月初"的诗句，对鲜笋烧鲥鱼的赞美之情更是跃然纸上。这真可谓众所同嗜、异口同声、叫绝不已。

图40　竹笋

2.食松花。松花具有保健美容功能，在古代被列为贡品。唐朝女皇武则天十分喜欢松花，她常喜食一种用松花制作的"小精糕"。苏东坡也爱吃用松花做的食品，他把松花、槐花和杏花

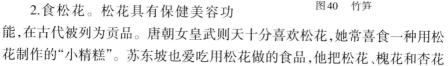

入饭共蒸,密封几日后得酒,并歌咏道:"一斤松花不可少,八两蒲黄切莫炒,槐花杏花各五钱,两斤白蜜一起捣,吃也好,浴也好,红白容颜直到老。"

3.食白菜。大白菜因其"青白高雅,凌冬不凋,四时长见,有松之操",故又名菘。范成大有诗曰:"拨雪挑来塌地菘,味如蜜藕更肥浓。朱门肉食无风味,只作寻常菜把供。"喜食"东坡肉"的苏东坡,也以"白菘类羔豚""白菜赛糕肠"来赞美它。他常用菘菜、蔓菁、荠菜等,加入米粉、少量生姜自制成"东坡羹",并赋诗云:"开心暖胃闲冬饮,知是东坡手自煎。"

中华民族的饮食养生文化秉承着"道以养生,和以健人"的传统,滋养着华夏儿女,构筑着阴阳平衡、万物相和的饮食世界。通过"五谷为养、五菜为充、五畜为益、五果为助、五味调和",在互补互益中达到天人和谐的精神境界,使人健康长寿。无论是古人,还是现代社会中的人,都能在包含养生中收获营养、收获健康、收获心境。这便是中华民族饮食养生文化的魅力。

四、"老火靓汤"在广东

老火靓汤又称广府汤,是广东地区汉族传统名菜。即广府人传承数千年的食补养生秘方,慢火煲煮的中华老火靓汤,火候足,时间长,既取药补之效,又取入口之甘甜,是调节人体阴阳平衡的养生汤,更是辅助治疗恢复身体的药膳汤。广府,即为广府民系,广义上包括全广东、香港、澳门及海外所有地区的八千万粤语族群(世代以粤语为母语的族群)。而煲汤是广东人的习惯也是专利。广东人喝汤的历史来源已久,这与岭南水土湿热有关。而且广东人喝汤和山西人喝醋、兰州人吃牛肉面一样,成了一个地方的文化。广东人认为喝汤最有营养,适合养生,所以广东人煲汤用料都精细讲究,汤的种类也会随着季节的转换而改变,而且煲汤多用砂锅,因为这样煲的汤才鲜浓、够火候,才算老火靓汤。而喝老火汤是广东传统的养生之道。

所谓老火靓汤,是指火候十足、味道鲜美、熬制时间长的汤水,原理源自于中医药理的食补良方。广东的老火汤不仅好喝,还有调理气候对人的影响、调整身体状态的功效。所以在煲汤的汤料选用上也特别注重食材搭配,讲究营养,擅长配以中药,根据人体所需,应季而补,有去热毒的,有瘦身的,有养颜的,有补身的。而且多采用陶煲、砂锅、瓦锅来煲汤,沿袭着传统的烹调方法,即保留了食材的原始真味,汤汁也较为浓郁鲜香,滋补身体的同时,又有助于消化吸收。有专家表示,广东的煲汤既可作为食物食用,也可作为药物进行调治,是典型的药食同源的用法。

广东人有无"汤"不成席一说。无论是在家里吃饭还是到酒楼宴客,首先上桌的必定是汤。广东人的煲汤和外地人平时吃饭烧的汤是有着本质的区别的。对于广东人的煲汤热情,很多外地人都感到匪夷所思,也奇怪广东人什么都可以拿来煲汤。比如用各种药材、海鲜、青菜、水果等,而且老火汤因为煮的时间长,材料的味道都煮到了汤里,煲汤用的那些材料自然就没味道了,所以广东人一般只喝汤,汤渣基本不吃。

老火靓汤的特点:

一是养生滋补。长期的生活体验,令广东人把汤看作最佳的营养品,按不同的季节、年龄、性别、体质、健康状况或特殊的生理需求,选择不同的汤,收到不同的效果,或是健康长寿,或是强身壮体,或是养颜美容,或是清补滋润,或是消暑清热等。中医讲的养生不是单纯指年纪大的、滋补的,而是调节人体阴阳平衡,对身体的保养都叫养生,小孩子也能养生。在夏天里,喝凉的汤同样是养生,因为可以调节夏天的清暑、清热。

二是辅助治疗各种疾病。根据不同的疾病、疾病的程度,选取相适宜的药材,肉类搭配,煲成特点鲜明的汤品,对疾病的好转、身体的恢复起到很好的作用。综合了广府汤的美食、养生和辅助治疗疾病的三大特点,即中医所讲的"上工治未病"。所谓"上工"就是指古代最好的医生、大夫等有高超工艺技术的人,"治未病"就是按照节候和人体状况,要做哪种饮食调节,在没生病之前,帮你治疗。现在西医都认同中医治未病的思想,比现代医学的亚健康还要前进一步。

老火靓汤的种类也很多,这里列举具有代表性的几种。

1.排骨海带汤

食材:猪排骨300克,海带100克,精盐、料酒、葱段、姜片、麻油各适量。具体步骤为:①将海带温水泡发,洗净后切成菱形。②将猪排骨洗净,顺脊骨切开。斩成段,放沸水锅中焯一会,捞出再用温水冲洗干净。③锅中放排骨、清水、生姜、葱、料酒;烧沸后撇去浮沫。④用小火炖至肉熟,加入海带、精盐烧至入味,拣出姜、葱即可。另一种做法是将生排骨、海带加冷水,用中火烧开。快开的时候,把面上的沫撇掉。开,改微火,保持似开非开的状态,至排骨烂,加盐即可。吃的时候,在碗里加胡椒、少许味精。

2.鹌鹑党参淮山汤

食材:鹌鹑1只,党参10克,淮山20克,油盐适量。其主要功效是滋养肝肾,补益脾胃。制作步骤:首先将鹌鹑剖开,去掉内脏,洗净后切成块备用;党参、淮山分别洗净,与鹌鹑一起放进砂锅内,加清水适量,用大火煮沸;再用文火继续煮1小时,最后加上调料即可。

3.茅根猪肚汤

食材：猪小肚500克，白茅根50克，玉米须50克，红枣适量，油盐适量。功效：清热去湿，利水消肿。制作步骤：①将猪小肚去掉肥油脂后切开，用盐、油、生粉揉搓，再用水冲洗干净，放进开水锅中煮片刻，取出后用冷开水过一下；白茅根、玉米须、红枣（去核）洗净。②将所有材料一起放进开水锅内，用武火煮沸后改用小火煮2～3个小时，调味后即可饮用。

4.鲩鱼尾煲黑豆汤

原料：鲩鱼尾约400至500克，黑豆120克，红豆80克，红萝卜200克，红枣4个，陈皮小半个，姜二片，水适量，盐少许。腌料：盐半茶匙，酒二茶匙。制作步骤：①鱼尾去鳞，洗干净后抹干水分，加入腌料腌10分钟左右，烧热少油，爆香姜片，再把鱼尾煎至两面黄。②黑豆洗干净后吹干豆身，用慢火炒至豆衣裂开；洗干净红枣和红豆，红枣去核；陈皮浸软去瓤；红萝卜削皮后切块。③加水适量，放入陈皮先煲滚，将各材料加入煲滚一刻钟，然后改慢火再煲两小时，下少许盐调味即成。此汤能补中益气，对体弱的妇女尤为适用。

南方嘉木中国茶

　　茶在中国有着久远的历史,是中国人饮食习惯中不可或缺的重要内容。当茶被长期使用,人们将饮茶升华为某种精神享受时,茶文化就应运而生了。在经过几千年的历史积淀后,茶逐渐成为中华民族文化品质的象征。它反映了中国人对人性、感情、行为等方面的理解与思考。

　　从先秦两汉至今,茶经历了两千多年的发展。早在周王朝时期,与茶叶有关的记载就已出现。在长达近千年的积淀后,茶文化终于在唐代兴盛,不但产茶数量剧增,制茶技术革新,而且茶叶还作为文化交流的载体被传播到国外,扩大了唐王朝的影响势力。宋元时,茶文化渗透在社会各个阶层,它不单单是饮食的一部分,甚至成为人们

图41　茉莉花茶

生活礼俗、交流沟通的重要工具。到明清时,茶文化又有了新的突破,除了出现大量专门研究茶的典籍外,茶文化还突破了茶叶本身,开始在茶壶、茶杯上寻找新的突破口,并最终将制作茶具的工艺推到了顶峰。

　　古时为茶著书立说者甚多,最著名的莫过于陆羽和他的《茶经》,《茶经》的问世代表了中国茶文化的形成,无论对当时还是后世都有着深刻的影响。时至今日,茶文化在诸多民族中形成了多样的形式和风格,继续在中国人的日常生活中充当着重要角色。

　　中国人好饮茶。饮茶品茗中的风雅乐趣常常在文人墨客的笔尖尽情挥洒。文人在斗茶、分茶的游戏间迎客送友,浅斟低唱,书写下一篇又一篇茶诗、茶词,不但增添了文学史的色彩,还在品茶啜茗中感悟出养生之法。

　　时至今日,茶文化的影响已突破国界,传播到世界的各个角落。它拓宽了人们的审美视角,丰富了现代人的文化生活。茶叶包含着积淀千年的中

南方嘉木中国茶
NANFANG JIAMU ZHONGGUOCHA

国传统文化,在人们谈笑品饮间流入心中。

一、发乎神农氏,闻于周鲁公

中国是茶叶的故乡,作为茶文化的发祥地,广袤的中华大地有着悠久的产茶史和多彩的饮茶习俗。"茶"字最早见于唐朝药典《唐本草》中,但这并不意味着茶的历史起源于此。事实上,早在先秦时期与茶相关的文献记载就已出现。《诗经·邶风·谷风》有言:"谁谓荼苦,其甘如荠。""荼"在《尔雅》中释为"苦菜",东晋郭璞注曰:"树小如栀子,冬生叶可煮作羹饮。今呼早采者为荼,晚去者为茗。"东汉许慎《说文解字》:"苦荼也。"臣铉等注曰:"此即今之茶字。""荼"与"茶"仅一画之差,无论是从字形还是字义上看,两字都有相近甚至相同之处。近代学者黄现璠又对二者的关系做了更加具体的说明:"《九经》无茶字,或疑古时无茶,不知《九经》亦无灯字,古用烛以为灯。于是无茶字,非真无茶,乃用荼以为茶也。不独《九经》无茶字,《班马字类》中根本无茶字。至唐始妄减荼字一画,以为茶字,而茶之读音亦变。荼,初音同都切,读若徒,诗所谓'谁谓荼苦'是也。东汉以下,音宅加切,读若磋;六朝梁以下,始变读音。唐陆羽著《茶经》,虽用茶字,然唐岱岳观王圆题名碑,犹两见荼字,足见唐人尚未全用茶字。只可谓茶之音读,至梁始变,茶之体制,至唐始改而已。"(《古书解读初探》)可见"茶"乃"荼"转变而来。

茶在中国有着悠久的历史,而饮茶的起源一直众说纷纭,民间有很多种关于"茶祖"的传说。相传三国时期诸葛亮南征时,在哀牢山附近,军中将士瘴气中毒,无法行军,当地少数民族蛮濮人送来姜茶汤解毒,并教会了汉军将茶叶含在口中以防瘴气。诸葛亮见到茶叶有此功效,便大量采购茶叶,赠予沿途其他少数民族,把茶叶发扬光大,除此之外还在所到之处传授农耕技术,受到了各族欢迎。在西南边陲的基诺族人称茶树为"孔明树",称茶山为"孔明山",大概和这个传说密切相关。还有一说是公元前53年,西汉药农吴理真在蒙顶山山顶发现野生茶叶并亲手种下七棵茶树,这七棵茶树使得吴理真成为世界上种植茶叶的第一个人,也同样被当地人称作"茶祖"。此外还有一些少数民族的传说,如布朗族的祖先叭岩冷发现了茶叶并人工培育了茶树。在布朗族的语言里,茶的名字叫"腊",意为绿叶,而云南的傣族、哈尼族等也都称茶叶为"腊"。当然,这些都是传说。在我国的第一部茶叶历史典籍《茶经》里,关于茶祖有"茶之为饮,发乎神农氏"这样的说法,而《神农本草经》里提到:"神农尝百草,日遇七十二毒,得茶而解之"。由于神农氏在中国历史上的地位和《茶经》在茶文化典籍里的特殊性,提到"茶祖",一般情况下大家都会想到神农,"神农尝百草"时发现茶,也就是理所当然的了。晋代常璩著有《华阳国志》,这是第一部以文字形式记录茶的典籍,其中《巴志》卷有载:"周武王伐纣,实得巴蜀之师……茶蜜、灵龟、巨犀、山鸡、白雉、黄润鲜粉皆纳贡之。"可见,早在西周时期,茶就已经被视为十分珍贵的物品了。除了上述神农说和西周说外,饮茶还被记录在《僮约》中。《僮约》乃西汉王褒所作,其文曰:"舍中有客。提壶行酤。汲水作哺。涤杯整案。园中拔蒜。斫苏切脯。筑肉臛芋。脍鱼炰鳖。烹茶进具。哺已盖藏……归都担枲。转出旁蹉。牵牛贩鹅。武阳买茶。""烹茶进具""武阳买茶"说明西汉时期茶被视为一种待客之礼,它可以在市场上自由交易,并成为饮食过程中的一项重要环节。

唐代被公认为茶叶的"黄金时代","茶兴于唐"是中国史籍上通用的说法。唐代以前,饮茶并不是全国盛行,相比之下,南方人更有饮茶之好。唐代的贡茶推动了茶的兴盛,而朝廷将制茶中心从之前的巴蜀地区转移到了江南地区,此时江苏宜兴的阳羡茶和浙江长兴的顾渚紫笋茶都是有名的贡茶。唐代时宫廷里流行喝茶,清明茶宴就是在清明前后皇帝收到贡茶,先以茶祭祀祖宗,然后赐给宠臣,并摆"清明茶宴"与群臣同乐。唐人张文规曾在《湖州焙贡新茶》记录过茶宴的情景,"风辇寻春半醉回,仙娥进水御帘开,牡丹花笑金钿动,传奏吴兴紫笋来。"正是有了宫廷的带动,全国茶叶的生产与发展都有了很大的提高,并逐渐发展为一种社会流行风尚。唐人言:"茶道大行,王公朝士无不饮者。"《旧唐书》载:"茶为食物,无异米盐,于人所资,远近同俗。既祛竭乏,难舍斯须,田间之间,嗜好尤切。"由此可见,无论是王室贵族还是乡野农夫,茶已成为唐人生活中必不可少的饮品。而唐代包容与开放的经济政策,又使得饮茶之风遍布大江南北。贞观十五年,文成公主远嫁吐蕃,茶叶随之传入西藏地区。另据《新唐书》载:"尚茶成风,时回纥入朝,始驱马市茶。"茶叶也已成为北方少数民族的生活消费品。此外,茶叶的品饮和种植也开始向外传播,其中影响最大的是日本、朝鲜、越南等国家,这得力于佛教在中国的发展与繁荣。盛唐时期,日本曾派僧人前往中国进行文化交流,德宗年间,日高僧最澄到中国天台山国清寺研习佛学知识,归国后他携回若干茶种,种植于近江阪本村之国台山麓。这是中国茶种外传的最早记录。

茶在唐代的繁盛还表现在茶税制度上。西汉王褒《僮约》的"武阳买茶"是茶叶进入市场的最早记录,但茶税制度的建立始于唐中期。其实,在李氏王朝建立后的很长一段时间内,国家对于茶类生产都采取相当宽松的政策,

109

甚至放任茶叶私营的自由发展。这种政策无疑为茶业的飞速发展提供了良好的前提条件。直到德宗建中三年(782),茶、漆、竹、木开始征税,贞元九年(793)茶税征课制度正式建立,在原产地和商路要道按照品质等级征收总价值的百分之十作为茶税。此后,伴随着茶叶生产和贸易的不断发展,茶税收入逐渐成为国家财政的重要来源。

茶叶生产的迅速发展也使得茶叶的种植区域不断扩大。据相关文献记载,唐有八十个州产茶,包括今天的四川、重庆、陕西、湖北、河南、安徽、江西、浙江、江苏、湖南、贵州、广西、广东、福建、云南等十五个省市自治区,其中大部分地区所产为绿茶。唐人陆羽曾按照叶子鲜嫩程度和烘干焙炒技术的不同,将茶分为粗茶、散茶、末茶、饼茶。饼茶是经过"采之,蒸之,捣之,拍之,焙之,穿之,封之"(《茶经》)制成的饼状茶。饮用时先将饼茶烤干,蒸发水分,等冷却后碾成细末,煮时再加入盐或者其他香料,它是唐代贡茶的主要类型。据李肇《国史补》记载,唐代贡茶品目大约有十余种,有剑南"蒙顶石花",湖州"顾渚紫笋",峡州"碧涧、明月",福州"方山露芽",岳州"邕湖含膏",洪州"西山白露",寿州"霍山黄芽",蕲州"蕲门月团",东川"神泉小团",夔州"香雨",江陵"南木",婺州"东白",睦州"鸠坑",常州"阳羡"等。

继晚唐五代饮茶普及以后,宋代饮茶之风进一步吹向社会各个阶层,已达到了"富贵贫贱靡不用"的程度。尤其是民间百姓生活中,"人家每日不可阙者,柴、米、油、盐、酱、醋、茶。"(吴自牧《梦粱录》)炽盛的宋代茶风早已深入民间生活的各个方面。家有访客时,主人需敬一杯好茶,逢初一、十五,街坊邻居还要提壶点茶。茶不但代表了宋人的生活礼俗,还是人与人之间交流沟通的工具。文人雅客则视相聚品茗为雅事,在宴席之上,伴随着歌妓轻柔婉转的歌声,文人饮茶啜茗,或行茶令或唱茶词,在分茶、泡茶的过程中享受乐趣。既然饮茶被文人士子视作文学艺术的享受,那么他们在选择饮茶的环境时,也会格外的讲究。从众多茶诗、茶词来看,文人茶宴常设在清雅之地,携清风朗月,听笙笛合鸣,在歌云舞袖间享受饮茶带来的风雅闲情。饮茶亦须茶伴。酒逢知己千杯少,酒如此,茶亦如此。茶遇识趣,若有佳茗而饮非其人,或有其人而未识真趣,也是扫兴。所以,宋人强调饮茶时不光注意环境,而且也很注意茶客。

相较于唐代,宋代制茶技术有了新的突破。饼茶的制造工艺力求精美,并产生了"取象于龙凤,以别庶饮,由此入贡。"(胡仔《苕溪渔隐丛话》)的龙凤贡茶。宋代贡茶之风浓厚,除了龙凤贡茶外,还有密云龙、白茶等品种。据文献记载,宋代福建建安的北苑,以出贡茶闻名,年贡四万七千一百多斤,其采制要经过采茶、拣芽、蒸茶、榨茶、研茶、造茶、过黄七个工序。为确保贡茶品质精绝,茶叶在采制时耗费了大量的人力物力,造一斤茶饼要六百多个茶工,价格甚至达到了"一饼值四十千"的地步。宋代茶品辈出,促使饮茶在宫廷中成为一种"仪制"。据蔡绦《铁围山丛谈》记载,天子在殿前殿后召见近臣,赐坐宣茶为客礼,天子巡视宫观、寺院等大臣赴宴、朝觐均行赐茶礼。蔡京《延福宫曲宴记》也载,宣和二年十二月的一天,宋徽宗请大臣和亲王们在延福宫参加宴会,宋徽宗亲手赐茶于诸臣,大臣、亲王们无一不"饮毕皆顿首谢。"

与唐代相同的是,宋代茶文化的普及还影响到了其他少数民族。南宋与金对峙时期,宋朝饮茶礼仪、风俗传入女真族,其后又影响到党项人,自此北朝茶礼蔚然成风。茶,俨然成为一种文化,渗透于生活的方方面面,体现着宋人整体的精神与观念。

明清时期,中国茶文化又有了新的发展。首次,以茶为题的著作不断问世,其中最具代表性的是朱权所著《茶谱》一书。作者简化品饮程序,改革传统品饮茶具,形成了一套简单新颖的烹饮法。正如朱权在序中表达的那样,品茶者需"自绝尘境,栖神物外,不伍于世流,不污于时俗。""探虚玄而参造化,清心神而出尘表。"在皓月清风、明窗静牖前,追寻返璞归真,清虚自然的人生境界。这不但是作者对于品茶艺术的感悟,也是整个明代文人对茶文化内涵最深刻的表达。此外,张源的《茶录》,许次纾的《茶疏》,清人冒襄的《岕茶汇钞》又从泡茶之道上对明清茶文化做了补充和完善。其次,制茶技术不断翻新。明清时期在制茶上普遍改蒸青为炒青,同时,也使炒青等一类制茶工艺,达到了炉火纯青的程度。明清时期,除蒸青茶以外,出现了炒青茶、黄茶、白茶和黑茶,明末清初出现了乌龙茶、红茶和花茶等茶类,最终形成了我国六大茶类的基本格局。再次,饮茶用具脱颖而出。明清时期不仅注重茶具的实用价值,还讲究质地和外形装饰。清代是茶具制作的鼎盛时期,形成了陶制茶具和瓷质茶具两大类型,而以紫砂为代表的陶制茶具制作达到了顶峰,造型千姿百态、独具匠心。无论是壶身还是壶底常常雕刻书画诗词,使其艺术价值远远超越了使用价值。

二、茶圣陆羽与《茶经》

陆羽(733—804),一名疾,字季疵、鸿渐,号竟陵子、桑苎翁、东冈子,又号"茶山御史",复州竟陵(今湖北省天门市)人,中国唐代著名的茶文化家和鉴赏家。生活于唐玄宗至唐德宗年间。陆羽为人正直,讲义气,守信用,多诙谐,善言谈,生性淡泊,不慕名利,到处为家,随遇而安,尽管长寿,但一生极其坎坷。陆羽十分爱茶,《新唐书·陆羽传》记载:"羽嗜茶,著经三篇,言茶之原、之法、之具尤备,天下益知饮茶矣。"为了研究茶的品种和特性,陆羽游历天下,遍尝各地出产之茶和各地之水,常要亲身攀葛附藤,深入产地采茶、制茶。陆羽的文学修养亦十分出众,结交了颜真卿、张志和等一批名士,史书称其有文采,好深思。朝廷听说陆羽很有学问,就拜他为太子文学,不久又叫他做太备寺太祝。但陆羽对当官毫无兴趣,只是一心扑在研究茶事上,隐居于苕溪(今浙江湖州)专心著述,积累多年经验终于写出了《茶经》这部中国第一部,亦是世界第一部的研究茶的专著。全书共三卷十篇,记述详备,将茶的性状、品质、产地、种植、采制加工、享饮方法及用具等皆尽论及,称得上是饮茶史上的一座里程碑,此书开茶书之先河,后世百余种茶书都来源于此。古人称:"言茶者莫精于羽,其文亦朴雅有古意"。陆羽遂被后人誉为"茶仙",尊为"茶圣",祀为"茶神"。陆羽七十二岁时病逝于湖州天杼山。死前,他有一首《六羡歌》:"不羡黄金罍,不羡白玉杯;不羡朝入省,不羡暮登台;千羡万羡西江水,曾向竟陵城下来。"充分体现了他的人品似茶叶一般清纯。

陆羽的《茶经》,是古代茶人勤奋读书、潜心求索精神的结晶。以茶待客、以茶代酒,"清茶一杯也醉人"就是中华民族珍惜劳动成果、勤奋节俭的真实写照。茶是民族的骄傲,世界著名科技史家李约瑟博士,将中国茶叶作为中国四大发明之后,对人类的第五个重大贡献。陆羽被尊为"茶圣"或茶叶专家,基本上是他逝世以后的

图42 中式茶具和茶

事情。在他生前,他虽然以嗜茶、精茶和《茶经》一书就名播社会或已有"茶仙"的尊称,但在时人眼中,他还不是以茶人而是以文人出现并受到推崇的。这是因为在当时,茶叶虽在《茶经》问世以后已成为一门独立的学问。但时属初创,其影响和地位无法和古老的文学相比。再者,《茶经》一书是撰于陆羽在文坛上已崭露头角之后,即陆羽在茶学上的造诣,是在他成为著名

的文人达士以后才显露出来的,是第二位的成就。

天宝五年李齐物贬官竟陵时,陆羽还身在伶界,被李齐物发现后,才弃伶到"火门山邹夫子墅"读书。但至十一年崔国辅谪任竟陵司马时,陆羽便学成名遂,文冠一邑。据记载,崔国辅到竟陵以后,与陆羽"游处凡三年""谑谈永日",并把他们唱和的诗汇刊成集。陆羽与崔国辅游处三年,不但名声由崔而更加显要,同时也从崔国辅身上学到了不少学问。陆羽不但在撰写《茶经》以前,就以文人著名,就是在《茶经》风誉全国以后,以至在陆羽的后期或晚年,他还是以文人称著于世。如权德舆所记,他从信州(今江西上饶)移居洪州(今江西南昌)时,"凡所至之邦,必千骑郊劳,五浆先辣";后来由南昌赴湖南时,"不惮征路遥,定缘宾礼重。新知折柳赠,旧侣乘篮送"。所到一处,每离一地,都得到群众和友朋的隆重迎送。社会上之所以对陆羽有这样礼遇,正如权德舆所说,不是因为他茶学上的贡献,而是他才华横溢和他在文学上的地位。所以,从上述的种种情况来看,陆羽在生前和死后,似乎是两个完全不同的形象。如果说他死后,他在文学方面的成就被《茶经》掩盖,成为茶业的一个传奇的话,那么他生前茶学方面的成就被文学所掩盖。

陆羽之前的时代,茶有着药的属性。华夏民族的鼻祖神农氏终生都在寻找对人有用的植物,神农尝完百草而成《神农本草》,里面记载的植物更多是功能性质,体现了华夏人对自然的简单认识:哪些草木是苦的,哪些热,哪些凉,哪些能充饥,哪些能医病……神农氏说遇到七十二种毒,皆可以用茶来化解。而"茶"不一样。《茶经》开篇就把茶作为主体,陆羽用史家为人作传的口吻描述道:"茶者,南方之嘉木也。"自此开始了对茶的全面的定义,陆羽以不容置疑的语气对茶做了评判辞,涉及茶的产地、形状、称谓、生长环境、习性等方方面面。而茶与人的关系,就像茶自身因为生长环境有所区别一样,也需要区别看待。在陆羽看来,要喝到好茶就要花足够的心思。茶的时令、造法一旦有所误差,喝起来不仅不能提升人的精气神,反而适得其反,受其累其害,最终失茶。陆羽秉承神农衣钵,凡茶都亲历其境亲自采摘、亲自品尝对比,尽显虔诚姿态。此后,华夏人的喝茶便定格在陆羽的论述里。在《茶经》后几节中,"茶之具",谈采茶制茶的用具,如采茶篮、蒸茶灶、焙茶棚等;"茶之造",论述茶的种类和采制方法;"茶之器",叙述煮茶、饮茶的器皿,即造茶具二十四事,如风炉、茶釜、纸囊、木碾、茶碗等。"茶之煮",讲烹茶的方法和各地水质的品第;陆羽认为水有"三沸":"一沸""三沸"之水不可取,"二沸"之水最佳,及当壶边缘水珠像珠玉在泉池中跳动时取用。"茶之事",叙述古今有关茶的故事、产地和药效等;"茶之出",将唐代全国茶区的分布归纳为山南(荆州之南)、浙南、浙西、剑南、浙东、黔中、江西、岭南等八区,并谈各地所产茶叶的优劣;"茶之略",分析采茶、制茶用具可依当时环境,省略某些用具;"茶之图",教人用绢素写茶经,陈诸座隅,目击而存。

从茶的实物到器皿再到水的选择,由茶而呈现的各地风俗在华夏的版图上变得清晰可见,并最终形成了茶的文化与仪式,《茶经》所要表达的意图也十分明了:人要把自己的精神融合在格物运化之中,只有与自然融为一体,才能再回到自然。

三、无比精致的"茗食"

茶食就是指含有茶叶的食品的总称。茶食集茶叶及食品的功能为一体,作为中国的传统食品,一直以来都受到大众的喜爱。同时,以茶入菜、以茶入点等茶食相融也成为茶文化的延伸。随着人们生活水平的提高与科学技术的发展,茶食在新的世纪中,又焕发出新的生机与活力。茶食的作用主要是体现在茶的作用上,食品用茶与作为饮料的用茶在方法上是不同的。作为食品用茶,很多情况下是将茶叶完整地吃下去,相比于饮用可以更全面地摄取茶叶的有效成分。现代生物化学和医学研究表明,茶有抗击肌体衰老,防止癌症,降低血脂等保健功效。把茶与食品融合在一起,既增加茶的食用方法,也增加食品的营养保健成分,更大程度地迎合了现代人追求健康的需求。

1.茶主食

茶主食即是在原有主食的基础上加入茶的成分,然后进行加工形成的。其主要的产品有茶饭、茶粥、茶面条、茶面包、茶饺子等。茶饭、茶粥是用茶叶与水按一定的比例冲泡后得出相应的茶汤,再利用茶汤来煮饭、煮粥得出的,具有明显的茶香,味道清爽可口。茶叶面条是取茶叶泡成浓茶水,以此茶汁和面,擀成面条而成。面条下锅不易糊,而且极清鲜爽口。茶叶本性即是清凉的,若制作凉面,味道更佳。相同的加工方法还可以用于茶面包、茶饺子等茶食的制作上。

2.茶零食

在加工的过程中根据不同的口味,添加一定量的茶粉,制造出一种新型、健康的茶零食。这些茶零食主要有茶糖果、茶果脯、茶瓜子、茶果冻、茶冰淇淋等。茶糖果由来已久,如红茶奶糖、绿茶奶糖、茶糕糖等,它们都具有色泽悦目,甜而不黏,油而不腻,清香鲜醇的特点。茶果冻通常因配制原料不同,色泽有一定差异:以红茶为主料的果冻为红色,绿茶为主料的呈黄绿色,乌龙茶为主料的呈橙红色。茶果冻既可直接食用,又可冲泡饮用,并且有提神、开胃等功效。茶果脯的加工方法与一般果脯相同,使用的茶叶是粗大的鲜茶叶。由于茶叶的叶质稍硬,其蒸煮、糖化时间应略延长,压制时间也长一些。茶果脯有以下特点:茶叶显露,果味突出,既甜、又酸,还微苦,口感非常好,是一种老少皆宜的开胃消食休闲食品。茶瓜子的制作与白瓜子相似。将瓜子与茶叶同煮,使茶汁味渗入到瓜子仁后,去除茶叶并沥去多余的水分再经炒制而成。这种茶瓜子在将清新的茶叶味融入瓜子的同时,更将茶性融入其中,不仅口感好,而且有一定的保健功效。茶冰淇淋是以茶为主原料,以牛奶、奶油及少量的香料为配料调制而成口感清凉、醇香。 在冰淇淋上还镶嵌着五颜六色的丁状果料或颗粒坚果,给人一种极美的视觉感,使人无法抗拒,这是那些太油太腻的冰淇淋所无法比拟的。

3.茶菜

茶叶也常常被拿来当作菜肴的材料之一,在陆羽的《茶经》里,称其为"茗菜",同时茶也被拿来做粥,在古代典籍中就有"作茶粥卖"的记载。在茶

图43　龙井虾仁

菜的制作过程中,茶叶主要是作为辅料加入到茶品中的。由于茶叶具有独特的色、香、味、形,而且具有营养、保健的功效,因此茶叶菜肴色泽鲜艳,清淡滑口,能增进食欲,还可降火、利尿、提神、去腻,具有增加营养、促进消化、防治疾病

等功效。今天的西南少数民族多有以茶做菜的古风,将绿茶或腌或炒,用来下饭。而城市里,茶菜也并不少见,最有名的莫过于杭州的龙井虾仁。它采用新鲜的龙井茶的嫩芽来炒制新鲜的虾仁,虾仁在茶叶的映衬下变得美观且茶香四溢,茶叶的利用减少了菜肴的腥味和油腻。龙井虾仁只是茶菜的一个代表,此外还有碧螺虾仁、龙井鸡丝、樟茶鸭子、云雾石鸡、毛峰熏鲥鱼以及我们常见的五香茶叶蛋等。茶叶在茶菜中往往起到了调色、增香的作用,尽管人们不会去吃菜肴里的茶叶,但是一缕茶香是真正的魂魄,使得菜肴增色不少。

4.茶点

茶点是人们在喝茶的时候所配的点心。茶点是在茶道中分量较小的精雅的食物,是在茶的品饮过程中发展起来的一类点心。在喝茶的时候起到了"伴侣"的作用。茶点精致美观,口味多样,形小、量少、质优、品种丰富,是

佐茶食品的主体。它有着丰富的内涵,在漫长的发展过程中,形成了许多花样不同的茶点类型与风格各异的茶点品种。在与茶的搭配上,讲究茶点与茶性的和谐搭配,注重茶点的风味效果,重视茶点的地域习惯,体现茶点的文化内涵等因素,从而创造了我国茶点与茶的搭配艺术。休闲时候喝茶,搭配茶食的原则可概括成一个小口诀,即"甜配绿、酸配红、瓜子配乌龙"。所谓甜配绿,即甜食搭配绿茶来喝,如用各式甜糕、凤梨酥等配绿茶;酸配红,即酸的食品搭配红茶来喝,如用水果、柠檬片、蜜饯等配红茶;瓜子配乌龙,即咸的食物搭配乌龙茶来喝,如用瓜子、花生米、橄榄等配乌龙茶。茶点与传统点心相比较而言,制作更加精美,注重茶点的色彩与造型,讲究茶点的观赏性。茶点的品尝重在慢慢咀嚼,细细品味。我国茶点种类繁多,口味多样。就地方风味而言,就有京鲁风味、西北风味、苏扬风味、川湘风味、粤闽风味等,此外,还有东北、云贵、鄂豫以及各民族风味点心。茶点的选择空间很大,茶点的地域性主要是源于一方的饮食习惯。闽南地区和潮汕喜欢饮工夫茶的人很多。泡工夫茶讲究浓、香,所以都要佐以小点心。这些小点心颇为讲究,不仅味道可口,而且外形精雅,大的不过如小月饼一般大小,主要有绿豆茸馅饼、椰饼、绿豆糕等。

图44 广式茶点

还有具有闽南特色的"芋枣",它是把芋头先蒸熟制成泥,而后添加一些调料,用油炸成,外脆内松,香甜可口。另外还有各种膨化食品及蜜饯。平时家人、朋友在一起品茶、尝点,其乐融融。广东人称早茶为"一盅两件",即一盅茶,加两道点心。茶为清饮,佐料另备,既可饱腹又不失品茗之趣。茶点的发展要有趋时性,反映茶点的时代特征。

当制茶工艺发展到今日时,茶叶已经成为许多特色茶点食品的重要原料。这些茶点又使得在饮茶过程中平添了些许味觉与乐趣。例如:绿茶瓜子,是选用上等的南瓜子加绿茶粉精心制作而成的,肉厚,香脆可口,可以剥开取肉吃,也可整粒含在嘴里。因为加有绿茶粉,含有多种的茶元素,不上火,是休闲时健康的茶食品。此外还有茶果冻等等,给风云变幻的茶点市场注入很多时尚元素。再如:现在的广东茶点制作,由于受西方文化的影响,烘焙类茶点品种较多,常见的主要有乳香鸡仔饼、松化甘露酥、酥皮菠萝包、岭南鸡蛋挞等,还有其他如各式蛋挞、奶挞、酥皮挞、西米挞以及各种岭南风味的酥角等,都是烘焙类茶点的上乘精品。由于烘焙制作的点心,十分讲究选料、分量的搭配,注重造型及烘焙的温度和时间,这样制作出来的茶点才会好看又好吃,并从味道、口感到造型都极具新意,堪称粤式茶点技术与时尚创意的完美结合。

5.茶饮

茶饮是指用水浸泡茶叶,经抽提、过滤、澄清等工艺制成的茶汤或在茶汤中加入水、糖液、酸味剂、食用香精等食品添加剂形成的全新饮品。茶饮的出现,为茶食品的开发提供了广阔的发展空间。其主要产品有含茶饮料、茶汽水、茶羹、果茶、浓缩茶汁等,兼有营养、保健功效,是清凉解渴的多功能饮料。

民以食为天。随着现代科学技术的不断发展及进步,人们健康意识的不断加强,人们越来越深入地认识到茶叶的益用与价值。茶食作为茶与食品的结合体,它的结合形式将会越来越丰富,并必将会进入千家万户。

四、"无茶不成仪"

我国是茶的故乡,有着悠久的种茶历史,又有着严格的敬茶礼节,还有着奇特的饮茶风俗。茶礼有缘,古已有之,这是我国汉族同胞最早重情好客的传统美德与礼节。在历史的长河中,不同的民族,不同的时代,不同的地区和不同的社会经济所呈现出的多姿多彩的饮茶习俗,正所谓"千里不同风,百里不同俗。"由于各民族的历史、文化、地理环境的不同,造就了不同的茶风茶俗。"一方水土养一方人,一方水土育一方俗",乡风乡俗千姿百态,茶风茶俗也同样丰富多彩,各有千秋。五彩缤纷的茶俗,始终伴随着人们的日常生活,丰富着人们的日常生活情趣,在人们的身边广泛传播。早在三千多年前的周朝,茶已被奉为礼品与贡品,到两晋、南北朝时,客来敬茶已经成为人际交往的社交礼仪。直到现在,宾客至家,总要沏上一杯香茗。喜庆活动,也喜用茶点招待。开个茶话会,既简便经济,又典雅庄重。所谓"君子之交淡如水"也是指君子相交之情如清香宜人的茶水。

以茶待客,是有数千年文明史的中国最普遍、最具平民性的日常生活礼仪。客来宾至,清茶一杯,以表敬意,洗风尘、叙友情、示情爱、重俭朴、弃虚华,成为人们日常生活中的一种高尚礼节和纯洁美德。古诗云:"寒夜客来茶当酒,竹炉汤沸火初红。""一杯春露暂留客,两腋清风几欲仙。"茶叶有色、香、味、形四美,特别贵在高尚的内在之美,公德正气、情操纯洁,所以中国人

南方嘉木中国茶
NANFANG JIAMU ZHONGGUOCHA

向来崇尚以茶为礼。尤其是在新春佳节,有宾客来访,主人总要先敬茶。茶和中国人的关系如此密切,是由于茶伴随着中国人民经历了许多沧桑岁月,在漫长的历史中茶已成为中国人的亲密伙伴。在中国人重要的人生四大礼仪:生、冠、婚、丧上,茶也总在其中担当重任。"茶"作为民俗礼仪的使者,千百年来为人们所重视。它上达国家间的礼仪活动,下渗透到人与人之间的交往,成为与人们日常生活密切相关的礼俗。茶在中国人的生活中无处不在。随着岁月的流逝,各种饮茶习俗世代相传、生生不息。

1.茶与小孩出生礼仪

在南方许多地区都有这样的风俗:当有小孩出生,第一个来看望产妇的人,俗称"踩生人",其进屋后,主人必须先用双手端上一碗米花糖茶敬客,"踩生人"也必须用双手接过茶喝下。民间认为喝这样的茶可以辟邪祈福,意味着人一出生就必须得到茶图腾祖神的保佑。而新生儿诞生的第三天,俗称"三朝日",按国内很多地方的习俗,都要举办各种形式的"吃原始煮茶"仪式。这是原始茶部落庆祝新生命到来的庆典遗韵,后人称之为"三朝茶礼"。在江西等地,孩子初生,家长即以红茶七叶、白米七粒包一个小红纸包,共包二三百包分发给亲朋好友。亲朋好友们收到小红包后必须回以一些钱为礼。家长用这些钱买一把银锁,挂在孩子的脖子上。锁的正面写有"百家宝锁",反面写有"长命百岁"等字样。民间认为孩子戴上这锁可防病避灾,保延寿命。在浙江,当孩子满月时要行"搽茶剃胎发"仪式:先敬清茶于堂上,待茶稍凉后,主仪式的妇女就边蘸茶水边在孩子额头上轻轻揉擦,同时念念有词道:"茶叶清白,头发清白",然后才开始剃,民间叫作"茶叶开面"。剃净后再用茶水抹头顶一遍,而后将胎发和刚拔下来的猫毛狗毛杂揉一团,用红线穿起,将胎发团居中、桂圆在下的"胎发团串",挂在孩子母亲的床边,意味着孩子永远在母亲的身边,永远受娘的保护。

2.茶与婚礼

茶在民间婚俗中历来是"纯洁、坚定、多子多福"的象征。明代许次纾在《茶流考本》中说:"茶不移本"。古人结婚以茶为礼,取其"不移志"之意。古人认为,茶树只能以种子萌芽成株,而不能移植,故历代都将茶视为"至性不移"的象征。因"茶性最洁",可示爱情"冰清玉洁";"茶不移本",可示爱情"坚贞不移";茶树多籽,可象征子孙"绵延繁盛";茶树又四季常青,以茶行聘寓意爱情"坚贞不移",又寓意爱情"永世常青",祝福新人"相敬如宾""白头偕老"。故世代流传民间男女订婚,要以茶为礼,茶礼成为男女之间确立婚姻关系的重要形式。"茶"成了男子向女子求婚的聘礼,称"下茶""定茶",而女方受聘茶礼,则称"受茶""吃茶",即成为合法婚姻。如女子再受聘他人,会被世人斥为"吃两家茶",为世俗所不齿。民间向有"好女不吃两家茶"之说。旧时在江浙一带,将整个婚姻礼仪总称为"三茶六礼"。其中"三茶",即为订婚时"下茶",结婚时"定茶",同房时"合茶"。也有将其"提亲、相亲、入洞房"的三次沏茶合称"三茶"。举行婚礼时,还有行"三道茶"的仪式。第一道为"百果";第二道为"莲子或枣子";第三道才是"茶叶",都取其"至性不移"之意。吃三道茶时,接第一道茶要双手捧之,并深深作揖,尔后将茶杯向嘴唇轻轻一触,即由家人收去,第二道依旧如此,至第三道茶时,方可接杯作揖后饮之。在浙江德清地区婚姻中的茶俗,则更为丰富多彩,如:"受茶"是男女双方对上"八字"后,经双方长辈同意联姻,由男方向女方赠聘礼、聘金,如女方接受,则谓之"受茶"。"定亲茶"是男女双方确定婚姻关系后即举行定亲仪式。这时双方须互赠茶壶十二把并用红纸包花茶一包,分送各自的亲戚,谓之"定亲茶"。男女举行婚礼后,新婚夫妇或双方家长要用茶来谢媒,因在诸多谢礼中,茶叶是必不可少之物,故称"谢媒茶"。喝新娘茶:我国南方地区历来有喝"新娘茶"的习俗。新娘成婚后的第二天清晨,洗漱、穿戴后,由媒人搀引至客厅,拜见已正襟危坐的公公、婆婆,并向公婆敬茶。公婆饮毕,要给新娘红包(礼钱),接着由婆婆引领新娘去向族中亲属及远道而来的亲戚敬茶,再在婆婆引领下挨门挨户拜叩邻里,并敬茶。敬茶毕,新娘向敬茶者招呼后,即用双手端茶盘承接茶盏,这时众亲友或邻里乡亲饮完茶,要随着放回杯子的同时,在新娘托盘中放置"红包",而新娘则略一蹲身,以示道谢。在喝新娘茶时,无论向谁敬茶,都不能有意回避,否则被认为"不通情理"。有趣的是,"茶"在我国的婚礼中,不但与订婚、结婚关系密切,且与"退婚"也有关联。茶不但是联姻的使者,也是断亲的表示。旧时贵州地区,姑娘往往被父母包办婚姻,订婚后女方若对亲事不满意,想断亲时,姑娘即用纸包一包茶叶,选适当时机,在高度"机密"的情况下,带至未婚夫家,借故与男方父母客套一番后,即放下茶叶包迅速离去,意谓退了"定亲礼",称为"退茶"。

3.茶与丧俗

在我国多种多样的民间习俗中,"茶"与丧祭的关系也是十分密切的。"无茶不在丧"的观念在中华祭祀礼仪中根深蒂固。祭祀用茶早在南北朝时梁朝萧子显撰写的《南齐书》中就有记载:齐武帝萧颐永明十一年在遗诏中称:"我灵上慎勿以牲为祭,唯设饼果、茶饮、干饭、酒脯而已"。以茶为祭,可祭天、地、神、佛,也可祭鬼魂,这就与丧葬习俗发生了密切的联系。上到皇宫贵族,下至庶民百姓,在祭祀中都离不开清香芬芳的茶叶。茶叶不是达官贵人才能独享,用茶叶祭扫也不是皇室的专利。无论是汉族还是少数民族,都在较大程度上保留着以茶祭祀祖宗神灵,用茶陪丧的古老风俗。用茶作祭,一般有三种方式:以茶水为祭,放干茶为祭,只将茶壶、茶盅象征茶叶为祭。在我国清代,宫廷祭祀祖陵时必用茶叶。而在我国民间则历来流传以"三茶六酒"(三杯茶、六杯酒)和"清茶四果"作为丧葬中祭品的习俗。如在我国广东、江西一带,清明祭祖扫墓时,就有将一包茶叶与其他祭品一起摆放于坟前,或在坟前斟上三杯茶水,祭祀先人的习俗。茶叶还可作随葬品。从长沙马王堆西汉古墓的发掘中已经知道,我国早在两千一百多年前已将茶叶作为随葬物品。因古人认为茶叶有"洁净、干燥"作用,茶叶随葬有利于墓穴吸收异味,有利于遗体保存。茶在我国的丧葬习俗中,还成为重要的"信物"。在我国湖南地区,旧时盛行棺木葬时,死者的枕头要用茶叶作为填充料,称为"茶叶枕头"。茶叶枕头的枕套用白布制作,呈三角形状,内部用茶叶灌满填充。给死者做茶叶枕头的寓意,一是死者至阴曹地府要喝茶时,可随时"取出泡茶",二是茶叶放置棺木内,可消除异味。在我国江苏的有些地区,则在死者入殓时,先在棺材底撒上一层茶叶、米粒,至出殡盖棺时再撒上一层茶叶、米粒,其用意主要是起干燥、除味作用,有利于遗体的保存。丧葬时用茶叶,大多是为死者而备,但我国福建福安地区却有为活人而备茶叶,悬挂"龙籽袋"的习俗。旧时福安地区,凡家中有人亡故,都得请风水先生看风水,选择"宝地"后再挖穴埋葬。在棺木入穴前,由风水先生在地穴里铺上地毯,口中则念念有词。这时香火缭绕,鞭炮声起,风水先生就将一把把茶叶、豆子、谷子、芝麻及竹钉、钱币等撒在穴中的地毯上,再由亡者家属将撒在地毯上的东西收集起来,用布袋装好,封好口,悬挂在家中楼梁式木仓内长久保存,名为"龙籽袋"。龙籽袋据说象征死者留给家属的"财富"。其寓意是,茶叶历来是吉祥之物,能"驱妖除魔",并保佑死者的子孙"消灾祛病""人丁兴旺";豆和谷子等则象征后代"五谷丰登""六畜兴旺";钱币等则表示后代子孙享有"金银钱物""财源茂盛",吃穿不愁。

4.饮茶与家庭礼俗

茶在人们的品饮过程中,不但形成了丰富的茶俗,而且与家庭礼制相结合,发展成一套极为完备的家庭茶礼。我国历来提倡尊老爱幼、长幼有序、和敬亲睦、勤俭持家的风尚。这种风尚不断与饮茶结合,形成了以"奉茶明礼敬尊长"为核心的家庭茶礼。家庭茶礼对维护社会稳定,增强人们的沟通起着很大的作用。但其中也有不少糟粕:如男尊女卑。

等级的封建观念很明显。如江西大家庭里,有包壶、滕壶、小杯盖碗茶之分。"包茶"是一个特大锡壶,用棉花包起来,放在一个大桶中,木桶留一小缺口,伸出壶嘴,稍一倾斜即可倒出来。这种茶是供给下人、长工、轿夫喝的。"藤壶"是略小的瓷壶,放于藤制盛器中,有点像明代的"苦节行省"。倒茶时提出瓷壶,斟在杯中。这是一般家人和一般来客泡的盖碗茶。家庭茶礼虽含有"等级观念",但以茶明长幼显而易见,且为主流。概言之,茶是我国各族人民日常生活中不可或缺的物质,是民间礼俗、礼仪最重要的载体。对维护家庭、社会、国家的安定团结,维系人与人之间的和睦相融发挥了巨大作用。除酒之外,我国再也没有哪一样东西能像茶这样遍及社会生活和日常生活的每一个角落。大自然芸芸物类中,茶能在民间礼俗中占有如此重要一席,其原因除了我国是茶的故乡,饮茶历史悠久,栽种范围极广,具有与礼俗结合的自然条件外,更重要的是,茶的本身特性及自然功用与我国传统文化、民间风俗的许多内容暗相吻合。例如,在我国传统文化中强调"中庸""师法自然""天人合一"等思想,在民间风俗中同样强调"和谐""尊让"。茶生长于名山秀水之间,其性中平而味苦,品饮时追求的就是和谐的气氛。只有心平气和才能品饮出茶的清纯淡雅。人们在饮茶时易与山水自然融为一体,接受天地雨露的恩惠,调和人与人之间的纷争,涤去胸中的积郁,求得明心见性、回归自然的特殊趣味。这样一来,茶的自然功用和本身特质与我国传统文化、民间风俗就自然而然地融为一体。再者,茶能在民间生活中迅速礼俗化,唐代禅寺茶风的兴盛起了极重要的推动作用。中唐时期,茶已成为城乡贵族"无异米盐""难舍须臾"的日常生活饮料。它迅速与民间礼俗结合,这与禅寺茶风的兴盛是分不开的。"开元中,泰山灵岩寺有降魔师,大兴禅教。学禅务于不寐,以不夕食,皆许其饮茶,人自怀挟,到处煮饮。以此相仿效,遂成风俗"(《封氏闻见记》)。正因为饮茶成风,为各族人民所接纳,才加速了茶礼俗化的进程。人们在礼仪化的过程中发现:茶是"礼"的最佳载体。我国向来有"礼仪之邦"的称号。"夫礼,天之经也,地之义也,民之行也"。"夫礼,国之经也,亲民之结也"(《左传》)。"礼"不但是维系社会、国家和个人的纽带,而且是日常生活中指导人们交往的指标。人的内在情感和品质表现出来就成为一种仪式和礼节,是人的民俗化、社会化的必然过程。这种仪式和礼节常要体现在日常生活的具体事件中。喝茶是日常生活中最简单最普遍的事情,它可以不受时间限制,也可以不受太多物质条件的限制。正因如此,茶才被人们用来行礼仪、明礼节,作为礼俗的最好载体。

五、"宁可一日无食，不可一日无茶"

中国是一个多民族的国家，汉族人的饮茶习惯也影响到了其他民族，久而久之，茶成为诸多少数民族饮食中不可或缺的一部分。

1.藏族。藏族主要居住在我国西藏自治区以及青海、甘肃、四川、云南等省。西藏因空气稀薄，气候高寒干旱，蔬菜瓜果很少，藏民常年以奶、肉、糌粑为主食，非常需要喝茶以消食去腻、补充营养，茶成了当地人补充营养的主要来源。在藏族地区流传着这样一句话：宁可三日无粮，不可一日无茶。茶叶输入藏族要追溯到唐代。相传文成公主嫁给松赞干布之后，带了大量的茶叶到藏区。文成公主不光自己饮茶，同时她还常常以茶待客，喝过茶的藏族同胞觉得神清气爽，齿颊留香。自此，饮茶之风从宫廷传向了民间。藏族人主要喝酥油茶、奶茶、盐茶、清茶等，喝酥油茶如同吃饭一样重要。传说酥油茶也是文成公主创制，喝不惯牛奶的她将茶叶与牛奶、羊奶混合熬制，就成了今天在藏区飘香的酥油茶，文成公主在藏区也被称之为"饮茶公主"。酥油茶是一种以茶为主料并加入酥油、盐等佐料经特殊方法加工而成的。酥油为当地的一种食品，是将牛奶或羊奶煮沸，用勺搅拌，倒入竹筒内冷却后凝结在溶液表面的一层脂肪。酥油茶所用的茶叶，一般选用来自云南的普洱茶或来自四川的沱茶等。酥油茶的加工方法比较讲究，一般先用茶壶烧水，待水煮沸后，再把紧压茶捣碎，放入沸水中煮，约半小时，待茶汁浸出后，滤去茶叶，把茶汁装进圆柱形的酥油茶桶内，同时加入适量酥油，还可根据需要加入事先已炒熟、捣碎的核桃仁、花生米、芝麻粉、松子仁等，最后还应放少量的食盐、鸡蛋等，接着，盖上酥油茶筒，用力地拉动筒内的拉杆，有节奏地上下捣打，待酥油、茶、佐料混为一体，即可从桶内倒出享用了。酥油茶喝起来咸里透香，甘中有甜，非常开胃，不仅可以暖身御寒，还能补充营养。由于西藏人烟稀少，很少有客人进门，偶尔有客来访，可招待的东西又很少，因此，敬酥油茶是西藏人款待宾客的重要礼仪。

2.东乡族。东乡族酷爱喝茶，一般每餐离不开茶，从茶具、茶叶、配料的搭配都要精益求精。茶具一定要选"三炮台"，"三炮台"由盖子、茶盅、掌盘三层组成。饮用时将茶叶放在"三炮台"的茶盅里，用开水冲泡。然后，用盖子轻轻由前往后，由浅及深地慢慢刮，让茶叶徐徐沉入茶碗底。这时扑鼻的茶香迎面飘来，促使你情不自禁地想喝一口。先用左手端起碗子底盘，用右手的拇指、食指和中指环成兰花状夹起碗盖，斜着在茶碗上刮一下，一股纯正浓郁的茶香渗透五脏六腑。东乡族热情好客，若是家中来了贵客，都是长者出门远迎,客人进屋要先请上炕,随后要奉上三香茶、五香茶、八宝茶,以表示对客人的欢迎和尊重。除了上好茶叶外,还要配上冰糖、桂圆、红枣、杏干、枸杞、葡萄干、无花果等,喝起来苦中有甜,甜中带酸。东乡族老人黎明即起,沐浴礼拜完毕要喝早茶。午餐、晚餐每餐必喝茶。东乡饮茶习俗的产生与其生活的环境是息息相关的。明代河州地区茶马交易繁荣,促成东乡族的饮茶习惯。久而久之,茶成为东乡族人民不可缺少的饮品,并最终形成独具特色的茶文化。

3.回族。回族人民的传统饮料是茶。茶既是回族的日常饮料,又是设席待客最珍贵的饮料。回族主要居住在我国的大西北,以宁夏、青海、甘肃三省(区)最为集中。回族饮茶方式多种多样,著名的盖碗茶就是西北回族一种独特的饮茶方式。据说始于唐代,相传至今,颇受回族人民喜爱。盖碗茶由托盘、茶碗和茶盖三部分组成,故称"三炮台"。每到炎热的夏季,盖碗茶便成为回族最佳的饮料;到了严寒的冬天,农闲的回族人早晨起来,围坐在火炉旁,佐以馍馍或者馓子,总忘不了刮几盅盖碗茶。喝刮碗子茶的茶具俗称"三件套",它由茶碗、碗盖和碗托组成。茶碗盛茶,碗盖保香,碗托防烫。喝茶时,一手提托,一手握盖,并用盖顺碗口由里向外刮几下,这样一则可拨去浮在茶汤表面的泡沫,二则使茶味与添加食物相融,刮碗子茶的名称也由此而生。刮碗子茶用的多为普通炒青绿茶。冲泡茶时,茶碗中除放茶外,还放有冰糖与多种干果,如苹果干、葡萄干、柿饼、桃干、红枣、桂圆干、枸杞子等,有的还要加上白菊花、芝麻之类,通常多达八种,故也有人称其名曰"八宝茶"。由于刮碗子茶中食品种类较多,加之各种配料在茶汤中的浸出速度不同,因此,每次续水后喝起来的滋味是很不一样的。一般来说,刮碗子茶用沸水冲泡,随即加盖,约5分钟后开饮。第一泡以茶的滋味为主,主要是清香甘醇;第二泡因糖的作用,就有浓甜透香之感;第三泡开始,茶的滋味开始变淡,各种干果的味道开始生发,具体依所添的干果而定。大抵说,一杯刮碗子茶,能冲泡五至八次,甚至更多。回族同胞认为,喝刮碗子茶次次有味,且次次不同,又能去腻生津,滋补强身,是一种甜美的养生方式。

回族人民把盖碗茶作为待客的佳品,每逢古尔邦节、开斋节或举行婚礼等喜庆活动,家里来了客人时,热情的主人都会给您递上一盅盖碗茶,端上馓子、干果等,让您下茶。敬茶时还有许多礼节,即当着客人的面将碗盖打开,放入茶料,冲水加盖,双手捧送。这样做表示这盅茶是专门为客人泡的,以示尊敬。如果家里来的客人较多,主人根据客人的年龄、辈分和身份,分出主次,先把茶奉送给主客。喝盖碗茶时,要用左手拿起茶碗托盘,右手抓

起盖子,注意不能拿掉上面的盖子,也不能用嘴吹漂在上面的茶叶,而是轻轻地"刮"几下。刮盖子很有些讲究,一刮甜,二刮香,三刮茶露变清汤。每刮一次后,将茶盖呈倾斜状,用嘴吸着喝,不能端起茶盅接连吞饮,也不能对着茶碗喘气饮吮,要一口一口慢慢饮。主人敬茶时,客人一般不要客气,更不能对端上来的茶一口不饮,那样会被认为是对主人不礼貌、不尊重的表现。

4.蒙古族。奶茶是蒙古族的传统饮品。蒙古族牧民以游牧为主,他们习惯于"一日三餐茶""一日一顿饭"的生活。每日清晨,女主人起来做的第一件事就是先煮一锅咸奶茶供全家整天享用。蒙古族喜欢喝热茶。早上,他们一边喝茶,一边吃炒米。然后将剩余的茶放在微火上温着,供随时取饮。通常一家人只在晚上放牧回家才正式用餐一次,但早、中、晚三次喝咸奶茶一般是不可缺少的。蒙古族咸奶茶的茶原料主要是青砖或黑砖茶,煮茶的器具是铁锅。煮茶时,先把砖茶敲成小块状,并将洗净的铁锅放在火上,盛水2000～3000克,烧水至沸腾时,加入打碎的砖茶25克左右。当水再次沸腾5分钟后,掺羊奶,用量为水的五分之一左右,稍加搅动,再加入适量的盐,等到整锅咸奶茶开始沸腾时,才算煮好了,即可盛在碗中待饮。煮咸奶茶的技术性很强。茶汤滋味的好坏,营养成分的多少,与用茶、加水、掺奶以及加料次序的先后都有很大的关系。要煮一锅清香可口的奶茶并不简单,煮茶的器具、茶叶的质地及用量、茶叶与水的比例、投奶放盐的时间等都十分讲究,只有做到茶器、茶、奶、盐、水五者相互协调,才能煮出咸香适宜、美味可口的咸奶茶来。蒙古族人喝奶茶一定佐以盐、糖、炒米和奶豆腐,其中盐或糖可根据自己的爱好在茶中添加,炒米可放在奶茶中一起饮用,也可以单独吃,奶豆腐是一种耐饥食品,一般用来蘸白糖吃。蒙古族的奶茶有时还要加黄油,或奶皮子,或炒米等,其味芳香、咸爽可口,是含有多种营养成分的滋补饮料。有人甚至认为,三天不吃饭菜可以,但一天不饮奶茶不行。蒙古族人还喜欢将很多野生植物的果实、叶子、花都用于煮奶茶,煮好的奶茶风味各异,有的还能防病治病。

5.苗族。提到万花茶,人们就联想到苗家人热情好客,用万花茶待客的习俗。万花茶清香沁人心脾,喝一口,余馨经久不散。万花茶晶莹透亮,是苗家人敬客的上乘饮料。这种茶的制作程序是:把成熟的冬瓜与未老的柚子皮,切成手指模样大小、形状各异的片片条条,接着在其上加工,雕刻出花色多样、形象靓丽、栩栩如生的虫、鱼、鸟、兽、花草等象征吉祥如意的图案。这些图案有的活灵活现,酷似彩蝶飞舞花间,有的活像喜鹊欢聚枝头,还有的则仿佛"鱼欢秋水""银树挂果""百鸟朝凤""龙凤呈祥""新荷含苞""蝶恋牡丹",如此等等,宛若百花园中的奇花异草,各放光彩,各显其姿,实在美不胜收!每当秋天到来的时候,天高气爽,苗家姑娘们一个个身着花边褶裙,头缠花帕,围坐在村口的树荫底下,右手捻着小刻刀,左手捏着冬瓜片,精雕细刻着万花茶。经过雕镂的万花茶,还得再用一番功夫。将之浸泡于水中,让它去掉生涩苦味,接着与明矾等用文水煮沸返青的方法,使之仍然脆嫩、新鲜。然后再把水沥干,添加白糖、桂花或蜂蜜细心地搅拌均匀,再反复暴晒,达到透亮若白玉的样子,方大功告成。饮用时,抓几片置于杯碗中,用滚开的水冲泡,就成为浓郁香甜、美名远扬的万花茶了。用这种清香浓郁的茶种招待宾客,苗家人是有他们的习俗规定的。首次上门的客人,茶杯中大都有三片万花茶;假若是多次上门的常客,茶杯中就只放两片万花茶。饮茶时,主人还在各个茶杯中置有一枚特制的小汤匙,方便客人品茶。喝完茶后,杯子不能随便乱放。要做到确切不误地置于端茶来的盘子中的原来位置上,或者等待送茶的女主人亲自端茶盘来收。苗家小伙子和姑娘用它来表达彼此之间的爱慕之情。当小伙子登门求婚时,假如姑娘中意,便在茶杯里奉献给小伙子透明如玉的四片万花茶:其中两朵"并蒂莲花",两朵"凤凰齐翔"。如果姑娘不中意,那么,茶杯中就少了一朵万花茶,仅有三朵,并且都是些单花独鸟,不是成双成对。万花茶是我国茶文化百花园中一朵独放的奇葩,是出自苗家人手中饮食与艺术结合的珍品。

苗族待客的饮料还有油茶。油茶清香味浓,做法与侗族油茶不同。首先把油、食盐、生姜、茗茶倒入锅内同炒,待油冒烟,便加清水,煮沸,用木槌将茶舂碎,再用文火煮,然后滤出渣滓,把茶水倒入放有玉米、黄豆、花生、米花、糯米饭的碗里,再放些葱花、蒜叶、胡椒粉和山胡椒为佐料。夏秋两季,可用豆角,冬季可用红薯丁等泡油茶。苗家不但喝茶,而且还有表示感谢的茶歌。喝茶时主人给每人一根筷子,如果不再喝了,就把筷子架在碗上,不然主人会一直陪你喝下去。

6.哈尼族。哈尼族主要居住在云南的红河、西双版纳及江城、洲沧、墨江、元扛等地,有学者经过调查后指出,哈尼族是世界上最先种植茶叶的民族之一。哈尼族种茶饮茶有深厚的文化根源。哈尼族在每年初春举行的全寨性祭祀活动"甫玛突"节中,有一个对茶树的祭拜仪式。其主要目的是通过祭祀的方式告诉茶树神已经是春天了,赶快从冬眠中醒来吧,祈求茶树多发芽。届时,主持祭祀的摩匹率众跪在一棵选定的古茶树下,不断诵经祈祷,神秘而又严肃。仪式过后,方可上茶园采摘茶叶。哈尼族人煮土锅茶的方法非常简单,一般凡有客人进门,女主人会先用土锅(或瓦壶)烧开水,随即在沸水中加入适量茶叶,待锅中茶水再次煮沸3分钟后,将茶水倾入竹制的茶盅内,一一敬奉给客人。用土锅煎煮的茶水清香可口,令人回味无穷。 煨酽茶,以土锅煨煮酽茶饮用,是哈尼族最古老的饮茶方式。将土质陶罐洗净烘干,抓适量的茶叶放入陶罐中,把陶罐置于熊熊燃烧的火塘边烘烤一段时间,烤至茶叶散发出诱人的阵阵清香时,将清水舀入罐中,再把陶罐置于火塘边煨煮。煨煮时间可长可短,既可煨煮片刻即饮用,也可煨煮一至两小时甚至更长,但以煮至罐中水剩一半时的色泽和口感最佳。正宗的哈尼族煨酽茶茶水色泽深黄带紫,味苦涩,兼有一股浓烈的烟熏味。"普洱茶名遍天下,味最酽,京师尤重之"(清阮福《普洱茶记》),说的就是哈尼煨酽茶。

7.维吾尔族。居住在新疆天山以南的维吾尔族,他们主要从事农业劳动,主食面粉,最常见的是用小麦面烤制的馕,色黄,又香又脆,形若圆饼,进食时,总喜与香茶伴食,平日也爱喝香茶。他们认为,香茶有养胃提神的作用,是一种营养价值极高的饮料。南疆维吾尔族煮香茶时,使用的是铜制的长颈茶壶,也有用陶质、搪瓷或铝制长颈壶的,而喝茶用的是小茶碗,这与北疆维吾尔族煮奶茶使用的茶具是不一样的。通常制作香茶时,应先将茯砖茶敲碎成小块状。同时,在长颈壶内加水七、八分满后加热,当水刚沸腾时,抓一把碎块砖茶放入壶中,当水再次沸腾约5分钟时,则将预先准备好的适量姜、桂皮、胡椒、芷等细末香料,放进煮沸的茶水中,经轻轻搅拌,经3～5分钟即成。为防止倒茶时茶渣、香料混入汤,在煮茶的长颈壶上往往套有一个过滤网,以免茶汤中带渣。南疆维吾尔族老乡喝香茶,习惯于一日三次,与早、中、晚三餐同时进行,通常是一边吃馕,一边喝茶,这种饮茶方式,与其说把它看成是一种解渴的饮料,还不如把它说成是一种佐食的汤料,实是一种以茶代汤,用茶做菜之举。

8.裕固族。西北的裕固族人每天吃一次饭,却要喝三次茶,这是他们三茶一饭的习俗。牧民们每天早起第一件事就是煮茶。用铁锅将水烧开,倒入捣碎的茯砖茶熬煮。直到茶汤浓时,再调入牛奶和食盐,用勺子在汤内反复搅动,使牛奶和茶汤搅和均匀。茶碗中先放入酥油、炒面、奶皮、曲拉等,搅拌而食。热茶倒入碗中,化开的酥油就像一块金色的盖子,盖住碗面;再用筷子一搅,炒面、奶皮、曲拉就成了糊状。这早茶就是他们的早餐了。午餐也饮茶,饮时与烫面烙饼同食。下午再喝一次茶。一天总共喝三次茶。晚上放牧归来,全家才吃一顿饭,所以是"三茶一饭"。

9.瑶族。瑶族主要居住在广西,毗邻的湖南、广东、贵州、云南等山区也有部分分布。瑶族的饮茶风俗很奇特,喜欢喝一种类似菜肴的咸油茶,认为喝油茶可以充饥健身、祛邪去湿、开胃生津,还能预防感冒。对居住在山区的瑶族同胞而言,咸油茶是一种健身饮料。做咸油茶时很注重原料的选配。主料茶叶,首选茶树上生长的健嫩新梢。采回后,经沸水烫一下,再沥干待用。配料常见有大豆、花生米、播把、米花之类,制作讲究的还配有炸鸡块、爆虾子、炒猪肝等。另外,还备有食油、盐、姜、葱或韭等辅料。制作咸油茶时,先将配料或炸,或炒,或煮,制备完毕,分装入碗。尔后起油锅,将茶叶放在油锅中翻炒,待茶色转黄、发出清香时,加入适量姜片和食盐,再翻动几下,随后加水煮沸3~4分钟。待茶叶汁水浸出后,捞出茶渣,再在茶汤中撒上少许葱花或韭段。稍时,即可将茶汤倾入已放有配料的茶碗中,并用汤匙轻轻地搅动几下。这样,香中透鲜、咸里显爽的咸油茶就做好了。由于咸油茶加有许多配料,所以与其说它是一碗茶,还不如说它是一道菜。由于敬咸油茶是一种高规格的礼仪,因此,按当地风俗,客人喝咸油茶一般不少于三碗,这叫"三碗不见外"。

10.土家族。在湘、邵、川、黔交界的武陵山区一带,居住着许多土家族同胞。千百年来,他们世代相传,至今还保留着一种古老的吃茶法,就是喝擂茶。擂茶,又名"三生汤",是用从茶树上采下的新鲜茶叶、生姜和生米仁等三种生原料,经混合研碎加水后烹煮而成的汤。相传三国时,张飞带兵进攻武陵壶头山(今湖南省常德境内),正值炎夏酷暑,当地正好瘟疫蔓延,张飞部下数百将士病倒,连张飞本人也不能幸免。正在危难之际,村中一位草医郎中有感于张飞部属纪律严明,秋毫无犯,便献出祖传除瘟疫秘方擂茶,结果茶到病除。其实,茶能提神祛邪,清火明目;姜能理脾解表,去湿发汗;米仁能健脾润肺,和胃止火。所以说,擂茶是治病良药。如今制作擂茶时,用料除茶叶外,再配上炒熟的花生、芝麻、米花等,另外还要加些生姜、食盐、胡椒粉等。制作十分简单,擂钵、擂棒清洗干净后,将茶和多种食品以及辅料放在特制的陶制擂钵内,用硬木擂棍用力旋转,使各种原料相互混合,再取出一一倒入碗中,用沸水冲泡,用汤匙轻轻搅动几下,一钵香喷喷的擂茶就做好了。少数地方也有省去擂茶的环节,将多种原料放入碗内,直接用沸水冲泡的,但冲茶的水必须是现沸现泡。如果想加强其药用效能,还可在这些基本原料之外再加入金银花、黄菊花、甘草、陈皮等,可增加止咳化痰、清凉解毒之功效,成为地道的保健茶。土家族人都有喝擂茶的习惯。一般人们中午干活回家,在用餐前,总以喝几碗擂茶为快。有的老年人倘若一天不喝擂茶,就会感到全身乏力,精神不爽。不过,如果有亲朋进门,那么,在喝擂茶的同时,还必须设几碟茶点。茶点以清淡、香脆的食品为主,如花生、瓜子、米花、炸鱼片之类的,以增添喝擂茶的情趣。

11.彝族。彝族同胞有喝罐罐茶的嗜好。每当走进农家,只见堂屋地上挖有一口大塘(坑),烧着木柴,或点燃炭火,上置一把水壶。清早起来,主妇就会赶紧熬起罐罐茶来。这种情况,尤以六盘山区一带的少数民族中最为常见。喝罐罐茶,以喝清茶为主,少数也有用油炒或在茶中加花椒、核桃仁、食盐之类的。罐罐茶的制作并不复杂,使用的茶具,通常一家人一壶(铜壶)、一罐(容量不大的土陶罐)、一杯(有柄的白瓷茶杯),也有一人一罐一杯的。熬煮时,通常是将罐子围放在壶四面火塘边上,倾上壶中的开水半罐,待罐内的水重新煮沸时,放上茶叶8~10克,使茶、水相融,茶汁充分浸出,再向罐内加水至八分满,直到茶叶又一次煮沸时,才算将罐罐茶煮好了,即可倾汤入杯开饮。也有些地方先将茶烘烤或油炒后再煮的,目的是增加焦香味;也有地方,在煮茶过程中,加入核桃仁、花椒、食盐之类的。但不论何种罐罐茶,由于茶的用量大,煮的时间长,所以,茶的浓度很高,一般可重复煮三至四次。

由于罐罐茶的浓度高,喝起来有劲,会感到又苦又涩,好在倾入茶杯中的茶汤每次用量不多,不可能大口大口地喝下去。但对当地少数民族而言,因世代相传,也早已习惯成自然了。喝罐罐茶还是当地迎宾接客不可缺少的礼俗,倘有亲朋进门,他们就会一同围坐火塘边,一边熬制罐罐茶,一边烘烤马铃薯、麦饼之类,如此边喝酽茶、边嚼香食,可谓野趣横生。当地的少数民族认为,喝罐罐茶至少有四大好处:提精神、助消化、去病魔、保健康!

12.布朗族。布朗族主要分布在我国云南西双版纳以及临沧、澜沧、双江、景东、镇康等地的部分山区。喝青竹茶是他们一种方便而又实用的饮茶方法,一般在村寨务农或进山狩猎时采用。布朗族喝的青竹茶,制作方法较为奇特。首先砍一节碗口粗的鲜竹筒,一端削尖,插入地下,再向筒内加上泉水,当作煮茶器具。然后,找些干枝落叶,点燃于竹筒四周。当筒内水煮沸时,随即加上适量的茶叶。待3分钟后,将煮好的茶汤倾入事先已削好的新竹筒内,便可饮用。竹筒茶将泉水的甘甜、青竹的清香、茶叶的浓醇融为一体,所以喝起来别有风味,令人久久难忘。

13.景颇族。居住在云南省德宏地区的景颇族,至今仍保持着一种以茶做菜的食茶方法。腌茶一般在雨季进行,所用的茶叶是不经加工的鲜叶。制作时,姑娘们首先将从茶树上采回的鲜叶,用清水洗净,沥去鲜叶表面的附着水后待用。腌茶时,先用竹篇将鲜叶摊晾,失去少许水分,而后稍加搓揉,再加上辣椒、食盐适量拌匀,放入罐或竹筒内,层层用木棒舂紧,将罐(筒)口盖紧,或用竹叶塞紧。静置二、三个月,至茶叶色泽开始转黄,就算将茶腌好。腌好的茶从罐内取出晾干,然后装入瓦罐,随食随取。讲究一点的,食用时还可拌些香油,也有加蒜泥或其他佐料的。

14.布依族。饮茶,以茶水待客,是布依族人的习俗。布依族主要聚居在中国西南地区的贵州、云南、四川、广西等省区。一有客人来到布依族人的家中,主人往往先递上烟,然后敬茶。布依人用的茶叶都是自采自制,他们有时也上山去采和茶叶一样能泡开水饮用的其他植物,然后和茶叶一起进行加工,再加入金银花,制成混合茶叶。这种混合茶叶的味道特殊,芬芳醇美,还具有清热提神的作用,泡出来的茶水是很好的饮料。布依人制作的茶叶中,有一种茶叶很有特色,相当名贵,而且味道别具一格,这就是"姑娘茶"。姑娘茶是布依族未出嫁的姑娘精心制作的茶叶,每当清明节前,她们就上茶山去采茶树枝上刚冒出来的嫩尖叶,采回来的茶叶通过热炒,使之保持一定的温度后,就把一片一片的茶叶叠整成圆锥体,然后拿出去晒干,再经过一定的技术处理后,就制成一卷一卷圆锥体的"姑娘茶"了。

15.德昂族。德昂族原名"崩龙族",主要分布于云南德宏傣族景颇族自治州的潞西和临沧地区的镇康县等地。德昂族自古尚茶,因为德昂族人认为他们的祖先是由茶树变的。酸茶又叫"湿茶""谷茶"或"沽茶",是德昂族人日常食用的茶叶之一。其制作方法是:将采摘下来的新鲜茶叶放入事先清洗过的大竹筒中,放满后压紧封实,经过一段时间的发酵后即可取出食用,味道酸中微微带苦,但略带些甜味,长期食用具有解毒清热的功效。德昂族人还有腌茶的习俗,一般选择在雨季将茶树鲜叶采下后立即放入灰泥缸内,直到放满为止,再用厚重的盖子压紧,数月后即可将茶取出,与其他香料拌和食用。此外,也可用陶缸腌茶,将采回的鲜嫩茶叶洗净,加上辣椒、盐拌和后,放入陶缸内压紧盖严,存放几个月,即可取出当菜食用,也可作零食。

16. 基诺族。基诺族主要聚居于云南西双版纳景洪基诺山,有凉拌茶和煮茶的习俗。基诺山是著名的产茶区,驰名中外的普洱茶是当地的特产。他们的饮茶方法较为罕见,常见的有两种,即凉拌茶和煮茶。凉拌茶是一种极为罕见、较为原始的吃茶法,它的历史可以追溯到数千年以前。以现采的茶树鲜嫩新梢为主料,再配以黄果叶、辣椒、食盐等辅料制作而成,一般可根据各人的爱好而定。做凉拌茶的方法并不复杂,通常先将从茶树上采下的鲜嫩新梢,用洁净的双手捧起,稍用力搓揉,把嫩梢揉碎,放入清洁的碗内;再将黄果叶揉碎,辣椒切碎,连同食盐适量投入碗中;最后,加上少许泉水,用筷了搅匀,静置15分钟左右即可食用。凉拌茶味道清凉咸辣,爽口清香,吃后能提神醒脑,有一定的营养价值。基诺族人把凉拌茶称为"拉拔批皮"。基诺族另一种较为常见的饮茶方式是喝煮茶。方法是先用茶壶将水煮沸,随即在陶罐内取出适量已经过加工的茶叶,投入正在沸腾的茶壶内,经3分钟左右,当茶叶的汁水溶解于水时,即可将壶中的茶汤注入竹筒,供人饮用。就地取材的竹筒是基诺族喝煮茶的重要器具。

17.怒族。盐巴茶是生活在云南怒江一带的怒族较为普遍的茶饮。茶叶是怒族人的生活必需品,怒族人每日必饮三次茶,有谚语说:"早茶一盅,一天威风;午茶一盅,劳动轻松;晚茶一盅,提神去痛。一日三盅,雷打不动。"怒族人的盐巴茶,原料为当地生产的紧茶或饼茶,再加上少量盐巴;茶具是一个特制的小瓦罐和几只瓷杯。制作方法是:先取(敲)下一块紧茶或饼茶,砸碎放入小瓦罐内,随即把瓦罐移至火上烘烤,当茶叶烘烤到"噼啪"作响并散发出焦香时,缓缓冲入开水,再煮5分钟,然后把用线扎紧的盐巴块(井盐)投入茶汤中抖动几下后移去,使茶汤略有咸味,最后把罐内浓茶汁分别倒在瓷杯中,加开水冲淡即可饮用。边饮边冲,一直到瓦罐中的茶味消失为止。盐巴茶汁呈橙黄色,喝起来咸中微带苦味,很受怒族人的喜欢。当地人喝盐巴茶的同时,还吃玉米粑粑或麦面粑粑。盐巴茶既有茶香,又有盐分,可以代替蔬菜。生活在高寒地区的各兄弟民族缺乏蔬菜,须臾离不开盐巴茶,往往全家每人一个茶盅,一日三餐餐餐喝盐巴茶。

18.拉祜族。拉祜族被称为"猎虎"的民族,主要分布在云南澜沧、孟连、沧源、耿马、动海一带。烤茶又称"爆冲茶",拉祜语叫"腊扎夺",是他们古老、传统的饮茶习俗,沿用至今。饮烤茶通常分为四个程序。一是装茶抖烤,先将小陶罐在火塘上用文火烤热,然后放上适量茶叶抖烤,使之受热均匀,待茶叶叶色转黄,并发出焦糖香时为止。二是沏茶去沫,用沸水冲满盛茶的小陶罐,随即拨去上部浮沫,再注满沸水,煮沸3分钟后待饮。三是倾茶敬客,就是将罐内烤好的茶水倾入茶碗,捧茶敬客。四是喝茶吸味,他们认为烤茶香气足,味道浓,能振精神,是上等好茶,因此,喝烤茶总喜欢热茶吸饮。烤茶汤色清润微黄,带有焦香味,醇和中略带苦涩味,有解渴开胃的功能,久饮会使人精神倍增。

19.佤族。佤族亦是"濮人"的后裔,是云南最早利用茶的民族之一。擅长"烤茶",佤族烤茶又叫"铁板烧茶",是人类用火时代早期古老的茶利用方式的孑遗。方法是:先用壶将水煮沸,另用一块薄铁或瓦片盛上新嫩茶树鲜叶在火塘中烧烤,至茶色焦黄,闻到香气后,将茶倒入开水壶中煮。待茶煮好后,将茶水倒入茶盅中饮用。佤族更爱饮苦茶。苦茶熬得很浓,几乎成茶膏。苦茶虽味苦,但喝后有清凉感。饮茶的方式别有特色:将自家制作的茶叶(一般是绿茶),用小铝锅烤成金黄色,待散发出香味后,放入底大口小的小型土制陶缸里,茶叶约占陶缸体积的三分之二。然后倒进清水,并在缸口内放进一块小木片,用炭火煎茶,不时用小木片把茶叶压下,以防茶叶随着茶汁沸出缸外。第一遍倒进的水快煎干时,再加进第二遍清水,煎到剩二分之一时,茶汁即可斟出饮用。

20.普米族。普米族人爱喝打油茶,打油茶的制作方法也十分考究。热罐,加油米,加茶,烤香,加水煮沸,加盐及草果,将小土陶罐放在火塘上烤烫后,加猪油或香油,再加一小撮米煎至黄热,然后加茶叶,待茶叶烤香后,加开水煨涨,将茶叶汁滤入碗中,加盐和火麻子与草果的混合物,然后饮用。有的是现将花生米、芝麻、黄豆、糯米粑、干笋等放在油锅中,用旺火炒黄炒熟,取出来放在碗中,然后把茶放在油锅中炒至黄时注入清水,煮沸片刻,将茶叶捞出,再将茶汤倒入放佐料的碗中,即可成为饮用的"打油茶"。此种茶叶的煎煮方式,大有陆羽之前"瀹蔬式杂煮"之遗风,让人不能不发出"遂古之初,谁传道之"的感慨。

21.傈僳族。傈僳族主要聚居在云南的怒江一带,散居于丽江、大理、迪庆、楚雄、德宏以及四川西昌等地。这是一个质朴而又十分好客的民族,喝油盐茶是傈僳族人广泛流传的一种古老饮茶方法。傈僳族喝的油盐茶制作方法奇特。首先将小陶罐在火塘(坑)上烘热,然后在罐内放入适量茶叶在火塘上不断翻滚,使茶叶烘烤均匀。待茶叶变黄,并发出焦糖香时,加上少量食油和盐。稍时,再加水适量,煮沸2~3分钟,就可将罐中茶汤倾入碗中待喝。油盐茶因在茶汤制作过程中加入食油和盐,所以喝起来"香喷喷,油滋滋,咸分分,既有茶的浓醇,又有糖的回味"。傈僳族同胞常用它来招待客人,也是家人团聚喝茶的一种方式。

喝响雷茶是傈僳族特有的饮茶习俗。其制法是:先将大瓦罐加入适量的水烧开,另准备一个小瓦罐,加入敲碎的饼茶,放在火上烤,待到茶香微透时,将大瓦罐里的开水加入小瓦罐熬煮,大约5分钟后滤去茶叶沫,将茶汁倒入酥油筒内,加入酥油以及事先已炒熟、碾碎的核桃仁、花生米、盐巴,然后将一块烧热的鹅卵石放入酥油筒内,鹅卵石和酥油筒内的茶水接触,发出如雷鸣般的声音,响声过后马上用木杵使劲地上下捣打,使酥油呈雾状,均匀溶于茶汁中,此时倒出趁热饮用。

傈僳族还喜饮一种麻籽茶。制作麻籽茶时,先将麻籽入锅用微火焙黄,然后捣碎投入沸水中煮6~7分钟,取出沥渣,汤仍入锅放盐或糖煮沸即可饮用。麻籽茶洁白,多饮也像饮酒一样能够醉人。在贡山一带的傈僳族,受当地藏族生活方式的影响,也有喝酥油茶的习惯。

22.纳西族。纳西族主要居住在风景秀丽的云南丽江地区。这是一个喜爱喝茶的民族,他们平日爱喝一种具有独特风味的"龙虎斗"。此外,还喜欢喝盐茶。纳西族喝的"龙虎斗",制作方法也很奇特。首先用水壶将水烧开,另选一只小陶罐,放上适量茶,连罐带茶烘烤。为防止茶叶烤焦,还要不断转动陶罐,使茶叶受热均匀。待茶叶发出焦香时,向罐内冲入开水,烧煮3~5分钟。同时,准备茶盅,再放上半盅白酒,然后将煮好的茶水冲进盛有白酒的茶盅内。这时,茶盅内会发出"啪啪"的响声。纳西族认为"龙虎斗"是治感冒的良药,因此,提倡趁热喝下。如此喝茶,香高味醉,提神解渴。纳西族喝的盐茶,其冲泡方法与"龙虎斗"相似,不同的是预先准备好的茶盅内,放的不是白酒而是食盐。此外,也有不放食盐而改放食油或糖的,分别取名为油茶或据茶。

23.白族。白族人饮茶十分讲究,"三道茶"是热情好客的白族人待客的独特礼节,称为"一苦二甜三回味"。据说,这原来是白族人家接待女婿的一种礼节。第一道茶为"苦茶",用云南沱茶经烤香后冲泡的浓度高的茶水。第二道茶为"甜茶",是烤茶水中加红糖、核桃、芝麻、乳扇丝、米花等配料。第三道茶为"回味茶",是在茶水中加肉桂、花椒、生姜、蜂蜜、红糖等,回味甘甜。白族散居在我国西南地区,主要分布在风光秀丽的云南大理白族自治州。制作三道茶时,每道茶的制作方法和所用原料都是不一样的。第一进茶,称为"清苦之茶",寓意做人的哲理:要立业,就要先吃苦。制作时,先将水烧开,再由司茶者将一只小砂罐置于文火上烘烤。待茶罐烤热后,随即取适量茶叶放入罐内,并不停地转动砂罐,使茶叶受热均匀,待罐内茶叶"啪啪"作响,叶色转黄,发出焦香时,立即注入已经烧沸的开水,只听得"咔嚓"一声,罐内茶叶翻腾,泡沫涌起滋出罐外,像一朵盛开的绣球花。白族人认为这是吉祥的象征。等泡沫落下,又冲入沸水,茶便烧好了。少顷,主人将沸腾的茶水倾入茶盅,再用双手举盅献给客人。由于这种茶经烘烤、煮沸而成,看上去色如琥珀,闻起来焦香扑鼻,喝下去滋味苦涩,故而谓之苦茶。通常只有半杯,一饮而尽。第二道茶,称为"甜茶"。当客人喝完第一道茶后,主人重新在陶罐内加水,接着拿出几个茶盅,茶盅内放入切成薄片的核桃仁和少许红糖,等陶罐内的茶汤煮沸就倒人茶盅内,只见茶水翻腾,薄桃仁片抖动似蝉翼,此时沏成的茶清香扑鼻,味道甘甜,它寓意"人生在世,做什么事,只有吃得了苦,才会苦尽甘来"。第三道茶,称为"回味茶"。煮茶方法与前相同,只是茶盅内放的原料已换成半匙蜂蜜,再加上两三粒红色花椒、少许炒米花及一小把核桃仁,等茶水煮沸后注入茶盅,待七八分满时敬奉给客人饮用,客人边晃动茶盅边饮,只觉其味甜而微辣又略苦。有的地方还有放些切碎的乳扇(白族等云南西北部少数民族制作的奶酪)在茶盅内,同时加入一些红糖。第三道茶之所以称为"回味茶",是因为这杯茶喝起来甜、酸、苦、辣各味俱全,令人回味无穷,意思是说"凡事要多回味,切记先苦后甜"。

正因为它的独特风味是一苦、二甜、三淡。所以,有人把这三味用来比喻人生的"三重境界"。指青春、中年、老年三个时期。平常说的"少壮不努力,老大徒伤悲","莫等闲,白了少年头",都是规劝年轻人要吃苦耐劳。把青春喻为喝苦茶,犹如农民必须在春天辛苦地播种、插秧、耕耘一样,苦中孕育着希望。有首《七苦诗》说得好:"苦苦苦无限,不苦苦无穷。苦尽甘来日,方知苦是功。"青春期喝过苦茶,中年期便能喝上甜茶,恰如农民春天苦苦劳作,到秋季可尝丰收的甜头。

24.傣族。竹筒香茶是傣族人别具风味的一种茶饮,因原料细嫩,又名"姑娘茶"。傣族世代生活在我国云南南部和西南部地区,以西双版纳最为集中。傣族同胞,不分男女老少,人人都爱喝竹筒香茶。这种竹筒香茶的制作和烤煮方法很奇特,一般分为五道程序:一是装茶,就是将采摘细嫩,再经初加工而成的毛茶,放在生长期为一年左右的嫩香竹筒中,分层陆续装实。二是烤茶,将装有茶叶的竹筒放在火塘边烘烤,为使筒内茶叶受热均匀,通常每隔4～5分钟翻滚竹筒一次,待竹筒色泽由绿转黄时,筒内茶叶也已烘烤适宜,即可停止烘烤。三是取茶,待茶叶烘烤完毕,用刀劈开竹筒,就制成清香扑鼻、形似长筒的竹筒香茶。四是泡茶,分取适量竹筒香茶,置于碗中,用刚沸腾的开水冲泡,经3～5分钟即可饮用。五是喝茶,竹筒香茶喝起来既有茶的醇厚高香,又有竹的浓郁清香,所以喝起来有令人耳目一新的感觉。

25.哈萨克族。主要居住在新疆天山以北的哈萨克族,还有居住在这里的维吾尔族、回族等兄弟民族,茶在他们的生活中占据很重要的地位,与吃饭一样重要,当地流行一句俗语"宁可一日无米,不可一日无茶"。在高寒、缺蔬菜、食奶肉的北疆,奶茶对于当地牧民来说是补充营养和去腻消食不可缺少的。哈萨克族煮奶茶使用的器具通常是铝锅或铜壶,喝茶用大茶碗。

煮奶茶时,先将整块砖茶打碎成小块状。同时,盛半锅或半壶水加热沸腾,然后抓一把碎砖茶入内,待煮沸5分钟左右,加入牛(羊)奶,用量约为茶汤的五分之一,轻轻搅动几下,使茶汤与奶混合,再投入适量的盐巴,重新煮沸5～10分钟即可。讲究的人家,也有不加盐巴而加糖和核桃仁的。这样,一锅(壶)热乎乎、香喷喷的奶茶就煮好了,可随时饮用。他们习惯于一日早、中、晚三次喝奶茶,中老年人还得上午和下午各增加一次。如果有客从远方来,那么,主人就会立即迎客人入帐,席地围坐。好客的女主人当即在地上铺一块洁净的白布,拿出烤羊肉、奶油、蜂蜜、苹果等,再捧上一碗奶茶。一边喝茶进食,一边聊天,饶有风趣。

26.朝鲜族。大麦茶是我国朝鲜族的一种传统清凉饮料,是将大麦炒制后再经过沸煮而得,闻之有一股浓浓的麦香。长白山盛产人参,朝鲜族人喜欢喝人参茶。人参茶的制作方法也很简单:洗净人参并剔除须根,将人参放水煮出味后加蜂蜜调味即可。人参切条煮味道更容易出来,将人参和大枣一起放入,煮两天喝的量最为合适。朝鲜族还爱喝三珍茶,三珍茶就是用黄芪、枸杞、菊花泡出的茶,黄芪具有排毒去污功效,被称为"人体清道夫",可以增长元气;枸杞具有滋阴补肾作用,肾生精,精是生命之本;菊花可以聪耳明目,有益于大脑保健。将三种药材放到一起,长期饮用,对人的健康很好。

27.高山族。"柚子茶"是高山族一种民俗茶饮。制作"柚子茶"要于初秋柚子成熟上市期间购买柚子然后加工而成。通常先在柚子果实的顶部(果蒂处)略向下一些横切,并把带蒂的柚子皮留着当盖子用,再把柚子的果肉(囊瓣)挖去,然后取包种茶或红茶用力塞进柚果内腔,再将被切下的带蒂的柚子皮盖上,并用线缝密或扎紧,挂于通风如屋檐处,自然风干。待第二年夏天取出包种茶或红茶冲泡饮用。台湾人更喜欢于端午节当天才泡饮。

28.俄罗斯族。祖塔城市俄罗斯族喜欢喝红茶,在茶中加柠檬片和糖;或加入黑加仑、蓝莓等形成口感极佳的果味茶。倒茶时,先从茶炊里倒出一些酽茶,然后用水冲淡。因为俄罗斯族的饮食以奶油、肉类等高脂、高热量荤食为主体,所以他们每天均要饮用大量的红茶,这对降低血脂、减肥、防止心脑血管硬化十分有利。

29.撒拉族。日常饮料除清茶、奶茶和盖碗茶以外,还常饮麦茶和果叶茶。制作麦茶时,将麦粒炒焙半焦捣碎后,加盐和其他配料,以陶罐熬成,味道酷似咖啡,香甜可口;果叶茶是用晒干后炒成半焦的果树叶子制成,饮用起来别具风味。

六、茶馆茶楼的前生今世

有人说,茶馆是中国人的沙龙,在老舍的话剧《茶馆》中讲述了清朝末年到民国时期中国民间的饮茶习俗和饮茶氛围,时代的变迁和个人命运的沉浮也在茶馆的兴衰里汇聚,茶馆就是这样一个能把大千世界的一切汇聚在一起的场所。在古代,茶馆又叫茶楼、茶亭、茶肆、茶坊、茶寮、茶社、茶店、茶居等,虽然称呼甚多,但其形式和内容大抵相同。随着茶叶种植、生产和饮用相对普及后,茶才可能成为普通民众的消费之物。饮茶的普遍性,使茶逐渐变为民众营生和服务的手段。然而使之与普通民众的生活发生密切联系的不是茶馆而是茶摊。据史料记

图45

载,最早出现带有营生和服务性质的茶摊,约在东晋时期。元帝年间,一老妇人每天提着一器皿的茶,到市上去卖,市上的人争先恐后地前来买茶喝。虽是提篮、挑担或推小车行走于大街小巷,而且是最简陋的设备,最单一的顾客,但这种带商业性的茶摊即为现代茶馆的雏形。而关于茶馆的最早文字记载,则是唐代封演的《封氏闻见记》,其中谈到"自邹,齐,沧,棣,渐至京邑市,多开店铺,煎茶卖之,不问道俗,投钱取饮。"

唐代饮茶之风盛行,茶文化已形成一定的气势,茶馆已出现并有一定的发展,但茶馆并未普及和完善。最早的茶馆是伴随着商业往来形成并发展起来的。虽然材料有限,但从发展阶段上可以这样归纳:东晋是原始型茶馆的发展阶段,南北朝时形成初级型的茶寮,唐代是茶馆的正式形成时期。从此,茶馆正式在中国包括城市乡镇的土地上有了广泛的立足之地,并发展为全国性、商业性、集体性的饮茶场所。唐代的茶馆主要以卖茶为主,设备简单,主要为一些市民所消费。因此,从陈设到装饰到服务功能只处于初级阶段,而且那种浓郁的文化氛围尚未在茶馆出现。然而,唐代茶馆的发展为两宋茶馆的兴盛奠定了基础,也是茶馆发展史上不可缺少的初级阶段。

宋代的茶馆、茶坊以设在政治、经济、文化的中心和交通要道,货物集散的繁华街巷为著。随着茶肆规模的扩大,茶馆的经营机制趋于完善。宋代

茶馆大多实行雇工工作制,茶肆主要雇用熟悉茶技艺的人,称为"茶博士"。随着竞争的日益激烈,为吸引更多的不同层次的顾客,茶馆提供的服务日益多样化和全面化,各种娱乐活动也出现在茶馆,而且茶馆不仅提供茶水,还供应茶点。茶馆中的娱乐活动较为普遍的是弦歌,即孟元老《东京梦华录》中所称的"按管调弦于酒肆"。茶肆中的弦歌可分为三种类型:一是雇用乐妓歌女,成为招揽顾客的重要手段之一;二是茶客专门来茶肆学唱;三是茶肆安排说唱艺人说书。茶肆除了说唱之外,还有博弈等活动,吸引了大量棋艺爱好者走进了茶香四溢的茶馆。南宋时,茶肆为满足消费者的需求,根据不同季节卖不同的茶水,茶坊中都会备有各种茶汤供应顾客,使得茶馆的经营方式更为灵活。元代虽是宋代至明代的过渡时期,但元明时代的茶馆却是宋代茶肆、茶楼的延续,其内容和形式没有多大区别。

明代的茶馆在元代基础上又进一步发展。与宋朝茶馆相比,主要有以下几方面变化:

首先,茶馆数量大幅度增加。据《杭州府志》记载,明嘉靖二十一年(1542)三月,杭州城内有李姓商人开一茶馆,茶客盈门,络绎不绝,获利丰厚,以(引)致远近各处茶馆涌现,旬月之内多达五十余所。至清代,杭州城已盘踞大小茶坊八百多所。其次,明代茶馆更为雅致精纯,清雅逸韵。人们到茶馆饮茶,对泡茶用水,茶叶质量,盛茶器皿,煮茶火候的要求更为讲究。对茶的要求不仅形美,而且更注重茶的香气韵味。朱氏《茶谱》中,茶以"味清甘而香,久而回味,能爽神者为上",不可杂以诸香,否则"失其自然之性,夺其真味。"再次,明代茶馆里所供应的茶点、茶果较宋代更为精致、丰富,仅《金瓶梅》中提到的茶果、茶点约四十多种。明代末年,面向普通民众的茶摊出现在北京的街头,虽然只是一桌几凳的简朴茶摊,但用粗糙瓷碗摆起的大碗茶却吸引了众多顾客,为以出卖劳动力为生,没有空闲到茶馆的劳苦民众提供了解渴、休息的场所。茶摊简简单单却贴近劳苦大众的生活,一经产生便经久不衰,还创造了知名度很高的北京大碗茶。"康乾盛世"的清朝茶馆除了在明代基础上有所发展之外,其数量、种类、功能、环境皆蔚为大观。清代茶馆不仅数量多,经营还十分多样,产生了不同类型的茶馆:以卖茶为主的"清茶馆";卖茶兼带说评书的"书茶馆";开在大道边,城门外,荒郊野外的"野茶馆"和茶酒兼营的"草铺式茶馆"。晚清时期,由于清王朝的衰落和西方侵略者的入侵,导致政局动荡,百姓贫困,不少人终日以茶为伴,以茶馆为家。茶馆不仅为那些人提供落脚之地,也为人们的信息交流提供了场所。这样,清末民初时,中国的茶馆更加兴盛了。

近代是中国历史中的一个杂乱、悲壮的乐章,它以1840年鸦片战争为开端到1919年"五四"新文化运动兴起为止。这一时期社会动荡、战乱不断,各种矛盾尖锐,致使中国茶业衰落。然而茶馆却成为人们了解时局,预测形势发展和获取各种信息的主要场所,甚至成为资本主义侵略者容纳鸦片、香烟、弹子的"库房"。由于当时的种种情况刺激了茶馆的发展,大中城市的茶馆数量剧增,且波及小城镇和乡村。这一时期的茶馆又形成了新的特点。首先,茶馆的社会功能进一步扩大,政治、经济色彩更加浓厚。一些地方茶馆成为行业交易的市场,人才招聘的自由市场。例如手工匠以及其他雇工在茶馆出卖他们的技术或劳力,小贩则流动于桌椅之间吆喝其所售物品。来自农村的季节性劳动力也在茶馆等候雇用。由于时局动荡、混乱,茶馆也成为间谍、密探、革命者收集信息或活动的场所。其次,装饰、布置更趋于讲究,表现为西方文化与古老茶馆文化相结合。一些茶馆陈设布置出现欧化,有的甚至建在风景名胜区或旅游景点内,内部设有包厢,摆放西式家具、沙发,挂上西洋油画和风景水彩画。最后,文化内涵与意蕴的加深。这时期的茶馆不仅与文人、雅士结下不解之缘,而且让平民百姓在此地得到了文化熏陶和休亲享受。有的茶馆经常举办名人字画展、棋赛、鸟鸣等活动,这些文化活动不仅吸引了大批书法爱好者、棋迷、鸟迷,使他们的身心健康受益,同时对保持和拓展中国茶馆历有的内容,抑制西洋文化的入侵起了重要作用。随着鸦片、赌博、土匪的猖獗,随着西方的咖啡、汽水、蛋糕等饮料食品的入侵,随着电影院、剧院、舞厅的兴起,炮火的此起彼伏,茶馆的生意萧条了,茶馆的娱乐、休闲、解渴的作用削弱了,茶馆清俭、雅志的文化教育气息颠覆了,茶馆由兴盛走向了衰落。新中国成立后,政府对茶馆进行了整顿改造,取缔了过去消极的、不正常的社会性活动,使其成为人民大众健康向上的文化活动场所。

改革开放后,拥有千年历史的茶馆在涤荡污垢秽物后,以新的风姿,新的时代气息展示新的面貌。不仅原有的茶馆、茶楼重放光彩,而且新型茶馆、茶艺馆如雨后春笋般涌现。新时期的茶馆无论从形式、内容、经营理念与文化内涵都发生了巨大变化,更符合社会发展需要,也更具市场活力。茶馆成为精神文明建设的一个重要方面。现在各式各样的茶楼、茶馆遍布大街小巷,人们在满足物质需求外,追求的是个人的身心娱乐与休闲。因此,茶馆文化与人们的生活紧密相连,并且成为人们精神文化生活不可缺少的一部分。茶馆日益注重内在的文化教育韵味。从茶馆的外表装潢、内部陈设,服务员的服务礼仪、沏茶技术到柔美的音乐……无处不透出典雅深远悠长的文化气息。具有明清风格,古朴典雅的湖心亭茶楼,充满诗情画意或乡野之风的红茶坊……它们所折射出的无穷魅力,使年老年少的茶客都沉浸在浓郁的茶文化中。中国土地辽阔,民族众多,各地、各民族茶礼茶俗都有其特色。在当今竞争日益激烈,生活与工作节奏不断加快的社会,人们在一个宁静舒适的茶馆,通过茶礼、茶艺、茶道的熏陶,将自己融入大自然中,既体验到茶的真味,也可提高自我修养,同时放松自己。茶馆成为文化交流的中心,商业洽谈的最佳场所。很多茶馆定期、不定期地举办书画展或组织品茶、评茶等活动,有的还经常举办专家学者的茶学讲座,有的还举办大中小型"无我茶会""茶话会"等,还会进行中日、中韩的茶艺茶道文化交流。今天,茶馆正以它的勃勃生机,丰富而深厚的文化吸引着不同的人们,以它无穷的魅力展示中国这一古老而又充满时代气息的茶馆文化,同时传承中国这一文明古国的深厚的历史文化与美德,并延续着茶的精神。

中国人的人际关系中,茶起到了很大的作用,客厅里的待客离不开茶,茶楼里的交谈更是离不开茶。茶是无处不在的,茶馆也遍布辽阔的中华大地,这其中最具代表性的莫过于京式、江南、粤式、川式四种。

北京是文明古都,是中国文化的中心,时代的更迭和王朝的兴亡在某种情况下都能从茶馆的变迁中折射出来。京式茶馆多与曲艺相结合,是所谓的书茶馆。顾客一边品茶,一边欣赏着曲艺表演,像说书、大鼓等,有一种独特的韵味,营业时间大多在下午和傍晚,茶馆主人邀请艺人说唱评书,茶客边听书边喝茶,悠然自得。今天北京的老舍茶馆就是这类茶馆的典型代表。老舍茶馆是以现代作家老舍先生及其话剧《茶馆》命名的,建于1988年,是集书茶馆、餐茶馆、茶艺馆于一体的多功能综合性大茶馆。在这古香古色、京味十足的环境里,汇聚了京剧、曲艺、杂技、魔术、变脸等优秀民族艺术,同时可以品用各类名茶、宫廷细点、北京传统风味小吃和京味佳肴茶宴,俨然已成为展示民族文化的窗口。除此之外西安、开封等地也还汇集着风格多样的茶馆。

江南茶馆和京式茶馆区别很大,在苏杭一带,茶馆与园林的发展有着不可分割的关系,它将品茗和美景结合起来。在一些公园里,就有这样的茶馆,人们在美景之中品茶,诗情画意与茶中滋味,一个也不能少。以杭州为例,在南宋时就有"四时卖奇茶异汤,冬日添七宝擂茶"这样的句子来形容当时的茶坊卖茶之兴盛。这是一种典型的中国式沙龙,茶馆精致漂亮,风景优美,常有文人墨客、贵族子弟往来其中,有的茶馆还兼具妓院的功能,是当时的士人流连忘返的地方。今天苏杭一带的茶馆文化依然兴盛,寺庙、园林大都与茶馆相结合,优美的环境是苏杭茶馆与众不同的地方,除此之外对艺术的追求也与众不同。大多茶馆已经上升到茶艺馆的水平,有些茶馆里同时可以做陶艺,有的甚至布置了琴台,对品茶的器皿和泡茶的方式也有很高的要求。这使得苏杭茶馆更加高雅脱俗。

粤式茶馆将茶楼与饭馆的合二为一。每天两次茶市,两次饭市。广州的茶楼有着悠久的历史,可以追溯到唐宋。当时的茶楼是为了适应商业的需要,是客商的交际场所,由于广州这样一个对外贸易产生较早的城市,市民的生活习惯也有着商业城市的印迹,这种茶楼文化深深地影响了广州人,也是广州市民文化的代表之一。今天广州的大小茶楼数以千计,每天的早茶和午后茶都是座无虚席,点心和各式小吃琳琅满目,任人选择,这类茶楼是亲戚朋友合家欢聚的好去处,是粤语地区重要的交际场所,也是日常生活的重要组成部分。

有人说:四川茶馆甲天下,成都茶馆甲四川。成都人爱喝茶,茶馆遍布城市与乡村,大街小巷、公路沿线,有人的地方就有茶馆。有好几个世纪历史的四川茶馆是川渝一代人们"摆龙门阵"的地方,这类茶馆简朴随意,多用竹制躺椅和茶几,茶馆里人声鼎沸,常有小商贩穿梭其间,兜售凉面等小吃。有人打牌,有人下棋,气氛轻松随意,是廉价的大众化休息场所。和其他地方不同的是,川渝一带的茶馆里还会有川剧表演,不光有艺人表演,戏剧爱好者也常常客串,还能看到川剧里的变脸等高超的艺术。

七、"茶者,养生之仙药也"

随着社会的发展,科学的进步,茶的使用范围日益扩大。不过从总体来说,迄今茶的使用主要还是在食用和药用两个方面,这是由茶的营养成分和药理功能决定的。营养与药效,虽有一定区别,但对于人体而言,均属于保健养生之用。所以茶是一种珍贵、高尚的饮料。饮茶是精神上的享受,是一种审美且具有艺术性的行为,是一种修身养性的方法。

1.茶的营养成分

茶多酚。茶多酚是茶叶中酚类物质的总称,又称为茶单宁,包括儿茶素、黄酮类、花青素和酚酸四大类物质。茶多酚的含量占干物质总量的20%～35%。在茶多酚总量中,儿茶素约占70%,它是决定茶叶色、香、味的重要成分。

蛋白质和氨基酸。茶叶中的氨基酸已发现的存28种之多,大部分为人体所必需。其中茶氨酸为茶特有的氨基酸,为检查茶叶真伪的化学指标。

氨基酸有较高的水溶解度,使得茶汤具有鲜甜的味感,尤其是茶氨酸,是形成茶叶香气和鲜爽度的重要成分。

生物碱。茶叶里所含的生物碱主要是咖啡因、茶叶碱、可可碱、腺嘌呤等,其中咖啡因含量较多。咖啡因易溶于水,是形成茶叶滋味的重要物质。咖啡因还可作为鉴别真假茶的特征之一。咖啡因对人体有多种药理功能,如能兴奋中枢神经系统,增强大脑皮质的兴奋过程,帮助人们振奋精神、增进思维、消除疲劳、提高工作效率;能消解烟碱、吗啡等药物的麻醉与毒害等。

维生素。茶叶中含有丰富的维生素类,其含量占干物质总量的0.6%～1%。维生素类分水溶性和脂溶性两类。脂溶性维生素有维生素A、维生素D、维生素E、维生素K等。脂溶性维生素不溶于水,饮茶时不能被直接吸收利用。水溶性维生素有维生素C、维生素B_1、维生素B_2、维生素B_3、维生素B_{11}、维生素B_5、维生素P、肌醇等。其中,维生素含量最多,尤以高档龙井茶含量为高。

矿质元素。茶叶中含有几十种矿质元素。含量较多的为钾,人体细胞不能缺钾,夏天出汗过多,易引起缺钾,饮茶是补充钾的理想方法。其次还有磷、钠、硫、钙、镁、锰、铅,微量元素有铜、锌、钼、镍、硼、硒、氟等,这些元素大部分是人体所必需的。矿质元素对人体内某些激素的合成,能量转换,人类的生殖、生长、发育,大脑的思维与记忆,生物氧化,酶的激活,信息的传导等都起着重大的作用,如氟对牙齿的保健有益。

此外,茶还含有糖类,类脂类,有机酸,无机化合物,芳香物质等营养成分。

2.茶的药理功能

如前所述,茶叶含有与人体健康密切相关的生化成分,如茶多酚、咖啡因、脂多糖等。现代科学研究证实,茶叶不仅具有提神清心、清热解暑、消食化痰、去腻减肥、清心除烦、解毒醒酒、生津止渴、降火明目、止痢除湿等药理作用,还对现代疾病有一定的功效。如茶叶有助于延缓衰老,有助于抑制心血管疾病,有助于预防和抗癌,有助于预防和治疗辐射伤害,有助于抑制和抵抗病原菌,有助于美容皮肤,有助于利尿解乏,有助于护齿明目等。茶还可以作为预防胆结石、肾结石和膀胱结石形成的药物。作为支气管炎和感冒时的发汗药和增进呼吸作用的药物,可以预防痛风和消除人体中有害的盐类及毒素的积累,防治各种维生素缺乏症。预防黏膜、牙床出血,浮肿、眼底出血和甲状腺功能亢进。咀嚼干茶还可减轻妊娠、呕吐及晕车、晕船反应。而且茶叶还是人体铜和铁元素的重要来源,它们是形成人体血红蛋白和红细胞所必需的,据说苏联将茶用来治疗因食品中长期缺铁而引起的贫血症。

我国民间有句老话:"当家度日七件事,柴米油盐酱醋茶",这话说明茶在我国人民生活中必不可少。然而人们只知道饮茶很有乐趣,而且对人体健康有益,却不知道饮茶还有学问,因人制宜,因时制宜。茶可以提神醒脑、促进消化,但茶中的两种元素:鞣酸和咖啡因,对患有某些疾病的人来说,却成为利弊不定的因素。所以,饮茶并不适宜所有的人,每个人在饮用茶的浓度、量度上都应该有区别。这要根据不同的体质、年龄以及工作性质、生活环境等条件来判断。从体质方面来看,身体健康的成年人,饮用红绿茶均可。对于"宁可终身不饮酒,不可三餐无饮茶"的老年人而言,则以饮用红茶为宜。适当饮茶有利于延年益寿,但茶不要泡得太浓。对于女性而言,平时一般以淡绿茶为宜,但在行经期、妊娠期、临产期、哺乳期、更年期等"五期"的女性则不宜饮茶,更不能饮浓茶。对于儿童而言,应当讲究适度,饮茶千万不要过量,越小的孩子越应如此。对于一些病人而言饮茶须谨慎,感冒发烧的不宜饮茶;神经衰弱的要有选择的饮茶;溃疡病人少饮茶;心血管病人应适量饮淡茶;低血糖病人莫饮茶;素食者和体瘦者少饮茶。从工作性质来看,体力劳动者,军人,地质勘探者,经常接触放射线和有毒物质的人员,应喝些浓绿茶;脑力劳动者也应喝点高级绿茶,以助神思。饮茶有益于健康,但饮茶当有四季之别。一年有春夏秋冬之分,而茶叶也有寒热温凉之别。古代养生家认为,要达到喝茶健身的理想效果,须根据四季气候的特点与各类茶叶的性能,以及人体生理代谢的适应能力等择而饮之,做到"饮茗不与四时同"。一般认为春饮花茶长精神,夏饮绿茶身清凉,秋饮青茶可润燥,冬饮红茶暖心田。除了以上两点之外,需要注意长期饮浓茶易导致老年骨质疏松,睡前饮浓茶影响睡眠质量,酒后饮浓茶火上浇油,忌用茶水服药,忌空腹饮茶等。尽管当今世界的广告充斥着可口可乐、百事可乐以及雀巢速溶咖啡等等最入时的各种各样饮料,但具有独特性的世界"三大饮料"之一的中国茶,作为普通的饮料仍然雄踞于世界饮料市场之首。而且因为其拥有悠久的历史和独特而全面的保健养生功效,使其成为一种影响最广的"饮料"。当茶成为一种文化,本身就获得了一种全新的定义。而当茶从单一的饮料成为一种实惠便捷的保健养生饮料时,则让茶在实质上得到了飞跃,同时也改变了传统中国茶文化只注重茶的意趣而不注重茶的功用的局面,完善了茶文化的内涵,让茶名副其实成为世界三大饮料之一。

南方嘉木中国茶
NANFANG JIAMU ZHONGGUOCHA

141

八、茶歌、茶舞和茶戏

茶歌、茶舞是与茶叶的生产和制作、饮用紧密相连的一种文化现象,从现存的史料来讲,茶叶成为歌咏的内容,最早见于西晋孙楚的《出歌》。茶舞是以茶的生产和饮用为主体和内容的舞蹈艺术,茶舞主要有采茶舞和茶灯两大类。从茶歌的历史上来看,茶歌大都是劳动人民创造的口头文艺形式,并以口头形式在民间流传,所以茶歌具有广泛的群众基础。

采茶戏,流行于江西、湖北、湖南、安徽、广东、广西、江西等地。采茶戏、湖北采茶戏、广西茶灯戏、云南茶灯戏等,都是在茶区人民创作茶歌、茶舞、茶乐的基础上逐渐形成和发展起来的,多以采茶、茶灯歌舞为表现形式,通常以小旦、小丑或小生、小旦、小丑进行表演。其中不同的戏剧剧种又有多种分类,如江西采茶戏包括赣南采茶戏、抚州采茶戏、南昌采茶戏、武宁采茶戏、吉安采茶戏等等。采茶戏也是世界上唯一由茶事发展产生的独立的剧种。

江西采茶戏,主要发源于赣南安远、信丰一带,采茶戏与盛产茶叶有关。明朝,赣南、赣东、赣北茶区每逢谷雨季节,劳动妇女上山,一边采茶一边唱山歌以鼓舞劳动热情,这种在茶区流传的山歌,被人称为"采茶歌"。由民间采茶歌和采茶灯演唱发展而来,继而成为一种有人物和故事情节的民间小戏。赣南采茶戏形成后,即分几路向外发展,与当地方言和曲调融合,形成赣东、西、南、北、中五大流派,每个流派中又有不同的本地腔。江西采茶戏总的特点是:表演欢快,诙谐风趣,载歌载舞,喜剧性强,富有浓郁的乡土气息,颇受群众喜爱。从唱采茶歌发展为采茶戏有几个阶段。采茶歌最早只唱小调,每句仅有四句唱词,这种小曲生动活泼,委婉动听。采茶歌再经发展,便由采茶小曲组成了"采茶歌联唱",名曰"十二月采茶歌"。后来"十二月采茶歌"又与民间舞蹈相结合,进入元宵灯彩行列,成为"采茶灯",它由姣童扮成采茶女,每队八人或十二人,另有少长者二人为队首,手持花篮,边唱边舞,歌唱"十二月采茶"。这种"采茶灯"形式简单,纯属集体表演的歌舞,但是它已向采茶戏迈进了一步。明朝,盛产名茶的赣南安远县九龙山茶区,茶农为了接待粤商茶客,常用采茶灯的形式演出以采茶为内容的节目。即从"采茶灯"中八个(或十二个)采茶女中分出二人,为旦角大姐、二姐,再留一个队首作丑角,正好是二旦一丑的"三角班"。姐妹二人表演上山采茶,手持茶篮,边唱边舞,唱着"十二月采茶歌";扮丑角的手持纸扇在中间穿插打趣。这就是原始节目《姐妹摘茶》。再后增加了开茶山、炒茶、送哥卖茶、盘茶等细节,丑角扮成干哥卖茶,便更名为《送哥卖茶》。这种采茶灯(又名"茶篮灯")的演出已是采茶戏的雏形了。赣南的"茶篮灯"不断增加新的内容,又涌现了表演其他劳动生活的、由二旦一丑或一旦一丑扮演的小戏,如《秧麦》《挖笋》《补皮鞋》《捡田螺》《卖花线》《磨豆腐》等等,因用采茶调演唱,一唱众和,尚无管弦伴奏,便统名为"采茶戏"。采茶戏因是从民间歌舞、灯彩发展形成的地方戏曲,演出剧目又多反映劳动人民的生活,其音乐唱腔又多民歌风味,故深受人民群众喜爱。

南方嘉木中国茶
NANFANG JIAMU ZHONGGUOCHA

觥筹交错饮美酒

酒文化是中华民族饮食文化的重要组成部分。作为人类最古老的食物之一，它的历史几乎同步于人类文明的起源。酒在中国的起源说法很多，最具影响力的莫过于杜康造酒说。酒的形态多种多样，不但品种繁多，而且风格独特。酒不仅仅是一种饮品，它还是中国人上千年来精神的寄托，它体现在社会、政治生活、文学艺术乃至人的人生态度、审美情趣等诸多方面。从某种意义上讲，中国人品饮的不单单是酒的醇香，而是融化在酒中最纯正的文化韵味。

图46　古法酿酒（一）

酒文化作为一种特殊的文化形式，在传统的中国文化中有其独特的地位。在几千年的文明史中，酒几乎渗透到社会生活的各个领域。因醉酒而获得心灵的自由，这是古老的中国人在自我解脱中寻找艺术魅力的重要途径。在中国，酒神精神以道家哲学为源头。庄周主张物我合一、天人合一、齐一生死。庄周高唱绝对自由之歌，倡导"乘物而游""游乎四海之外""无何有之乡"。庄子宁愿做自由的在烂泥塘里摇头摆尾的乌龟，也不愿做受人束缚的昂头阔步的千里马。追求绝对自由、忘却生死利禄及荣辱，是中国酒文化的精髓所在。这种精神使人们在文学、书画等诸多领域创造了一个又一个经典，张扬着中国人独特的艺术魅力。

一、"何以解忧，唯有杜康"

酒文化源远流长，在国人饮食文化中占有重要地位。所谓"饮"，最主要者，即在茶与酒。中国有句俗语叫"无酒不成席"，可见在中国的饮食文化中是少不了酒的。从某种程度上讲，酒是人与人沟通和交往的必需品。在中国人的生活中，酒无处不在。结婚称之为"喜酒"，孩子满月称之为"满月酒"，端午节要喝"雄黄酒"，重阳节要喝"重阳酒"，情人之间要喝"交杯酒"，祝捷要喝"庆功酒"。酒已经成为人与人交往的重要纽带，在中国人的日常生活中越发起着重要的作用。

关于酒的起源有多种说法，真正与酒的酿造有关系的，是杜康。他的历史贡献在于创造了秫酒的酿造方法。秫酒就是以黏性高粱为原料制成的清酒，即粮食造的酒。杜康奠定了我国白酒制造业的基础，被后人尊崇为酿酒鼻祖和酒圣。晋代江统《酒诰》中有这样的记载："酒之所兴，肇自上皇。或

图47　古法酿酒(二)

云仪狄，一曰杜康。有饭不尽，委馀空桑，郁结成味，久蓄气芳。本出于此，不由奇方。"是说杜康将未吃完的剩饭，放置在桑园里的树洞里，剩饭在洞中发酵后，有芳香的气味传出。这就是酒的做法，并无什么奇异之处。由生活中一次偶然的机会作契机，启发创造发明之灵感，这是很合乎一些发明创造的规律的。这段记载在后世流传，杜康便成了很能够留心周围的小事，并能及时启动创作灵感的发明家了。魏武帝曹操《短歌行》里唱道："何以解忧，唯有杜康"。自此之后，杜康进入到诗歌中，广泛流传起来。人们认为酒就是杜康所创的说法，因此而渐为增多。窦苹考据了"杜"姓的起源及沿革，认为"杜氏本出于刘，累在商为豕韦氏，武王封之于杜，传至杜伯，为宣王所诛，子孙奔晋，遂有杜氏者，士会和言其后也。"杜姓到杜康的时候，已经是禹之后很久的事情了。在上古时期，却已经有"尧酒千钟"之说了。如果说酒是杜康所创，那么尧喝的是什么人创造的酒呢？

历史上杜康确有其人。古籍《世本》《吕氏春秋》《战国策》《说文解字》等书，对杜康都有过记载。清乾隆十九年重修的《白水县志》中，对杜康也有过较为详细的记载。白水县，位于陕北高原南缘与关中平原交界处。因流经县治的一条水底多白色石头的河而得名。白水县，系"古雍州之城，周末为彭戏，春秋为彭衙"，"汉景帝建粟邑衙县"，"唐建白水县于今治"，可谓历史悠久。白水因有所谓"四大贤人"遗址而名蜚中外。一是相传为黄帝的史官、创造文字的仓颉，出生于本县阳武村；一是死后被封为彭衙土神的雷祥，生前善制瓷器；一是我国"四大发明"之一的造纸发明者东汉人蔡伦，不知缘

何因由,也在此地留有坟墓;此外就是相传为酿酒的鼻祖杜康的遗址了。一个黄土高原上的小小县城,一下子拥有仓颉、雷祥、蔡伦、杜康这四大贤人的遗址,其显赫程度就不言而喻了。"杜康,字仲宁,相传为县康家卫人,善造酒。"康家卫是一个至今还有的小村庄,西距县城七八公里。村边有一道大沟,长约十公里,最宽处一百多米,最深处也近百米,人们叫它"杜康沟"。沟的起源处有一眼泉,四周绿树环绕,草木丛生,名"杜康泉"。县志上说"俗传杜康取此水造酒","乡民谓此水至今有酒味"。有酒味固然不确,但此泉水质清冽甘爽却是事实。清流从泉眼中汩汩涌出,沿着沟底流淌,最后汇入人称"杜康河"的白水河。酿酒专家们对杜康泉水也做过化验,认为这里的水质很适于造酒。杜康泉旁边的土坡上,有个直径五六米的大土包,以砖墙围护着,传说是杜康埋骸之所。杜康庙就在坟墓左侧,凿壁为室,供奉着杜康造像。可惜庙与像均毁于"十年浩劫"。据县志记载,往日,乡民每逢正月二十一日,都要带上供品,到这里来祭祀,组织"赛享"活动。这一天热闹非常,搭台演戏,商贩云集,熙熙攘攘,直至日落西山,人们方尽兴而散。如今,杜康墓和杜康庙均在修整,杜康泉上已建好一座凉亭。亭呈六角形,红柱绿瓦,五彩飞檐,楣上绘着"杜康醉刘伶""青梅煮酒论英雄"的故事图画。尽管杜康的出生地等均系"相传",但据考古工作者在此一带发现的残砖断瓦考定,商周之时,此地确有建筑物存在。这里产酒的历史也颇为悠久。唐代大诗人杜甫于安史之乱时,曾举家来此依附其舅崔少府,写下了《白水舅宅喜雨》等诗,诗句中有"今日醉弦歌""生开桑落酒"等饮酒的记载。

无独有偶,清道光十八年重修的《伊阳县志》和道光二十年修的《汝州全志》中,也都有过关于杜康遗址的记载。《伊阳县志》中《水》条里,有"杜水河"一语,释曰"俗传杜康造酒于此"。《汝州全志》中说:"杜康叭","在城北五十里"的地方。今天,这里倒是有一个叫"杜康仙庄"的小村,人们说这里就是杜康叭。"叭",本义是指石头的破裂声,而杜康仙庄一带的土壤又正是山石风化而成的。从地隙中涌出许多股清冽的泉水,汇入旁村流过的一条小河中,人们说这段河就是杜水河。令人感到有趣的是,在旁村这段河道中,生长着一种长约一厘米的小虾,全身澄黄,蜷腰横行,为别处所罕见。此外,生长在这段河岸上的鸭子生的蛋,蛋黄泛红,远较他处的颜色深。此地村民由于饮用这段河水,竟没有患胃病的人。在距杜康仙庄北约十多公里的伊川县境内,有一眼名叫"上皇古泉"的泉眼,相传也是杜康取过水的泉眼。如今在伊川县和汝阳县,已分别建立了颇具规模的杜康酒厂,产品都叫杜康酒。伊川的产品、汝阳的产品连同白水的产品合在一起,年产量达一万多吨,这恐怕是杜康当年所无法想象的。

史籍中还有少康造酒的记载。少康即杜康,不过是不同的称谓罢了。那么,酒之源究竟在哪里呢?北宋人窦苹认为"予谓智者作之,天下后世循之而莫能废"(《酒谱》),劳动人民在经年累月的劳动实践中,积累下了制造酒的方法,经过有知识、有远见的"智者"的归纳总结,使后代人按照先祖传下来的办法一代一代地相袭相循,从而流传至今。

二、"葡萄美酒夜光杯"

我国有悠久的酿酒历史,在长期的发展过程中,酿造出许多被誉为"神品"或"琼浆"的美酒。著名唐代诗人李白、杜甫、白居易等都有脍炙人口的关于酒的诗篇流传至今。据历史记载,中国人在商朝时代(约3700年前)已有饮酒的习惯,并以酒来祭神。在汉、唐以后,除了黄酒以外,各种白酒、药酒及果酒的生产已有了一定的发展。

图48 中式酒具

中国酒品种繁多,风格独特,按不同的方式可做如此划分:

1. 按酒精含量分:高度酒(51%~67%);中度酒(38%~50%);低度酒(38%以下)。

2. 按酒的含糖量分:甜型酒(10%以上);半甜型酒(5%~10%);半干型酒(0.5%~5%);干型酒(0.5%以下)。

3. 按酒的酿制方法分

(1)发酵酒:把含有糖分或淀粉质的原料,经过糖化、发酵、过滤、杀菌后制成的酒。这种酒酒精度较低,如黄酒、啤酒、果酒等。

(2)蒸馏酒:将含有糖分或淀粉质的原料经糖化、发酵、蒸馏而制成的酒。这类酒酒精度较高,如白酒、白兰地、威士忌等。

(3)配制酒:又称调制酒,是酒类里面的一个特殊品种。我国的配制酒具有悠久的历史和优良的传统。据考证,中国配制酒开始于春秋战国之前。所谓的配制酒,是以发酵酒、蒸馏酒或食用酒精为酒基,加入可食用的花、果、动植物或中草药,或以食品添加剂为呈色、呈香及呈味物质,采用浸泡、煮沸、复蒸等不同工艺加工而成的改变了其原酒基风格的酒。配制酒分为植物类配制酒、动物类配制酒、动植物配制酒及其他配制酒。最具代表性的就是药酒。

4.按酒的风味特点分

我国酒的分类,一般都以商业习惯,按酒的风味特点分,则有

(1)白酒

白酒,酒精度含量高。我国白酒以固态发酵法在世界酿酒业中独树一帜。白酒按香型可分为:

清香型:采用清蒸清烧(二遍烧)的传统工艺生产。酒气清香芬芳、醇和绵软、甘润爽口、酒味纯净,以山西汾酒为代表。

酱香型:采用特种工艺酿成,酒的成分较为复杂。其特点在于醇厚馥郁、香气幽雅、浓而不猛、回味绵长、饮后空杯留香,以贵州茅台酒为代表。

浓香型:采用传统续渣发酵工艺,其特点是窖香浓郁、绵柔甘洌、回味悠长、口留余香,俗称"香、甜、浓、净",以四川泸州老窖特曲为代表。

米香型:用上等大米为原料,以小曲酒为糖化发酵剂,用丰富的固体、半液体法发酵、蒸馏而成。其特点是酒质晶莹、蜜香清芬、入口绵甜、回味怡畅,以"清、甜、爽、净"见称。以广西桂林的"三花酒"为代表。

兼香型:又称混合香型、复香型。是有两种以上主体香的白酒。用小曲或大曲作糖化发酵剂,吸取其他香型的白酒精华独创而成。其特点是既有大曲酒的浓郁芳香,又有小曲酒的柔和醇厚、甘爽甜美。以"董酒""西凤酒"为代表。

(2)黄酒

黄酒是我国历史最为悠久的传统饮料酒。它是以糯米和黍米为原料,利用麦曲、红曲和酒药浆水中的微生物共同作用,经蒸煮、糖化、发酵及压榨酿成的低度原汁酒,酒精含量一般在12%～18%之间。因其多数品种均呈黄色或黄中微红色,故名黄酒。我国地域广博,南北方均有黄酒。以原料、酿造工艺及成品酒风格之不同,可分为:

绍兴黄酒:绍兴黄酒以其储存时间越长,其味越醇厚芳香甘甜,故有"老酒"之称。有"加饭酒""善酿酒""香雪酒""状元红"等品种。

福建黄酒:如"沉缸酒"。

北方黄酒:如山东"即墨老酒"。

(3)果酒

以各种富含糖分的水果味的原料,经发酵酿制而成的各式低酒度饮料酒。有葡萄酒、苹果酒、山楂酒、荔枝酒等,尤其以葡萄酒最为著名。葡萄酒

按色泽可分为红葡萄酒、白葡萄酒、淡红葡萄酒;按糖分多少分为干葡萄酒、半干葡萄酒、半甜葡萄酒、甜葡萄酒;按加工方法分天然葡萄酒、加强葡萄酒、加料葡萄酒等。

三、"无酒不成席"

《礼记·效特牲》中说:黔敖在施舍时"左奉食,右执饮"。古人吃饭离不开饮料,特别是酒,饮酒已经成了一种习俗。《诗经》中酿酒原料最主要的是谷物,如稻、黍等。此外枣也是酿酒的好原料。《豳风·七月》云:"八月剥枣,十月获稻;为此春酒,以介眉寿"。酒在口味上有醇酒和甜酒,比较单一。如《周颂·丰年》中的"为酒为醴",醴,是一种甜酒。在酒的品质上,酒分为成年窖藏的"昔酒"和清澈的"清酒"。酒坛上部高档的"清酒"要先用于祭祀祖先。如《小雅·北山》:"祭以清酒,从以骍牡。"酒坛下部澄清过的叫"酾酒",用于犒赏重体力劳动后的家人。如《小雅·鹿鸣》:"伐木许许,酾酒有藇!""旨酒"是醇美的酒,如《周颂·丝衣》《小雅·桑扈》:"旨酒思柔",当为入口不辣之意。用于款待尊贵的客人。如《小雅·鹿鸣》:"我有旨酒,以燕嘉宾之心。"还有作为一般饮料的酒,佐食而用。在喝酒上也有了一定的规范。比如提醒人们饮酒要适度。《小雅·小旻》:"人之齐圣,饮酒温克。"意即喝酒时要向圣人看齐,酒风温和,酒量有度。《小雅·桑扈》:"既醉而出,并受其福。"意即喝醉了主动离开,在筵席吵嚷对大家都不是好事。宴会饮酒在《诗经》中显得尤为突出,如《小雅·鹿鸣》:"我有旨酒,嘉宾式燕以敖",描写了用美酒敬宾客时的燕飨礼节。酒也成为《诗经》时代重要的祭品之一。《大雅·旱麓》歌颂周文王祭祖得福,诗中写道:"瑟彼玉瓒,黄流在中。"《周颂·丰年》:"为酒为醴,烝畀祖妣。"

《诗经》中在提到祭祀宴饮时,多次提到用来盛食物的器具。釜、鬵等属于炊具,须放到灶上才能使用。簋、篷、登等都是食器,但它们的分工略有不同,"簋"是一种普通的食器,由青铜或陶制成;"篷"是用来盛果脯的竹器;"登"和"豆"形状相似略浅。"爵、翠、卣、瓒、兕觥"是酒器,它们形状各异,千姿百态。

中国受儒家思想的影响,礼制也渗透到饮食生活当中。《小雅·伐木》:"笾豆有践,兄弟无远。民之失德,干糇以愆,有酒湑我,无酒酤我。坎坎鼓我,蹲蹲舞我,迨我暇矣,饮此湑矣。"告诫人们兄弟之间不要因为一点饮食小事而失和,而失去了德行。

楚人好饮酒,在《楚辞》中记载的酒,不仅种类多,而且质量上乘。有一宿熟的醴(甜酒)和多次酿制纯度较高的"酎"。也有采取酒酿酒的办法,酿造的浓美清酒"楚沥"。楚人喜清酒,所谓"吴醴白蘖,和楚沥只"(《大招》),就是将吴人的浓醴和以白米之麹,共作楚沥。还有冰镇的"冻饮"。《招魂》云:"挫糟冻饮,酎清凉些。"近年出土的楚文物中有所谓"冰鉴"者,系一种冰酒器:热天贮冰水使酒变凉,冬天则贮沸汤使酒变温。《大招》云:"清馨冻饮",这个"冻饮"即"冷饮"之意,是一种清香醇酿的冰冻酒,最宜消暑解渴。缩(即沥)酒的办法也较先进,即用楚地特产的香茅滤酒,酒味香冽。为了增添酒浆的香味和色泽,楚人常于酒中加椒、桂等香料。"华酌既陈,有琼浆些""瑶浆蜜勺,实羽觞些"(《招魂》)。楚地盛巫风,酒也是祭祀时不可或缺的重要物品。

先秦至两汉时期,酒在人们眼中还是世俗的,实用性很强的东西。西汉邹阳说它是"庶民以为饮,君子以为礼",言下之意就是饮酒为乐,而上层人士则用之以行礼,而"行礼"就包含了一套仪式以及一定的寓意。故而,也可看出有一些有识之士再三警告人们,对酒要节制,不及于乱,不能沉湎其中,以致丧身败德。晋人葛洪《抱朴子·酒诫》篇说:"酒醴之近味,生病之毒药,无分毫之细益,有丘山之巨损。君子以之败德,小人以之速罪。耽之惑之,鲜不及祸。"酒能让君子败德,平民招祸,且有损身体,这从某种程度上强调了酒的坏处,给人警醒。

历史上,儒家学说被奉为治国安邦的正统观点,酒的习俗礼仪同样也受儒家文化的影响。儒家讲究"酒德"二字。"酒德",最早见于《尚书》和《诗经》,其含义是说饮酒者要有德行,不能如商纣王那样,"颠覆厥德,荒湛于酒"《尚书·酒诰》中集中体现了儒家的酒德,这就是:"饮惟祀"(只有在祭祀时才能饮酒);"无彝酒"(不要经常饮酒,平常少饮酒,以节约粮食,只有在有病时才宜饮酒);"执群饮"(禁止聚众饮酒);"禁沉湎"(禁止饮酒过度)。儒家并不反对饮酒,用酒祭祀敬神,养老奉宾,都是德行。饮酒作为一种食的文化,在远古时代就形成了一种大家必须遵守的礼节。有时这种礼节还非常烦琐。但如果在一些重要的场合下不遵守,就有犯上作乱的嫌疑。又因为饮酒过量,便不能自制,容易生乱,制定饮酒礼节就很重要了。明代的袁宏道,看到酒徒在饮酒时不遵守酒礼,深感长辈有责任,于是从古代的书籍中采集了大量的资料,专门写了一篇《觞政》。这虽然是为饮酒行令者写的,但对于一般的饮酒者也有一定的意义。

我国古代饮酒讲究礼节,主人和宾客一起饮酒时,要相互跪拜。晚辈在长辈面前饮酒,叫侍饮,通常要先行跪拜礼,然后坐入次席。长辈命晚辈饮酒,晚辈才可举杯;长辈酒杯中的酒尚未饮完,晚辈也不能先饮尽。古代饮酒的礼仪约有四步:拜、祭、啐、卒爵。就是先做出拜的动作,表示敬意,接着把酒倒出一点在地上,祭谢大地生养之德;然后尝尝酒味,并加以赞扬令主人高兴;最后仰杯而尽。在酒宴上,主人要向客人敬酒(叫酬),客人要回敬主人(叫酢),敬酒时还要说上几句敬酒辞。客人之间相互也可敬酒(叫旅酬)。有时还要依次向人敬酒(叫行酒)。敬酒时,敬酒的人和被敬酒的人都要"避席",起立。普通敬酒以三杯为度。

在我国古代,酒被视为神圣的物质,酒的使用,更是庄严之事,非祀天地、祭宗庙、奉嘉宾而不用,形成远古酒事活动的俗尚和风格。随着酿酒业的普遍兴起,酒逐渐成为人们日常生活的用物,酒事活动也随之广泛,并经人们思想文化意识的观照,使之程式化,形成较为系统的酒风俗习惯。这些风俗习惯内容涉及人们生产、生活的许多方面,其形式生动活泼、姿态万千。

酒与民俗不可分,诸如农事节庆、婚丧嫁娶、生期满日、庆功祭奠、奉迎宾客等民俗活动,酒都成为中心物质。农事节庆时的祭拜庆典若无酒,缅情先祖、追求丰收富裕的情感就无以寄托;婚嫁之无酒,白头偕老、忠贞不贰的爱情无以明誓;丧葬之无酒,后人忠孝之心无以表述;生宴之无酒,人生礼趣无以显示;饯行洗尘若无酒,壮士一去不复返的悲壮情怀无以倾诉。总之,无酒不成礼,无酒不成俗,离开了酒,民俗活动便无所依托。

早在夏、商、周三代,酒与人们的生活习俗、礼仪风尚就已紧密相连,并且公式化、系统化。当时,曲蘖的使用,使酿酒业空前发展,社会重酒现象日甚。反映在风俗民情、农事生产中的用酒活动非常广泛。

夏代,乡人于十月在地方学堂行饮酒礼:"九月肃霜,十月涤场,朋友斯飨,曰杀羔羊,跻彼公堂,称彼兕觥,万寿无疆。"(《诗经·豳风·七月》)此诗描绘的是一幅先秦时期农村中乡饮的风俗画。在开镰收割、清理禾场、农事既毕以后,辛苦了一年的人们屠宰羔羊,来到乡间学堂,每人设酒两樽,请朋友共饮,并把牛角杯高高举起,相互祝愿大寿无穷,当然也预祝来年丰收大吉,生活富裕。

周代风俗礼仪中,就有冠、昏(婚)、丧、祭、乡、射、聘、朝八种,大多有酒贯穿其中,例如:男子年满二十要行冠礼,表示已成为成年人。在冠礼活动中,有文献记载"嫡子醮用醴,庶子则用酒"。在人生重大的庆典之中,酒总是占据一席之地。

周代的婚姻习俗,已经走向规范化、程式化,从提亲到完婚,已形成系统,各个环节都有专门的讲究,男子若相中某一女子,必请媒提亲,女子应允

GONGCHOU JIAOCUO YIN MEIJIU

后,仍有纳采、问名、纳吉等过程。婚期至,"父醮而命之迎,子承命以往,执雁而入,奠雁稽首,出门乘车,以俟妇于门外,导妇而归,与妇同牢而食,合卺而饮。"新婚夫妇共同食用祭祀后的肉食,共饮新婚水酒,以酒寄托白发到老的愿望。周代时兴射礼,虽等级有三,但"凡射,皆三次,初射三耦射;再射三耦与众耦皆射;三射,则以乐节射,不胜者饮。"酒在射礼中成为失败者的惩罚之物,是古人的乐趣所在。

周代乡饮习俗,以乡大夫为主人,处士贤者为宾。活动过程中,"凡宾,六十者坐,五十者立"。饮酒,尤以年长者为优厚。"六十者三豆,七十者四豆,八十者五豆,九十者六豆"。尊老敬老的民风在以酒为主体的民俗活动中有生动表现。

三代风俗礼制作为中国传统文化,经过传承沿袭,不少风俗现象仍保留至今,比如婚礼酒、丧葬酒、月米酒、生期酒、节日酒、祭祀酒等等,都可在周代风俗文化的"八礼"中寻到源头。

随着时代的变迁,民俗活动因受社会政治、经济、文化发展的影响,其内容、形式乃至活动情节均有变化。然而,唯有民俗活动中使用酒这一现象则历经数代仍沿用不衰。

生期酒:老人生日,子女必为其操办生期酒。届时,大摆酒宴,至爱亲朋,乡邻好友不请自来,携赠礼品以贺等。酒席间,要请民间艺人进行表演。如在贵州黔北地区,花灯手要分别装扮成铁拐李、吕洞宾、张果老、何仙姑等八个仙人,依次演唱,边唱边向寿星老献上自制的长生拐、长生扇、长生经、长生酒、长生草等物,献物既毕,要恭敬献酒一杯,"仙人"与寿星同饮。

婚礼酒:提亲到定亲间的每一个环节中,酒都是常备之物。打到话(提媒)、取同意、索取生辰八字,媒人每去姑娘家议事,都必须捎带礼品,其中,酒又必不可少。婚期定下,男方家酒、肉、面、蛋、糖果、点心一应俱全,躬请姑娘的舅、姑、婆、姨,三亲四戚。成亲时,当花轿抬进男方家大院,第一件事就要祭拜男方家列祖列宗,烧酒、猪头、香烛摆上几案,新人双跪于下,主持先生口中念念有词,最后把猪头砍翻而将酒缓缓洒于新郎新娘面前。之后,过堂屋拜天地,拜毕,新人入洞房,共饮交杯酒,寄托白头相守、忠贞不贰的感情。洞房仪式完毕,新人要双双向参加婚礼酒宴者敬酒表示致谢,此时,小伙们少不了向新婚夫妇劝酒,高兴起来,略有放肆,逗趣、玩笑自在其间,婚礼酒宴充满民间特有的欢乐情趣。

月米酒:妇女分娩前几天,要煮米酒1坛,一是为分娩女子催奶,一是款待客人。孩子满月,要办月米酒,少则三、五桌,多则二三十桌,酒宴上烧酒管够,每人另有礼包一个,内装红蛋等物。

祭拜酒:涉及范围较广,一般有两类,一是立房造屋、修桥铺路要行祭拜酒。凡破土动工,有犯山神地神,就要置办酒菜,在即将动工的地方祭拜山神和地神。鲁班是工匠的先师,为确保工程顺利,要祭拜鲁班。仪式要请有声望的工匠主持,备上酒菜纸钱,祭拜以求保佑。工程中,凡上梁、立门均有隆重仪式,其中酒为主体。二是逢年过节、遇灾有难时,要设祭拜酒。除夕夜,各家各户要准备丰盛酒菜,燃香点烛化纸钱,请祖宗亡灵回来饮酒过除夕。此间,家人以长幼次序磕头,随及肃穆立候于桌边,三五分钟后,家长将所敬之酒并于一杯,洒于餐桌四周,祭拜才算结束,全家方得起勺用餐。在民间,心有灾难病痛,认为是得罪了神灵祖先,于是,就要举行一系列的娱神活动,乞求宽免。其形式仍是置办水酒菜肴,请先生(也有请花灯头目)到家里唱念一番,以酒菜敬献。祭拜酒因袭于远古对祖先诸神的崇拜祭奠。在传统意识中,认为万物皆有神,若有扰神之事不祭拜,就不会清静。

袁枚《随园食单》里"戒纵酒"篇说:"所谓惟酒是务,焉知其味,前治味之道扫地矣。"只顾一味喝酒,妄对精心烹制的美味。袁才子主张边品尝美味边喝酒,或先尝过菜品再放开量喝。"酒过三巡,菜过五味",饮酒斟过了三遍,各味菜肴已然尝过,品酒更品菜,多么惬意! 寻常百姓喝酒,酒类品种、地域习俗不同,对酒菜的选择各有千秋。

蒙古族把哈达视为最圣洁、最崇高、最吉祥之物。一般在新年初一向佛祖叩拜时使用,晚辈向长辈问候拜见时使用。婚筵上向尊贵的宾客献哈达,表示以最崇高的礼节欢迎。家里来了尊贵的客人,在喝酒之先,主人向客人敬献哈达,表示尊重。现在政府部门为迎接远方最尊贵的客人时也使用这一礼节。农村民间普遍使用的哈达,多是一尺见方的白布或蓝色缎子叠成三角形的哈达。旧时则用五尺或七尺长丝绸,折成五寸见宽,唱起祝酒歌以助兴。这种传统的敬宾礼俗仍沿用至今。

京城的"老北京"喝二锅头,须是五十六度的,猪耳朵、花生米、葱芯拌豆腐丝各一盘,那是最佳、最爱的下酒物。当然,北京不少知名店铺的各类卤、熏酱货也很受青睐。

沪上人家多喝老酒,亦即绍兴酒,熏鱼、糖醋小排、糟鸡,还有素火腿、素鸭等最是得意的下酒菜。

江浙一带,南京人白干、绍酒皆可用,盐水鸭、盐水鸭肫、熏鱼、炸臭豆腐干等必不可少。

苏杭、无锡多饮绍兴黄酒,糖醋排骨、肴肉、醉鸡、酱鸭、油焖虾、腌笋干、黄泥螺,加之陆稿荐、采芝斋、稻香村等百年字号多种品类的卤酱制品,酒菜可谓极大丰富。绍兴的咸亨酒店因鲁迅先生的《孔乙己》而得名,于今做成了大买卖,茴香豆、毛豆、盐水花生、青鱼干、醉鸡、臭豆腐早已成为招牌酒菜。

天津百姓最爱白干,度数越高越带劲。中华老字号天宝楼的酱肉、酱肘子、粉肠、小肚儿、大腊肠、烧鸡、乳鸽,月盛斋的酱牛肉、腱子肉、牛蹄筋,冠生园的鸡腿、鸡翅、鸡爪、鸡脖和卤豆腐干……无不受酒友们的光顾。而一包酱杂样、大果仁、炸素丸子,搭配很是得当,也是白酒的好搭档。而这并非穷喝,像"老北京"的猪耳朵几样菜一样,是从多种选择的实践中优选出的最适宜下酒的美味。津城爱酒的人,还爱在家里动手做凉拌菜,且多彩多姿。拌粉皮、拌菜心、拌黄瓜、拌菠菜、拌西红柿、拌豆角、拌萝卜、拌豆腐、拌豆腐丝、拌蜇头蜇皮、拌麻蛤、拌肚丝、拌腰花、拌白肉……都是下酒的好菜。至于热炒下酒菜肴,家家户户各有千秋。

喝酒喝的是菜,酒类有别,菜亦有异。无须多说,爱酒常饮者各有其好,酒菜也会安排得当。反之,有的人习惯于先想到吃什么菜,再选择饮何类酒。显然,他是会饮、善饮的。

四、"劝君更尽一杯酒"

以酒满足精神需求,是东西方世界普遍存在的文化现象,大诗人、大文豪,也常常以酒诱发灵感、借酒浇愁。大多数少数民族显示出与众不同的特点,欢庆节日、新人成婚、朋友光临,借酒表达欢悦的感情;亲友去世、遇到困难、心中不快,借酒消愁除哀。即使是在既无大喜大悲的平静心态下,只要有空闲时光,也难免要相互邀约喝上几杯。"把酒话桑麻",表达心中的情感和思想,觉得是快慰之事。我国少数民族众多,也有着悠久的酿酒、饮酒的历史,下面让我们看看中国的少数民族饮酒的特点:

1.满族。满族人好饮酒。据《大金国志·女真传》载:女真人"饮宴宾客,尽携亲友而来。及相近之家,不召皆至。客坐食,主人立而待之。至食罢,众宾方请主人就座。酒行无算,醉倒及逃归则已。"又说:"饮酒无算,只用一木勺子,自上而下,循环酌之。"可见满族人日常饮酒的习俗已显示出鲜明的个性。满族所饮之酒,主要有烧酒和黄酒两种。所谓黄酒,为小黄米(黏米)煮粥,在冬季发酵酿成,家家均能自制。后又发展到饮制果酒。秋季水果成熟时,各户都习惯自制果酒,常见的有山葡萄酒、元枣(猕猴桃)酒和山楂酒。

2.藏族。青稞酒,藏语叫作"羌",是用青藏高原出产的一种主要粮食——青稞制成的。它是青藏人民最喜欢喝的酒,逢年过节、结婚、生孩子、迎送亲友,必不可少。酿造青稞酒无须复杂的程序。在藏区,几乎家家户户都能制。酿造前,首先要选出颗粒饱满、富有光泽的上等青稞,淘洗干净,用水浸泡一夜,再将其放在大平底锅中加水烧煮两小时,然后将煮熟的青稞捞出,晾去水气后,把发酵曲饼研成粉末均匀地撒上去并搅动,最后装进坛子,密封贮存。如果气温高,一两天即可取出饮用。青稞酒色微黄,酸中带甜,有"藏式啤酒"之称,是藏族同胞生活中不可缺少的饮料,也是欢度节日和招待客人的上品。按照藏族习俗,客人来了,豪爽热情的主人要端起青稞酒壶,斟三碗敬献客人。前两碗酒,客人按自己的酒量,可喝完,也可剩一点,但不能一点也不喝。第三碗斟满后则要一饮而尽,以示尊重评价。藏族同胞劝酒时,经常要唱酒歌,歌词丰富多彩,曲调优美动人。

　　藏族人民在敬酒、喝酒时也有不少规矩。在逢年过节等喜庆日子饮酒时,如有条件,应采用银制的酒壶、酒杯。此外应在壶嘴上和杯口边上粘一小点酥油,这叫"嘎尔坚",意思是洁白的装饰。主人向客人敬头一杯酒时,客人应端起杯子,用右手无名指尖沾上一点青稞酒,对空弹酒。同样的动作做完三下之后,主人就向你敬"三口一杯"酒。三口一杯是连续喝三口,每喝一口,主人就给你添上一次酒,当添完第三次酒时,客人就要把这杯酒喝干。 另外,主人招待完饭菜之后,要给每个客人逐个敬一大碗酒,只要是能喝酒的客人都不能谢绝喝这碗酒,否则,主人会罚你两大碗。饭后饮的这杯酒,叫作"饭后银碗酒"。按理说,敬这碗酒时,应该需要一个银制的大酒碗,但一般也可用漂亮的大瓷碗代替。唱祝酒歌也是藏族人民的普遍习俗。大家常爱唱的歌词大意是:"今天我们欢聚一堂,但愿我们长久相聚。团结起来的人们呀,祝愿大家消病免灾!"祝酒歌词也可由敬酒的人随兴编唱。唱完祝酒歌,喝酒的人必须一饮而尽。如果客人不能喝酒,可用无名指蘸点酒,举手向右上方弹三下,主人就不会勉强。

　　3.蒙古族。大部分蒙古族都擅长饮酒,所喝的酒大多是白酒和啤酒,有的地区也饮用奶酒和马奶酒。蒙古族酿制奶酒时,即先把鲜奶入桶,然后加少量嗜酸奶汁(比一般酸奶更酸)作为引子,每日搅动,三至四日后待奶全部变酸,即可入锅加温,锅上盖一个无底木桶,大口朝下的木桶内侧挂上数个小罐,再在无底木桶上坐上一个装满冷水的铁锅,酸奶经加热后蒸发遇冷铁锅凝成液体,滴入小罐内,即成为头锅奶酒,如度数不浓,还可再蒸二锅。

　　蒙古族人民世居草原,以畜牧为生计。马奶酒、手扒肉、烤羊肉是他们

觥筹交错饮美酒

GONGCHOU JIAOCUO YIN MEIJIU

日常生活中最喜欢的待客佳肴。每年七八月份牛肥马壮,是酿制马奶酒的季节。勤劳的蒙古族妇女将马奶收贮于皮囊中,加以搅拌,数日后便乳脂分离,发酵成酒。随着科学的发达,生活的繁荣,蒙古人酿制马奶酒的工艺日益精湛完善,不仅有简单的发酵法,还出现了酿制烈性奶酒的蒸馏法。六蒸六酿后的奶酒方为上品。马奶酒性温,有驱寒、舒筋、活血、健胃等功效,被称为紫玉浆、元玉浆,是"蒙古八珍"之一。曾为元朝宫廷和蒙古贵族府第的主要饮料。忽必烈还常把它盛在珍贵的金碗里,犒赏有功之臣。

4. 苗族。苗族的酿酒历史也非常悠久。从制曲、发酵、蒸馏、勾兑、窖藏都有一套完整的工艺。咂酒别具一格,饮时用竹管插入瓮内,饮者沿酒瓮围成一圈,由长者先饮,然后再由左而右,依次轮转。酒汁吸完后可再冲入饮用水,直至淡而无味时止。咂酒一经开坛,剩酒无论浓淡,均不复再用。

5. 白族。白族大都喜饮酒,酿酒是白族家庭一项主要副业。由于所用的原料和方法各不相同,家酿酒的种类很多。制酒时常用四十多种草药制成酒曲,制成各种白酒,其中窖酒和干酒为传统佳酿。另外还有一种糯米甜酒是专为妇女和孕妇制作的,据说有滋补和催奶的作用。

6. 土家族。土家人好喝的酒一般为自家所酿的咂酒。咂酒是用糯米、苞谷或高粱加曲酿成,用坛藏好。一般至少储存七八个月或一年,数年不等,饮酒时将酝取出,冲上凉水,插上一支竹管,轮流吸喝,边吸边冲水,味甜又香。现在石柱、咸丰等地仍盛行咂酒,其他地方的多数人,已用土碗盛苞谷或大米酿成浓度较高的烧酒。因为烧酒倒在碗里,冲起的泡沫经久不散,土家人就把这种酒取名"堆花酒"。

7. 哈尼族。云南红河两岸的哈尼族自酿自饮的烧酒叫"焖锅酒"。哈尼人的焖锅酒具有悠久的酿造历史。焖锅酒的酿造原料以玉米、高粱、稻谷、苦荞为佳,稗、粟、薯等亦可,焖制器具与彝家小锅酒大致相同,而酿造程序上却有独到之处。焖锅酒清澈晶莹,醇厚甘甜,是哈尼山寨节庆必备的饮料。

8. 壮族。壮族人过去的酒水主要是自家熬酿的米酒、白薯酒和木薯酒,度数都不高。米酒是过节及待客的主要酒水。壮族人做米酒已有上千年历史。壮族人的习惯是客人到先敬米酒,以示欢迎。壮族的其他酒,如蛤蚧酒、三蛇酒等,均属于药酒。蛤蚧酒是用蛤蚧、当归浸泡好酒而成,有补肾、壮阳、润肺等功效。三蛇酒是用去毒的过山龙、扁头风、金环蛇或银环蛇浸泡好酒而成,其中也加入一些草药,是一种名贵的药酒。

9. 瑶族。瑶族人大都喜欢喝酒,一般家中用大米、玉米、红薯等自酿,天天常喝两三次。云南瑶族喜用醪糟泡制水酒饮用,外出时,常用竹筒盛放饮时兑水。饮料主要是家酿的米酒和"苦酒",以及茶叶、果汁。

10.布依族。酒在布依族日常生活中占有很重要的位置。每年秋收之后,家家都要酿制大量的米酒储存起来,以备常年饮用。布依族喜欢以酒待客,不管来客酒量如何,只要客至,都以酒为先,名为"迎客酒"。饮酒时不用杯而用碗,并要行令猜拳、唱歌。

11.傣族。傣族人也嗜酒,但酒的度数不高,是自家酿制的,味香甜。傣家人用土方制作米酒已有一千多年的历史。这种酒醇香、浓厚,喝上一口让人心旷神怡,久久回味,而且吃了还有去痛、润喉、去火的作用。

12.黎族。黎族同胞大多嗜酒,所饮之酒大多是家酿的低度米酒、番薯酒和木薯酒等。用山兰米酿造的酒是远近闻名的佳酿,常作为贵重的礼品。黎家人常用这种酒款待贵宾。有的地方习惯以小竹管吸酒敬客。

13.傈僳族。傈僳族家家都养蜂,每年秋季,家家都酿酒,所用原料除玉米、高粱外,还喜用稗子,并以稗子酒最好。酿酒时,先将原料捣碎,蒸煮后放酒药装坛封存,十天后即可启封冲饮,度数不高,淡而醇,有解渴提神之功效。

14.佤族。佤族一般喜饮酒、喝苦茶。所饮用的酒都是自家酿制的泡水酒。佤族人爱喝酒,特别喜爱自己酿制的水酒。水酒是佤族的传统酒,佤语称"布来农姆",是"年酒"的意思。可见,佤族人早就知道:酒装得时间越长,就越醇和,越好喝。特别是存放时间较长的水酒,其味清凉、香甜、醇和,度数不高,一口气可以饮下几筒(竹酒杯,一筒约半市斤),真正可以开怀畅饮,二、三筒不会醉。但它的后劲来得慢,喝过量了,一醉就不容易醒。

水酒是佤族民间传统的一种散热、解毒、驱乏、壮身的清凉饮料。主要以小红米、稻谷、玉米、高粱、小麦、苦荞、糯谷等粮食作物为原料,其中,以小红米、高粱为最佳。水酒的酿制方法是将原料炒黄、粗磨、糠、米不分,洒上少量清水后拌湿,然后用甑子蒸熟,再堆晾在篾笆上。凉了后拌进适量酒药(过去佤族以糯米为原料,自己制作酒药),拌均匀后,用芭蕉叶垫在箩筐里将酒料捂严,支在火塘边或阳光照射的地方受热。四五天后发酵,散发出香甜的酒味,这时,打开又装入备好的酒坛里,将坛口裹严,放置在墙角安全处。数月后,酒就可以打开灌水、泡虑饮用了。

15.高山族。姑待酒亦称"嚼酒",为高山族的传统酒饮料,流行于台湾西南沿海地区。据县志记载,姑待酒制作时,"捣米成粉。番女嚼米置地,越宿以为曲,调粉为酿。沃以水,色白。曰姑待酒。"姑待酒味甘酸或微酸。外出劳动,盛于葫芦中,兑以泉水饮用。

16.水族。水族喜爱喝酒,家家都会烤制米酒。逢年节、庆典或亲朋来访,都会以酒待客。水族好客有着悠久传统,轮流过端就是热情好客的文化表露。水族人民素以肝胆酒招待客人,表示肝胆相照,苦乐与共。他们在杀猪时,一般都把猪胆留了下来。当客人入席,酒过三巡,主人便取出猪胆,剪开管口把胆汁注入酒壶,给在座的人各斟一杯,由客人先喝,然后才轮到主人。

17.景颇族。景颇人喝的酒,是家家户户都会制的水酒,它度数不高,近于啤酒,其味醇香,清凉可口,少饮可解渴,多饮也易醉。水酒的制造工艺简单,只需把大米淘洗干净,用甑蒸熟后再晾干,然后拌上酒药,用芭蕉叶包好后放上几天,待闻到有浓烈的酒香味后,再把它放入土罐中密封保存,过上十来天后,再加上凉开水,就制成水酒了。景颇人无论上街赶集、串亲访友,还是婚丧节庆,人人的"筒帕"(挎包)里总是放着一个小巧精致的竹制"特勒"(酒筒)。凡知己相逢、熟人见面、客人来访,他们都会拿出自己的"特勒"传递给对方,对方也会掏出自己的"特勒"传递过来。先接到"特勒"者斟出一杯酒来,首先敬给传递者饮,然后双方对饮;若还有第三者、第四者在场,则传递者又会把酒依次敬给他们饮,然后彼此共饮。酒,成为一种联络感情的必不可少的佳酿,又是一种以礼相待的美味。景颇人认为,不用酒待客是一种极不礼貌的行为,若违背老祖宗传下来的习俗,就会为人所不齿而遭到唾弃,故景颇人个个都是"海量"。

18.仫佬族。仫佬族人民用牛奶来酿酒,至今已有1600多年的历史。仫佬族人民酿出来的奶酒,专供仫佬族人民特有的隆重的节日——依饭节招待亲友,故称依饭奶酒。长期以来,人们以喝依饭奶酒为荣。此外在农历九月,稻子收获的季节。人们还会使用最好的糯米酿制成浓醇而后劲很大的糯米酒。因是重阳节,故称"重阳酒"。

19.羌族。羌族酿酒的历史也非常悠久,独特的饮酒方式是喝咂酒。酒以青稞、大麦、玉米酿成,封于坛中,饮时启封,注入开水,插上竹管,众人轮流吸吮,因而称之为喝"咂酒"。边饮边加清水,直至味淡。羌族民间还有"重阳酒""玉麦蒸蒸酒"。孩子和妇女们常饮加了蜂蜜的甜酒。

20.布朗族。布朗族喜欢饮酒,且大都自家酿制。其中以翡翠酒最为著名。这种酒在出酒时用一种叫"悬钩子"的植物的叶子过滤后而呈绿色,很像翡翠的颜色,因此而得名。布朗族人性格豪爽,朋友间有"有酒必饮,饮酒必醉"之习俗。

21.毛南族。毛南族成年男子都好喝酒,并有非酒不足以敬客之说。有的人家还自己用高粱、玉米酿制。毛南人酒类较多,经优胜劣汰筛选,到20世纪40年代尚产糯米酒、高粱酒、金樱子酒、万字果酒、小米酒、红薯酒、木薯酒、南瓜酒、芭蕉芋酒和药酒,尤以前四种著名,味醇且富有营养和特色。

22.仡佬族。仡佬族人爱饮酒,多为自酿。先年有咂酒,以编谷、高粱、玉米、小米、大麦等为原料,发酵后贮坛密封,预置竹管,用时含管吸饮。后多为甜酒、烧酒。甜酒俗称醪糟,用糯米或玉米、小米酿制,多用于煮汤圆、鸡蛋,或用凉水冲饮。烧酒亦称火酒,用玉米或高粱酿制,其味浓烈,平常待客和筵席必备。

23.俄罗斯族。俄罗斯族人喜爱饮酒,善于制作各种食品和饮料。著名的是烤制面包和制作啤酒。俄罗斯族人称啤酒为"毕红菜汤瓦",自制的味甜,不像一般啤酒味苦。

24.土族。土族喜欢饮酒,酒在土族的饮食中占有重要地位,并形成了土族特有的酒文化。历史上,土族人家几乎都能酿造"酩馏"(一种低度的青稞酒)。现在,酿酒已成为土族地区重要的产业之一,互助牌系列青稞酒已经声誉远播。热情好客是土族历来的风尚,迎送客人三杯酒就是这种风尚最突出的表现。主人在客人到来之前就拿着酒壶、酒杯在大门口等待,待客人下马或下车,先敬"下马三杯酒";客人进门时又敬"进门三杯酒";待客人脱鞋上炕、盘腿坐下时再敬"吉祥如意三杯酒";当客人离去时还要喝"出门三杯酒"和"上马三杯酒"。对每次敬酒总是三杯的缘由有不同的说法,但总而言之土族人认为三是个吉祥的数字,"三"代表佛、法、僧三宝,日、月、星三光,天、地、人三才……而敬三杯酒的含义是祝福客人吉祥如意。

25.阿昌族。酒是阿昌族长年不断的饮品,妇女常饮用糯米制作的甜酒,有浓郁的酒香和甜味,成年人和老年人多饮白酒。现在大多数阿昌族都已会用蒸馏法制作烧酒,藏之于瓮,节日和待客时饮用。

五、"李白斗酒诗百篇"

从古至今,酒是文人骚客的必需品。公元前13至11世纪,商代晚期有一些作为酒具的青铜器,制作精美,并饰以图纹,书以铭文,说明饮酒是上古社会现实生活中的一项重要内容。大盂鼎铭文中提到酒不敢多饮,以及殷以酗酒亡国。两次提到酒,于此可以得知上古对酒的认识是多么深刻,多么认真,甚至把国家的兴衰也与酒联系在一起了。

诗与酒结缘,实际上《诗经》与《楚辞》中就可以看到。诗与酒,再与文人情志联系得紧密起来,却是在汉末魏初。文人酗酒不再是前人所说的败德丑行,而是一种风流韵事,体现出一种情趣。魏晋人物讲究风神气度,"情"是弥漫在整个时代的气息。"竹林七贤"之一的王戎就说:"圣人忘情,最下不及情。情之所钟,正在我辈"(《世说新语》)。《世说新语》记载了一条刘伶病酒的故事。刘伶十分喜欢喝酒,非常口渴,于是向妻子要酒。夫人把酒倒掉,摔碎了装酒的瓶子,哭着规劝刘伶说:"您喝酒太多,不是养生的方法,一定要戒掉啊!"刘伶说道:"那好吧,我自己戒不了,只有在神面前祷告发誓才可以把酒戒掉,请你准备酒肉吧!"夫人说:"就遵从你的意思办。"于是她把酒肉放在神案上,请刘伶来祷告。刘伶跪在神案前,说道:"老天生了我刘伶,认为酒是自己的命根子,一次要喝一斛,喝五斗才能解除酒醒后神志不清犹如患病的感

图49　白酒

觉。妇道人家的话,可千万不能听!"说罢,拿起酒肉,大吃大喝起来,不一会儿便醉醺醺的了。此外,刘伶也写有一篇《酒德颂》,借之宣扬老庄思想和纵酒放诞之情趣,对传统"礼法"表示蔑视。

然而,魏晋人的这种风神气度却是对所处时代不自由的无声抗诉,饮酒成了一种心灵的慰藉。嵇康酒醉后"玉山"欲颓的唯美也好,阮籍耽酒无节之举也罢,都是一种风度,借着醉酒挥洒着个人的品格。阮籍曾出任北军步兵校尉的官职,原因仅仅是因为步兵校尉兵营里的厨师特别善于酿酒,并且知道尚有三百斛酒存在库中。同样隐居的陶渊明去当官的目的,也是为了酒。哪怕一天吃不饱,也不能没有酒喝。酒后的他"不觉知有我,安知物为贵",将天地人世看得通达无碍。"此中有真意,欲辩已忘言",同样在酒的刺激下体味天地境界。

唐人诗中,写了不少宴集赋诗、送别饮酒、节日饮酒、故朋相逢饮酒,乃至独饮解闷等等,酒成了他们生活中的常品,也融铸成诗歌的一缕灵魂。杜甫《饮中八仙歌》,写了唐代的八个酒仙,张旭醉后狂草,贺知章堕井而眠。其中李白的形象尤为突出:"李白一斗诗百篇,长安市上酒家眠,天子呼来不上船,自称臣是酒中仙。"酒后的李白豪气纵横,狂放不羁,桀骜不驯,傲视王侯。这样的李白焕发着美的理想光辉,令人仰慕!李白的诗中,与酒相关的诗,带有酒器的句子,乃至饮酒的场景何其之多。酒成了李白诗兴的助侑,成了他的精神伴侣。大唐的气象风度正是借着李白的酒兴呈现出一种醉态

的美！

李白的生活中时刻有酒相伴。在月下，在花间，在舟中，在亭阁，在显达得意之时，在困厄郁闷之际，李白无处不在饮酒，无时不在深醉。"但使主人能醉客，不知何处是他乡"，只要有美酒，只要能畅快痛饮，李白甚至可以"认他乡为故乡"。诗与酒往往是一体的。李白既是诗仙，又是酒仙。酒可以麻醉人，也可以释放诗情诗心！李白的《将进酒》应该是人生与酒的最好阐释。人高兴时要喝酒，"人生得意须尽欢，莫使金樽空对月"；人激愤时要喝酒，"钟鼓馔玉不足贵，但愿长醉不复醒"；人排遣寂寞时要喝酒，"古来圣贤皆寂寞，唯有饮者留其名"；人郁闷时要喝酒，"五花马，千金裘，呼儿将出换美酒，与尔同销万古愁"。

诗酒同李白结了不解之缘，李白有一首《襄阳歌》："百年三万六千日，一日须倾三百杯。遥看汉水鸭头绿，恰似葡萄初泼醅。此江若变作春酒，垒曲便筑糟丘台……清风朗月不用一钱买，玉山自倒非人推……"醉意朦胧的李白朝四方看，远远看见襄阳城外碧绿的汉水，幻觉中就好像刚酿好的葡萄酒一样。啊，这汉江若能变作春酒，那么单是用来酿酒的酒曲，便能垒成一座糟丘台了……忘情于清风之中，放浪于明月之下，酒醉之后，像玉山一样，倒在风月中，该是何等潇洒痛快！李白醉酒后，飞扬的神采和无拘无束的风度，让人领受到了一种精神舒展与解放的乐趣！醉酒后的李白狂态毕现，疏放不羁，往往产生惊天奇想。"铲却君山好，平铺湘水流"。他竟要铲平君山，让湘水浩浩荡荡无阻拦地向前奔流。君山是铲不平的，世路仍是崎岖难行。李白甚至在醉态之下要"捶碎黄鹤楼""倒却鹦鹉洲"。李白正是借这种奇思狂想来抒发自己的千古愁、万古愤吧！李白借酒抒发自己的豪情，表明对不合理的社会人生的藐视。"人生达命岂暇愁，且饮美酒上高楼"（《梁园吟》），何等洒脱！李白用酒向世人表达自己的激烈壮怀、难平孤愤，发泄自己的郁勃不平之气和万千悲慨。"三杯拂剑舞秋月，忽然高咏涕泗涟"（《玉壶吟》），何等悲怆！李白借酒展示自己裘马轻狂的青年时代，描述自己恣意行乐的放诞生活。"忆昔洛阳董糟丘，为余天津桥南造酒楼。黄金白璧买歌笑，一醉累月轻王侯"，何等痛快！李白借酒向青天发问、对明月相邀，在对宇宙的遐想中探求人生哲理，在醉意朦胧中显露自己飘逸浪漫、孤高出尘的形象。"青天有月来几时？我且停杯一问之"，"举杯邀明月，对影成三人"，何等潇洒！李白借酒抛却尘世的一切琐屑和得失，忘情于山水，寄心于明月。"且就洞庭赊月色，将船买酒白云边"，何等逍遥！

中国绘画史上记载着许多的名画家。明代祝允明（1460—1526），字希哲,嗜酒无拘束,玩世自放,下笔即天真纵逸,不可端倪。与书画家唐寅、文徵明、诗人徐模卿并称"吴中四才子"。祝允明狂草学怀素、黄庭坚。在临书的功夫上,他的同代人没有谁能和他较量。他的作品表现出极强烈的个性和意蕴。明代董其昌在其著作《容台集》中说:"枝指山人书如绵裹铁,如印印泥。"视希哲临写过《黄庭经》小楷,明人王释登《处实堂集》说:"第令右军复起,且当领之矣。"又说:"古今临黄庭经者不下数十家,然皆泥于点画形似,钩环戈碟之间而已。枝山公独能于集蕉绳度中而具豪纵奔逸意气,如丰肌妃子著霓裳在翠盘中舞,而惊鸿游龙,徊翔自若,信是书家绝技也。"评价之高,无以复加。诗坛书苑如此,那些在画界占尽风流的名家们更是"雅好山泽嗜杯酒"。他们或以名山大川陶冶性情,或花前酌酒对月高歌,往往就是在"醉时吐出胸中墨"。酒酣之后,他们"解衣盘薄须肩掀",从而使"破祖秃颖放光彩"。酒成了他们创作时必不可少的重要条件。酒可品可饮,可歌可颂,亦可入画图中。纵观历代中国画杰出作品,有不少有关酒文化的题材,可以说,绘画和酒有着千丝万缕的联系,它们之间结下了不解之缘。

吴道子名道玄,画道释人物有"吴带当风"之妙,被称之为"吴家样"。唐明皇命他画嘉陵江三百里山水的风景,他能一日而就。《历代名画记》中说他"每欲挥毫,必须酣饮",画嘉陵江山水的疾速,表明了他思绪活跃的程度,这就是酒刺激的结果。吴道子在学画之前先学书于草圣张旭,其豪饮之习大概也与乃师不无关系。郑虔与李白、杜甫是诗酒友,诗书画无一不能,曾向玄宗进献诗篇及书画,玄宗御笔亲题"郑虔三绝"。

五代时期的励归真,被人们称之为异人,其乡里籍贯不为人所知。平时身穿一袭布衣,入酒肆如同出入自己的家门。有人问他为什么如此好喝酒,励归真回答:我衣裳单薄,所以爱酒,以酒御寒,用我的画偿还酒钱。除此之外,我别无所长。励归真嗜酒却不疯颠狂妄,难得如此自谦。其实励归真善画牛虎鹰雀,造型能力极强,他笔下的一鸟一兽,都非常生动传神。传说南昌果信观的塑像是唐明皇时期所作,常有鸟雀栖止,人们常为鸟粪污秽塑像而犯愁。励归真知道后,在墙壁上画了一只喜鹊,从此雀鸽绝迹,塑像得到了妥善的保护。

生活在五代至宋初的郭忠恕是著名的界画大师,他所作的楼台殿阁完全依照建筑物的规格按比例缩小描绘,评者谓他画的殿堂给人以可摄足而入之感,门窗好像可以开合。除此之外,他的文章书法也颇有成就,史称他"七岁能通书属文"。郭忠恕从不轻易动笔作画,谁要拿着绘绢求他作画,他必然大怒而去。可是酒后兴发,就要自己动笔。酒酣之后,创作了大量佳作。

　　宋代的苏轼是一位集诗、书、画于一身的艺术大师，尤其是他的绘画作品往往是乘酒醉而作，黄山谷题苏轼竹石诗说："东坡老人翰林公，醉时吐出胸中墨。"他还说：苏东坡"恢诡谲怪，滑稽于秋毫之颖，尤以酒为神，故其筋次滴沥，醉余频呻，取诸造化以炉锤，尽用文章之斧斤。"看来，酒对苏东坡的艺术创作起着巨大的作用，连他自己也承认"枯肠得酒芒角出，肺肝搓牙生竹石，森然欲作不可留，写向君家雪色壁。"苏东坡酒后所画的正是心灵的写照。

　　元朝画家中喜欢饮酒的人很多，著名的元四家（黄公望、吴镇、王蒙、倪瓒）中就有三人善饮。倪瓒（1301—1374），字元镇，号云林。元末社会动荡不安，倪瓒卖去田庐，散尽家资，浪迹于五湖三柳间，寄居村舍、寺观，人称之为"倪迂"。倪瓒善画山水，提出"逸笔草草，不求形似"，"聊写胸中逸气"的主张，对明清文人画影响极大。倪瓒一生隐居不仕，常与友人诗酒流连。"云林遁世士，诗酒日陶情"，"露浮磐叶熟春酒，水落桃花炊鲸鱼"，"且须快意饮美酒，醉拂石坛秋月明"，自"百壶千日酝，双桨五湖船"，这些诗句就是倪瓒避俗就隐生活的写照。吴镇（1280—1354），字仲圭，号梅花道人，善画山水、竹石，以卖画为生。作画也多在酒后，有诗为证，"道人家住梅花村，窗下松自要满石尊。醉后挥毫写山色，岚军云气淡无痕。"王蒙（1308—1385），字叔明，号黄鹤山樵，元末隐居杭县黄鹤山，"结巢读书长醉眼"。善画山水，酒酣之后往往"醉抽秃笔扫秋光，割截匡山云一幅"。王蒙的画名于时，饮酒也颇出名，向他索画，往往许他以美酒佳酿，袁凯《海叟诗集》中就有一首诗说"王郎王郎莫爱情，我买私酒润君笔"。

　　元初的著名画家高克恭（1248—1310），号府山老人。他画山水、竹石，又能饮酒，"我识房山紫簧曼，雅好山泽嗜杯酒"。他的画学米氏父子，但不肯轻易动笔，遇有好友在前或酒酣兴发之际，信手挥毫，被誉为元代山水画第一高手。

　　元朝有不少画家以酒量大而驰誉古今画坛，"有鲸吸之量"的郭异算一位。山水画家曹知白的酒量也甚了得。曹知白（1272—1355），字贞素，号云西。家豪富，喜交游，常招邀文人雅士，在他那座幽雅的园林里论文赋诗，吟咏度日。"醉即漫歌江左诸贤诗词，或放笔作画图"。杨仲弘总结他的人生态度是："消磨岁月书千卷，傲院乾坤酒一缸"。另一位山水画家商琦则能"一饮一石酒"。称他们海量都当之无愧。

　　明朝画家中最喜欢饮酒的莫过于吴伟。吴伟（1459—1508），字士英、次翁,号小仙,江夏(今武昌)人。善画山水、人物,是明代主要绘画流派——浙派的三大画家之一。明成化、弘治年间曾两次被召入宫廷,待诏仁智殿,授锦衣镇抚、锦衣百户,并赐"画状元"印。明朝的史书典籍中有关吴伟嗜酒的记载,笔记小说中有关吴伟醉酒的故事更比比皆是。《江宁府志》说:"伟好剧饮,或经旬不饭,在南都,诸豪客时召会伟酣饮。"詹景凤《詹氏小辩》说他"为人负气傲兀嗜酒"。周晖《金陵琐事》记载:有一次,吴伟到朋友家去做客,酒阑而雅兴大发,戏将吃过的莲蓬,蘸上墨在纸上大涂大抹,画出一幅精美的《捕蟹图》,赢得在场人们的齐声喝彩。姜绍书《无声诗史》为我们讲了这么一个故事:吴伟待诏仁智殿时,经常喝得烂醉如泥。一次,成化皇帝召他去画画,吴伟已经喝醉了。他蓬头垢面,被人扶着来到皇帝面前。皇帝见他这副模样,也不禁笑了,于是命他作松风图。他跟跟跄跄碰翻了墨汁,信手就在纸上涂抹起来,片刻,就画完了一幅笔简意赅,水墨淋漓的《松风图》,在场的人都惊呆了,连皇帝都夸赞他为"仙人之笔"。

汪肇也是浙派名家。善饮。《徽州府志》记载他"遇酒能象饮数升",真可称得上是饮酒的绝技表演了。《无声诗史》和《金陵琐事》都记叙了一则关于汪肇饮酒的故事:有一次,他误附贼船,为了博取贼首的好感,他自称善画,愿为每人画一扇。扇画画好之后,众贼高兴,叫他一起饮酒,汪肇用鼻吸饮,众贼见了纷纷称奇,各个手舞足蹈,喝得过了量沉睡过去,汪肇才得以脱险。汪肇常自负地炫耀自己:"作画不用朽(朽,打草稿),饮酒不用口。"

唐伯虎(1470—1523),是家喻户晓的风流才子,名寅,字伯虎,一字子畏,号六如居士。诗文书画无一不能,曾自雕印章曰"江南第一风流才子"。山水、人物、花卉无不臻妙,与文徵明、沈周、仇英有明四家之称。唐伯虎总是把自己同李白相比,其中包括饮酒的本领,他在《把酒对月歌》中唱出"李白能诗复能酒,我今百杯复千首"。看来,他也是位喝酒的高手。唐寅受科场案牵连被革除南京解元后,治圃苏州桃花坞,号桃花庵,日饮其中。民间还流传着许许多多唐伯虎醉酒的故事:他经常与好友装扮成乞丐,在雨雪中击节唱着小曲向人乞讨,讨得银两后,他们就沽酒买肉到荒郊野寺去痛饮,而且自视为人间一大乐事。还有一天,唐伯虎与朋友外出吃酒,酒尽而兴未阑,大家都没有多带银两。于是,典当了衣服权当酒资,继续豪饮一通,竟夕未归。唐伯虎乘醉涂抹山水数幅,晨起换钱,才赎回衣服而未丢丑。《明史》记载:宁王以重礼聘唐寅到王府,唐伯虎发现他们有谋反的企图,遂狂饮装疯,醉后丑态百出,后来,宁王谋反一事败露,唐伯虎得以幸免。

著名的书画家、戏剧家、诗人徐渭也以纵酒狂饮著称。徐渭(1521—

1593），字文长，号青藤。曾被总督胡宗宪召入幕府，为胡出奇谋夺取抗倭战争的胜利，并起草《献白鹿表》，受到文学界及明世宗的赏识。徐渭经常与一些文人雅士到酒肆聚饮狂欢。一次，胡宗宪找他商议军情，他却不在。夜深了，胡宗宪仍开着门等他归来。一个知道他下落的人告诉胡宗宪："徐秀才方大醉嚎嚣，不可致也。"胡并没有责怪徐渭。后来，胡宗宪被逮，徐渭也因此精神失常，以酒代饮，称得上嗜酒如命。这正如清代著名学者、诗人朱彝尊评论徐渭画时说的那样，"小涂大抹"都具有一种潇洒的气势。

酒能激发善饮的艺术家们的灵感，让他们荡尽胸中的种种压抑和不快，嗜酒的书画家能用酒为自己营造一个良好的创作氛围。酒酣的人精神兴奋，头脑里一切理性化和规范化的藩篱统统被置之度外，心理上的各种压力都被抛到九霄云外，创作欲望和信心增强了，创作能力得到了升华，自己掌握的技法不再受意识的束缚，创作的时候得心应手，挥洒自如，水平得到了超常的发挥，因此往往会有上乘的佳作产生。

觥筹交错饮美酒

GONGCHOU JIAOCUO YIN MEIJIU

后 记

　　几年前,一个中国留学生拍过一部叫作《外国人眼中的中国》的纪录片,在网络上广为流传。在面对摄像机采访时,镜头里的外国人说到他们眼中的中国,十有八九都提到了中国的饮食。不出我们所料,他们最直接的认识大概就是中国菜很美味,且花样繁多。诚然,中华民族对饮食的热情大概是这个世界上其他民族所不能企及的,饮食文化也是中国文化的重要组成部分。中华民族的饮食文化有着几千年悠久的历史,时光荏苒,厚重的历史并没有成为尘封的过去,在饮食文化的领域,传统与现代交织、碰撞、融合,形成了我们今天丰富多彩、有滋有味的饮食文化。正如著名的人类学家张光直教授所说:"到达一个文化核心最好的方法之一,就是通过它的肠胃。"中国博大精深的饮食文化是值得国人骄傲的财富,甚至在某种意义上展现了中国人的人生观、价值观和世界观,以及几千年积淀下的历史与先哲们的思想。中国人问候时一句简单的"你吃了吗"道出了几千年来对饮食的追求与热爱,也道出了饮食在中国人生活中的重要性。《饮食文化与城市风情:饮食》这本书从食品制作、饮食民俗、饮食历史、饮食美学等方面梳理了中国饮食的源流与变迁。有着辉煌历史的中国饮食文化,必将在现代社会中继往开来,创造出更加灿烂多姿的未来!